普通高等教育"十一五"国家级规划教材

21世纪供热通风与空调工程系列教材

制 冷 技 术

第2版

主　编　贺俊杰
参　编　徐向荣　马志彪　董晓明
主　审　贾永康

机 械 工 业 出 版 社

本书是高职高专和应用型本科供热通风与空调、制冷空调等专业"制冷技术"课程的教材。

本教材着重阐述了蒸气压缩式制冷的基本原理、设备构造、系统组成、制冷剂和载冷剂的热力性质、制冷循环的热力计算、制冷设备的选择计算、冷藏库制冷工艺设计、制冷机房与管道设计、制冷设备的安装和试运转等。本书的编写以注重培养学生能力为目的，在书中附有大量习题与思考题，便于学生学习及灵活地掌握、运用知识要点。

本书也可作为供热通风与空调专业函授教学教材和自学参考书，以及供从事制冷技术的工程技术人员参考。

图书在版编目（CIP）数据

制冷技术/贺俊杰主编. —2 版. —北京：机械工业出版社，2007.8
（2022.8 重印）

普通高等教育"十一五"国家级规划教材. 21 世纪供热通风与空调工程系列教材

ISBN 978－7－111－12462－7

Ⅰ. 制…　Ⅱ. 贺…　Ⅲ. 制冷技术－高等学校－教材　Ⅳ. TB66

中国版本图书馆 CIP 数据核字（2007）第 116841 号

机械工业出版社（北京市百万庄大街 22 号　邮政编码 100037）
责任编辑：陈紫青　版式设计：霍永明　责任校对：刘秀芝
封面设计：姚　毅　责任印制：单爱军
北京虎彩文化传播有限公司印刷
2022 年 8 月第 2 版第 12 次印刷
169mm×239mm ·14.5 印张·2 插页·284 千字
标准书号：ISBN 978－7－111－12462－7
定价：40.00 元

电话服务

客服电话：010-88361066
　　　　　010-88379833
　　　　　010-68326294

封底无防伪标均为盗版

网络服务

机　工　官　网：www.cmpbook.com
机　工　官　博：weibo.com/cmp1952
金　书　网：www.golden-book.com
机工教育服务网：www.cmpedu.com

第 2 版前言

本书是根据高职高专教育土建类专业教学指导委员会建筑设备类专业指导分委员会制定的供热通风与空调工程技术专业教育标准、培养方案及教学大纲编写的。

本书的再版坚持以全面素质教育为基础，以能力为本位，以实用为主导的指导思想，突出高等职业教育的特点，充分体现其科学性、先进性、创新性、适用性。

本次修订保持了第 1 版教材的体系，比较系统地阐述了蒸气压缩式制冷的基本原理、设备构造、系统组成、制冷剂及载冷剂的热力性质、制冷循环的热力计算、制冷设备的选择、冷藏库制冷的工艺设计、制冷机房与管道设计、制冷设备的安装及试运转。

本教材配有电子教案，凡使用本书作为教材的教师可登录机械工业出版社教材服务网 www.cmpedu.com 下载。咨询邮箱：cmpgaozhi@sina.com。咨询电话：010 - 88379375。

本书由内蒙古建筑职业技术学院贺俊杰教授主编。各章编写分工如下：绪论、第一章，第二章，第三章及第四章中的第二节，第五章中的第一、二节由内蒙古建筑职业技术学院贺俊杰教授编写；第五章中的第三节、第六章由内蒙古工业大学徐向荣教授编写；第七章、第八章、第十章由内蒙古建筑职业技术学院马志彪副教授编写；第四章中的第一、第三、四、五节及第九章由新疆建设职业技术学院董晓明讲师编写。配套电子课件由内蒙古建筑职业技术学院张海霞、谭翠萍制作。

本书由山西建筑职业技术学院贾永康副教授主审。

由于编者水平有限，本书难免有不妥之处，殷切希望读者批评指正。

编　者

第1版前言

本书是根据"建设部高等学校土建学科教学指导委员会高职教育专业委员会"供热通风与空调专业的教学大纲编写的。

本书主要介绍了蒸气压缩式制冷的基本原理、设备构造、系统组成、制冷剂和载冷剂的热力性质、制冷循环的热力计算、制冷设备的选择、冷藏库制冷的工艺设计、制冷机房与管道设计、制冷设备的安装和试运转等。

制冷技术是供热通风与空调专业的一门主要专业课,实践性较强,所以在编写过程中,遵循理论与实践,教学与应用相结合的原则,力求深入浅出,通俗易懂,突出了高职高专重视实践性、实用性的特点,注重学生职业能力的培养,尽可能地取消复杂的理论计算、公式推导,并将一些计算简化;加强了制冷装置系统性、应用性以及实践环节等的基本知识和内容。为了便于学生掌握课程内容,本教材每章均列出了习题与思考题。

本书由内蒙古建筑职业技术学院贺俊杰副教授主编。各章编写分工如下:

绪论、第一章、第二章、第三章及第四章中的第二节、第五章中的第一、二节由内蒙古建筑职业技术学院贺俊杰教授编写;第五章中的第三节、第六章由内蒙古工业大学徐向荣教授编写;第七章、第八章、第十章由内蒙古建筑职业技术学院马志彪副教授编写;第四章中的第一及第三至五节、第九章由新疆建设职业技术学院董晓明讲师编写。

本书由山西建筑职业技术学院贾永康副教授主审。

由于编者水平有限,有不妥之处,敬请读者给予批评指正。

编　者

目　　录

第 2 版前言

第 1 版前言

绪论 ……………………………………………………………………………… 1

    习题与思考题 …………………………………………………………… 4

第一章　蒸气压缩式制冷的热力学原理 …………………………………… 5

    第一节　蒸气压缩式制冷的基本原理 ………………………………… 5

    第二节　蒸气压缩式制冷的理论循环 ………………………………… 9

    第三节　单级蒸气压缩式制冷理论循环的热力计算 ……………… 14

    第四节　蒸气压缩式制冷的实际循环 ……………………………… 19

    习题与思考题 …………………………………………………………… 20

第二章　制冷剂和载冷剂 …………………………………………………… 22

    第一节　制冷剂 …………………………………………………………… 22

    第二节　载冷剂 …………………………………………………………… 30

    习题与思考题 …………………………………………………………… 32

第三章　蒸气压缩式制冷系统的组成和图式 …………………………… 34

    第一节　蒸气压缩式氨制冷系统 …………………………………… 34

    第二节　蒸气压缩式氟利昂制冷系统 ……………………………… 41

    习题与思考题 …………………………………………………………… 43

第四章　制冷压缩机 ………………………………………………………… 44

    第一节　活塞式制冷压缩机的分类及其构造 ……………………… 44

    第二节　活塞式制冷压缩机的选择计算 …………………………… 52

    第三节　螺杆式制冷压缩机 …………………………………………… 61

    第四节　离心式制冷压缩机 …………………………………………… 63

    第五节　回转式制冷压缩机 …………………………………………… 67

    习题与思考题 …………………………………………………………… 70

第五章　压缩式制冷系统的设备和自控装置 …………………………… 72

    第一节　冷凝器和蒸发器 ……………………………………………… 72

    第二节　节流机构和辅助设备 ………………………………………… 93

    第三节　制冷系统的自控装置与自动调节 ……………………… 111

    习题与思考题 ………………………………………………………… 117

第六章　双级和复叠式蒸气压缩制冷 …………………………………… 119

    第一节　双级蒸气压缩制冷循环 …………………………………… 119

第二节　复叠式蒸气压缩制冷循环 ……………………………………… 126
习题与思考题 ……………………………………………………………… 127

第七章　小型冷库制冷工艺设计 …………………………………………… 128

第一节　冷藏库概述 ………………………………………………………… 128
第二节　冷藏库耗冷量计算 ………………………………………………… 130
第三节　小型冷藏库制冷工艺设计 ………………………………………… 143
习题与思考题 ……………………………………………………………… 154

第八章　制冷机房与管道的设计 …………………………………………… 155

第一节　制冷机房的设计步骤 ……………………………………………… 155
第二节　制冷设备的选择和制冷机房的布置 ……………………………… 156
第三节　制冷剂管道的设计 ………………………………………………… 161
第四节　制冷机组 …………………………………………………………… 173
习题与思考题 ……………………………………………………………… 177

第九章　制冷装置的安装和试运转 ………………………………………… 178

第一节　制冷设备的安装 …………………………………………………… 178
第二节　制冷管路和附件的安装 …………………………………………… 183
第三节　制冷系统的试运转 ………………………………………………… 186
第四节　制冷系统的验收 …………………………………………………… 194
第五节　制冷系统常见的故障及排除方法 ………………………………… 197
习题与思考题 ……………………………………………………………… 199

第十章　其他制冷技术 ……………………………………………………… 200

第一节　吸收式制冷 ………………………………………………………… 200
第二节　蒸气喷射式制冷 …………………………………………………… 204
习题与思考题 ……………………………………………………………… 208

附录 …………………………………………………………………………… 209

附录 A　制冷用物理参数表 ………………………………………………… 209
附表 A－1　饱和 R717 蒸气表 …………………………………………… 209
附表 A－2　饱和 R12 蒸气表 ……………………………………………… 211
附表 A－3　饱和 R22 蒸气表 ……………………………………………… 213
附表 A－4　低压饱和水蒸气表 …………………………………………… 215
附表 A－5　R717 饱和液的物性值 ……………………………………… 216
附表 A－6　R12 饱和液的物性值 ………………………………………… 217
附表 A－7　R22 饱和液的物性值 ………………………………………… 217
附表 A－8　某些气体的物性值 …………………………………………… 218
附表 A－9　氯化钠水溶液的物性值 ……………………………………… 219
附表 A－10　氯化钙水溶液的物性值 …………………………………… 220
附录 B　制冷剂压焓图（详见全文后）

参考文献 ……………………………………………………………………… 223

绪　　论

一、制冷的概念

制冷技术通俗地说就是研究如何获得低温的一门科学技术，它是随着人们对低温条件的要求和社会生产力的提高而不断发展的。

冷和热是同一范畴的物理概念，是人体对温度高低感觉的反应，就其本质来说它所反映的是物质分子运动的动能，把物体变冷实际上就是使它的温度降低。温度降低表明物体内部分子热运动减弱，热能减少；温度升高表明物体内部分子热运动加剧，热能增加。要把空间或物体温度降低，就必须从该空间或物体中取出热量，使它们内部的分子热运动减弱，从而使其变冷。

冷和热是相比较而存在的。在制冷技术中所说的冷是相对于环境温度而言的。因此，制冷就是使某一空间或某物体达到低于周围环境介质的温度，并维持这个低温的过程。所谓环境介质就是指自然界的空气和水。如前所述，要使某一空间或某物体达到并维持所需的低温，就得不断地从该空间或该物体中取出热量，并转移到环境介质中去，这个不断地从被冷却空间或物体中取出热量并转移到环境介质中去的过程就是制冷过程。

制冷可以通过两种途径来实现，一种是利用天然冷源，另一种是人工制冷。

天然冷源主要是指夏季使用的深井水和冬天贮存下来的天然冰。在夏季，深井水低于环境温度，可以用来防暑降温或作为空调冷源使用；天然冰可以用来进行食品冷藏和防暑降温。天然冷源虽具有价格低廉和不需要复杂技术设备等优点，但是，由于受到时间和地区等条件的限制，最主要的是受到制冷温度的限制，它只能制取0℃以上的温度。因此，天然冷源只能用于防暑降温、温度要求不是很低的空调和少量食品的短期贮存。要想获得0℃以下的制冷温度，必须采用人工制冷的方法来实现。

二、人工制冷的方法

在制冷技术中，人工制冷方法很多，目前广泛应用的制冷方法有以下三种。

1. 液体气化制冷

它是利用液体气化时要吸收热量的特性来实现制冷。

物质由液态变为气态时要吸收气化热，这个热量随着物质的种类、压力、温度不同而有所不同。例如：质量为1kg的水，在101.325kPa压力下，气化时要吸收热量2255.68kJ，这时沸点温度为100℃；在1.0721kPa压力下，气化时要吸收热量2481.35kJ，这时水的沸点温度为8℃。又如质量为1kg的氨液，在

101.325kPa 压力下气化时，要吸收 1370kJ 的热量，这时的沸点温度可达 –33.4℃；在 190.11kPa 压力下气化时，要吸收 1327.52kJ 的热量，这时沸点温度可达 –20℃。从上述例子中可以看出，对于同一种物质，压力越低，沸点温度越低，吸热就越大。因此，只要创造一定的低压，就可以利用液体的气化吸热特性获得所要求的低温。

2. 气体膨胀制冷

它是利用气体绝热膨胀来实现制冷的。

气体被压缩时，压力升高温度也随之升高；反之，如果高压高温的气体进行绝热膨胀时，压力降低而温度也随之降低，从而产生冷效应，达到制冷的目的。空气压缩制冷就是采用这个原理。图 0 – 1 为空气压缩制冷原理图。空气经压缩机绝热压缩后，压力温度升高，然后在冷却器中定压冷却到常温后，再进入膨胀机进行绝热膨胀，压力降低，体积膨胀，并对外作功，使空气本身的内能减少，温度降低，然后利用低温低压的空气进入低温室来吸收被冷却物体的热量，被冷却物体放出热量而温度降低，空气吸热后温度升高又被压缩机吸入，如此循环便可达到制冷的目的。空气压缩制冷常用于飞机的机舱空调。

3. 热电制冷

它是利用半导体的温差电特性实现制冷的。

热电制冷是将 N 型半导体（电子型）元件和 P 型半导体（空穴型）元件组成的半导体制冷电偶（见图 0 – 2）。在电偶的一端用铜片焊接起来，另一端焊上铜片并接上导线将它们连成一个回路。当直流电从 N 型流向 P 型半导体时，则在联接片（2 – 3）端产生吸热现象，这端称为冷端，而在联接片（1 – 4）端产生放热现象，该端称为热端，这样冷端便可以达到制冷的目的。由于一对电偶的制冷量很小，所以在实际使用中是将若干对这样的电偶串联起来，组成电堆。连接时，冷端排在一起，热端排在一起，当半导体制冷器输入一定数量的直流电时，冷端逐渐冷却，并可以达到一定的低温。由于热电制冷的效率较低，致使不能

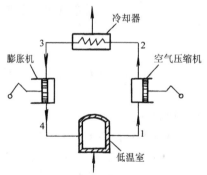

图 0 – 1　空气压缩制冷循环工作原理图

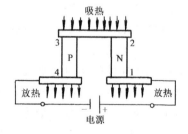

图 0 – 2　半导体制冷电偶

大规模的应用，目前主要用在冷量需求量较小的小型制冷器中。

在上述三种制冷方法中，目前应用最广泛的是液体气化制冷，这种制冷称为蒸气制冷。蒸气制冷装置有三种：蒸气压缩式制冷、吸收式制冷、蒸气喷射式制冷。

除了上述制冷方法外，获得低温的方法还有绝热去磁制冷、涡流管制冷、吸附式制冷等。这些方法在我们专业范围内基本上不用，本书不作介绍。

不同的制冷范围应选用不同的制冷方法。目前，根据制冷温度的不同，制冷技术可分为三类，即

普通制冷——高于 $-120℃$（153K）。

深度制冷—— $-120 \sim -253℃$（153K~20K）。

超低温制冷—— $-253℃$ 以下（20K以下）。

空调和食品冷藏属于普通制冷范围，主要采用液体气化制冷。

三、人工制冷在国民经济中的应用

随着工业、农业、国防和科学技术的发展，人民生活水平的不断提高，人工制冷在国民经济中得到了越来越广泛的应用。

1. 空气调节工程

制冷技术在空调工程中的应用很广，所有的空调系统均需要冷源，冷源有天然冷源和人工冷源。由于天然冷源受到时间和地区等条件的限制，同时受到制冷温度的限制，所以空调冷源多采用人工制冷，利用制冷装置来控制空气的温度、湿度，从而使空气的温、湿度得到调节。空气调节根据其使用场合不同，分为两种形式：

（1）工艺性空调 这种空调系统主要满足生产工艺等对室内环境温度、湿度、洁净度的要求。例如纺织、仪表仪器、电子元件、精密计量、精密机床、半导体、各种计算机房等都要求对环境的温度、湿度、洁净度进行不同程度的控制，以保证产品的质量。

（2）舒适性空调 这种空调系统主要满足人们工作和生活对室内温度、湿度的要求。例如宾馆饭店、大会堂、影剧院、体育馆、医院、住宅、展览馆以及地下铁道、汽车、火车、轮船、飞机内的空气调节等。

2. 食品的冷藏

在食品工业中应用人工制冷的场合很多，例如容易腐坏的食品如肉类、鱼类、禽类、蛋类、蔬菜和水果等都需要在低温条件下加工、冷藏及冷藏运输，以保证食品的原有质量和减少干缩损耗。此外，各种形式的冷库还可以平衡食品生产上的季节性与销售之间的矛盾。

除此之外，冷食品与饮料的生产和贮存也需要制冷装置。目前国内的制冷技术已发展到每个家庭，家用冰箱、冰柜已成为家庭中必备的电器产品。

3. 工业生产工艺

工业的许多生产过程需要在低温下进行，例如石油脱蜡、天然气液化、石油裂解、合成橡胶、合成纤维、以及合成氨和化肥的生产等。

4. 国防工业和科学研究

高寒地区的汽车、坦克发动机等需要做环境模拟试验，火箭、航天器也需在模拟高空的低温条件下进行试验，宇宙空间的模拟、超导体的应用、半导体激光、红外线探测等都需要人工制冷技术。

5. 其他方面

除了上述应用外，制冷技术还用于制冰、药物保存、医疗手术过程、现代农业育苗、良种的低温贮存、人工滑冰场等方面。

综上所述，制冷技术的应用是多方面的，它的发展标志着我国国民经济的发展和人民生活水平的提高。可以预料，随着我国市场经济的建立和完善，制冷事业将进入一个新的发展阶段。

四、本课程的研究内容和理论基础

制冷技术的研究内容可概括为以下三个方面：

1）研究人工制冷的方法和有关制冷原理以及与此相应的制冷循环。

2）研究制冷剂和载冷剂的性质，从而为制冷系统提供性能满意的工质。蒸气压缩式制冷要通过制冷剂热力状态变化才能实现，所以要求必须掌握制冷剂的物理化学性质。

3）研究蒸气压缩式制冷的基本概念、基本理论、工作原理、理论循环的热力计算、系统组成、设备构造及选型计算、机房与管道设计、制冷系统安装和试运转等。

制冷的主要理论基础是工程热力学、传热学和流体力学。因此，应注意在工程热力学、传热学和流体力学方面打下坚实的理论基础。

习题与思考题

0-1　什么叫制冷和制冷过程？

0-2　实现制冷有哪两种途径？

0-3　人工制冷有哪几种方法？最常用的是哪一种？

0-4　蒸气制冷有哪几种方法？最常用的是哪一种？

0-5　根据制冷温度的不同，制冷技术可分为哪几类？

第一章　蒸气压缩式制冷的热力学原理

第一节　蒸气压缩式制冷的基本原理

在讨论蒸气压缩式制冷的基本原理时，首先要清楚蒸气制冷的本质。在日常生活中我们都有这样的体会，如果给皮肤上涂抹酒精液体时，会发现皮肤上的酒精很快干掉，并给皮肤带来凉快的感觉。这就是因为酒精由液体变为气体时吸收了皮肤上热量的缘故。由此可见，凡是液体气化时都要从周围物体吸收热量。蒸气压缩式制冷原理就是利用液体气化时要吸收热量的这一物理特性来达到制冷的目的。

在制冷装置中用来实现制冷循环的工作物质称为制冷剂或工质。在冷藏库中对食品的冷冻或冷藏，就是利用某一种液体（氨或氟利昂）气化时吸收库内空气和食品的热量来实现的。

根据热力学第二定律我们知道，热量总是自发地从高温物体传向低温物体，就像水总是由高处自动流向低处一样。但是热量不能自发地从一个低温物体传向另一个高温物体，正像水不能自发地由低处流向高处，这并不是说水在任何条件下都不能由低处往高处运动，只要外界给水一个提升力还是可以实现的，例如用水泵将水池中的水送往水塔。这就是说，要想让水由低处流向高处，需要消耗一定的能量（如电能、热能）作为补偿，否则这个过程难以实现。同样道理，要想低温物体的热量传向高温物体也应当有一个能量补偿过程，显然这个过程要消耗外界的能量（电能或热能）。有了这个补偿过程，热量就可以从低温物体传向高温物体。蒸气压缩制冷循环就是用压缩机等设备，以消耗机械能作为补偿，借助制冷剂的状态变化将低温物体的热量传向高温物体。那么制冷剂在制冷系统中经过什么样的热力循环实现人工制冷呢？经过哪种热力过程所组成的制冷循环在理论上最为经济？下面通过逆卡诺循环加以说明。

一、理想制冷循环——逆卡诺循环

卡诺循环分为正卡诺循环和逆卡诺循环。正卡诺循环是正向循环，它是使高温热源的工质通过动力装置对外作功，然后再流向低温热源，使热能转化为机械能，也称动力循环；逆卡诺循环是逆向循环，它是使制冷剂在吸收低温热源的热量后通过制冷装置，并以消耗机械功作为补偿，然后流向高温热源。制冷循环就是按逆向循环进行的。

逆卡诺循环是可逆的理想制冷循环，实现逆卡诺循环的重要条件是：高、低温热源温度恒定；工质在冷凝器和蒸发器中与外界热源之间的换热无传热温差；制冷工质流经各个设备时无摩擦损失及其他内部不可逆损失。

逆卡诺循环由两个定温和两个绝热过程组成。在湿蒸气区区域内进行的逆卡诺循环的必要设备是压缩机、冷凝器、膨胀机和蒸发器，其制冷循环以及循环过程在 $T-S$ 图上的表示如图 1-1 所示。

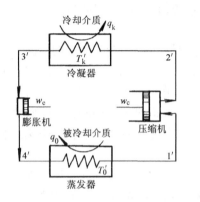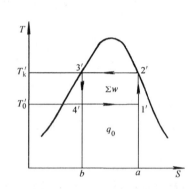

图 1-1　逆卡诺循环过程

由图 1-1 可知，制冷剂在逆卡诺制冷循环中包括四个热力过程。1′—2′ 为绝热压缩过程，制冷剂由状态 1′ 经过绝热压缩（等熵压缩）到状态 2′，消耗机械功 w_c，制冷剂的温度由 $T_0′$ 升至 $T_k′$；2′—3′ 为等温冷凝过程，制冷剂在 $T_k′$ 下向冷却剂放出冷凝热量 q_k，然后被冷却到状态 3′；3′—4′ 为绝热膨胀过程，制冷剂由状态 3′ 绝热膨胀（等熵膨胀）到状态 4′，膨胀机输出功 w_e，制冷剂的温度由 $T_k′$ 降到 $T_0′$；4′—1′ 为等温吸热过程，制冷剂由状态 4′ 等温 $T_0′$ 下从被冷却物体中吸取热量 q_0（即制取单位制冷量 q_0），这时制冷剂又恢复到初始状态 1′，这样便完成了一个制冷循环。如果循环继续重复进行，则要不断地消耗机械功，才能不断地进行制冷。由此可见，在制冷循环中，制冷剂之所以能从低温物体（被冷却物体）中吸取热量 q_0 送至高温物体（冷却剂），是由于消耗了能量（压缩功）的缘故。

在逆卡诺循环中，1kg 制冷剂从被冷却物体（低温热源）吸取的热量 q_0，连同循环所消耗的功 Σw（即压缩机的耗功量 w_c 减去膨胀机膨胀时所作的功 w_e）一起转移至温度较高的冷却剂（高温热源），根据能量守恒，则

$$q_k = q_0 + \Sigma w \qquad (1-1)$$
$$\Sigma w = w_c - w_e$$

制冷循环常用制冷系数 ε 表示它的循环经济性能，制冷剂从被冷却物体中吸

取的热量 q_0 与循环中所消耗功 Σw 的比值称为制冷系数，即

$$\varepsilon = \frac{q_0}{\Sigma w}$$

对于逆卡诺循环，1kg 制冷剂从被冷却物体（低温热源）吸取的热量为

$$q_0 = T_0'(S_a - S_b)$$

向冷却剂（高温热源）放出的热量为

$$q_k = T_k'(S_a - S_b)$$

制冷循环中所消耗的净功为

$$\Sigma w = q_k - q_0 = (T_k' - T_0')(S_a - S_b)$$

则逆卡诺循环制冷系数为

$$\varepsilon_c = \frac{q_0}{\Sigma w} = \frac{T_0'(S_a - S_b)}{(T_k' - T_0')(S_a - S_b)} = \frac{T_0'}{T_k' - T_0'} \qquad (1-2)$$

从式（1-2）可知，逆卡诺循环的制冷系数只与被冷却物体的温度 T_0' 和冷却剂的温度 T_k' 有关，与制冷剂性质无关。当 T_0' 升高，T_k' 降低时，ε_c 增大，制冷循环的经济性越好。而且，T_0' 对 ε_c 的影响要比 T_k' 大，这一点通过式（1-2）求两个偏导数的绝对值可以看出。

$$\left|\frac{\partial \varepsilon_c}{\partial T_k'}\right| = \frac{T_0'}{(T_k' - T_0')^2}$$

$$\left|\frac{\partial \varepsilon_c}{\partial T_0'}\right| = \frac{T_k'}{(T_k' - T_0')^2}$$

由于　$T_k' > T_0'$，所以

$$\left|\frac{\partial \varepsilon_c}{\partial T_0'}\right| > \left|\frac{\partial \varepsilon_c}{\partial T_k'}\right| \qquad (1-3)$$

由式（1-3）可知，T_0' 与 T_k' 对制冷系数 ε 的影响不是相等的，T_0' 的影响大于 T_k'。

二、有传热温差的制冷循环

前面讲过实现逆卡诺循环的一个重要条件是制冷剂与被冷却物和冷却剂之间必须在无温差情况下相互传热，而实际的热交换器总是在有温差的情况下进行传热的，因为蒸发器和冷凝器不可能具有无限大的传热面积。所以，实际有传热温差的制冷循环，制冷系数 ε_c' 不仅与被冷却物体温度 T_0' 和冷却剂温度 T_k' 有关，还与热交换过程的传热温差有关。例如被冷却物体（如冷冻水）在蒸发器中的平均温度为 T_0'，而冷却水在冷凝器中的平均温度为 T_k' 时，逆卡诺循环可用图1-2中的1'—2'—3'—4'—1'表示。由于有传热温差存在，在蒸发器内制冷剂的蒸发温度应低于 T_0'，即 $T_0 = T_0' - \Delta T_0$；而冷凝器内制冷剂的冷凝温度 T_k 应高于 T_k'，即 $T_k = T_k' + \Delta T_k$。此时有传热温差的制冷循环可用图1-2中的1—

2—3—4—1 表示，所消耗的功量为面积 12341，比逆卡诺循环多消耗的功可用 2′233′2′ 和 11′4′41 表示，减少的制冷量为面积 11′4′41。同理可得具有传热温差的制冷循环的制冷系数为

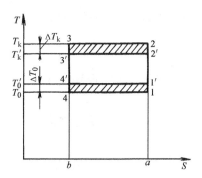

$$\varepsilon_c{}' = \frac{T_0}{T_k - T_0} = \frac{T_0{}' - \Delta T_0}{(T_k{}' + \Delta T_k) - (T_0{}' - \Delta T_0)}$$

$$= \frac{T_0{}' - \Delta T_0}{(T_k{}' - T_0{}') + (\Delta T_k + \Delta T_0)} \qquad (1-4)$$

图 1-2　有传热温差的制冷循环

显然 $\varepsilon_c{}' < \varepsilon_c$，这表明具有传热温差的制冷循环的制冷系数总要小于逆卡诺循环的制冷系数，一切实际制冷循环均为不可逆循环，因此，实际循环的制冷系数总是小于工作在相同热源温度时的逆卡诺循环的制冷系数。实际制冷循环的制冷系数 ε 与逆卡诺循环的制冷系数 ε_c 之比称为热力完善度 η，即

$$\eta = \frac{\varepsilon}{\varepsilon_c} \qquad (1-5)$$

热力完善度愈接近 1，表明实际循环的不可逆程度愈小，循环的经济性愈好，它的大小反映了实际制冷循环接近逆卡诺循环的程度。

实际上，蒸气压缩式制冷采用逆卡诺循环有许多困难，主要有以下几点：

1) 压缩过程是在湿蒸气区中进行的，危害性很大。因为压缩机吸入的是湿蒸气，在压缩过程中必然产生湿压缩，而湿压缩会引起液击现象，使压缩机遭受破坏，因此，在实际蒸气压缩式的制冷循环中采用干压缩，即进入压缩机的制冷剂为干饱和蒸气（或过热蒸气）。

2) 膨胀机等熵膨胀不经济。这是因为进入膨胀机的是液态制冷剂，一则它的体积变化不大，再则机件特别小，摩擦阻力大，以致所能获得的膨胀功常常不足以克服机器本身的摩擦阻力。因此，在实际蒸气压缩式制冷循环中采用膨胀阀（也称节流阀）代替膨胀机。

3) 无温差的传热实际上是不可能的。因为冷凝器和蒸发器不可能有无限大的传热面积，所以实际循环只能使蒸发温度低于被冷却物体的温度，冷凝温度高于冷却剂的温度。

综上可知，虽然逆卡诺循环制冷系数最大，但只是一个理想制冷循环，在实际工程中无法实现，但是通过该循环的分析所得出的结论对实际制冷循环具有重要的指导意义，对提高制冷装置经济性指出了重要的方向。因此，要使实际制冷装置节能运行，必须严格遵循上述原则，这就是详细分析讨论蒸气压缩式制冷基本原理的主要目的。

第二节 蒸气压缩式制冷的理论循环

一、单级蒸气压缩式制冷的理论循环

蒸气压缩式制冷的理论循环是由两个定压过程，即一个绝热压缩过程和一个绝热节流过程组成。它与逆卡诺循环（理想制冷循环）所不同的是：

1）蒸气的压缩采用干压缩代替湿压缩。压缩机吸入的是饱和蒸气而不是湿蒸气。

2）用膨胀阀代替膨胀机。制冷剂用膨胀阀绝热节流。

3）制冷剂在冷凝器和蒸发器中的传热过程均为定压过程，并且具有传热温差。

图1-3为蒸气压缩制冷理论循环图。它是由压缩机、冷凝器、膨胀阀、蒸发器等四大设备组成，这些设备之间用管道依次连接形成一个封闭的系统。它的工作过程是：压缩机将蒸发器内所产生的低压低温制冷剂蒸气吸入气缸内，经过压缩机压缩后使制冷剂蒸气的压力温度升高，然后将高压高温的制冷剂蒸气排入冷凝器；在冷凝器内，高压、高温的制冷剂蒸气与温度比较低的冷却水

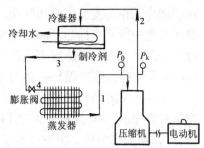

图1-3 蒸气压缩制冷理论循环

（或空气）进行热量交换，把热量传给冷却水（或空气），而制冷剂本身放出热量后由气体冷凝为液体，这种高压的制冷剂液体经过膨胀阀节流降压、降温后进入蒸发器；在蒸发器内，低压低温的制冷剂液体吸收被冷却物体（食品或空调冷冻水）的热量而气化，而被冷却物体（如食品或冷冻水）便得到冷却，蒸发器中所产生的制冷剂蒸气又被压缩机吸走。这样制冷剂在系统中要经过压缩、冷凝、节流、气化（蒸发）四个过程，也就完成了一个制冷循环。

综上所述，蒸气压缩式制冷的理论循环可归纳为以下四点：

1）低压低温制冷剂液体（含有少量蒸气）在蒸发器内的定压气化吸热过程，即从低温物体中夺取热量。该过程是在压力不变的条件下，制冷剂由液体气化为气体。

2）低压低温制冷剂蒸气在压缩机中的绝热压缩过程。这个压缩过程是消耗外界能量（电能）的补偿过程，以实现制冷循环。

3）高压高温的制冷剂气体在冷凝器中的定压冷却冷凝过程。这个过程是将从被冷却物体（低温物体）中夺取的热量连同压缩机所消耗的功转化成的热量一起，全部由冷却水（高温物体）带走，而制冷剂本身在定压下由气体冷却冷凝为

液体。

4）高压制冷剂液体经膨胀阀节流降压降温后，为液体在蒸发器内的气化创造了条件。

因此，蒸气压缩式制冷循环就是制冷剂在蒸发器内夺取低温物体（空调冷冻水或食品）的热量并通过冷凝器把这些热量传给高温物体（冷却水或空气）的过程。

二、压焓图（$\lg p - h$ 图）的结构

在制冷装置中，制冷剂的热力状态变化可以用其热力性质表来说明，也可用热力性质图来表示。用图来研究整个制冷循环，不仅可以简便地确定制冷剂的状态参数，而且能直观地看到循环各状态的变化过程及其特点。

制冷剂的热力性质图主要有温熵图（$T - S$）和压焓图（$\lg p - h$ 图）两种。由于制冷剂在蒸发器内吸热气化，在冷凝器中放热冷凝都是在定压下进行的，而定压过程中所交换的热量和压缩机在绝热压缩过程中所消耗的功，都可用焓差来计算，而且制冷剂经膨胀阀绝热节流后，焓值不变。所以在工程上利用制冷剂的 $\lg p - h$ 图来进行制冷循环的热力计算更为方便。

$\lg p - h$ 图的结构如图 1-4 所示。图中以压力为纵坐标（为了缩小图面，通常取对数坐标，但是从图面查得的数值仍然是绝对压力，而不是压力的对数值），以焓为横坐标，图中反映了一点、两线、三区、五态。k 点为临界点，k 点右边为干饱和蒸气线（称上界线），干度 $x = 1$，k 点左边为饱和液体线（称下界线），干度 $x = 0$；两条饱和线将图分成三个区域：下界线以左为过冷液体区，上界线以右为过热蒸气区，两者之间为湿蒸气区。图中包括一系列等参数线，如等压线 $p = c$，等焓线 $h = c$，等温线 $t = c$，等熵线 $S = c$，等容线 $v = c$，等干度线 $x = c$。

在湿蒸气区内等压线与等温线重合。压焓图中的各等参数线形状见图 1-4。

对于制冷剂的任一状态的有关参数，一般只要知道任何两个参数，即可在 $\lg p - h$ 图中找出代表这个状态的一个点，在这个点上可以读出其他参数值。

压焓图是进行制冷循环分析和计算的重要工具，应熟练掌握。本书附录中列出了一些常用制冷剂的压焓图。

三、单级蒸气压缩式制冷理论循环在压焓图上的表示

为了进一步了解单级蒸气压缩式制冷装置中制冷剂状态的变化过程，现将制冷理论循环过程表示在压焓图上（图 1-5），并说明如下。

点 1：为制冷剂进入压缩机的状态。如果不考虑过热，进入压缩机的制冷剂为干饱和蒸气。它是根据已知的 t_0 找到对应的 p_0，然后根据 p_0 的等压线与 $x = 1$ 的饱和蒸气线相交来确定的。

点 2：高压制冷剂气体从压缩机排出进入冷凝器的状态。绝热压缩过程熵不变，即 $S_1 = S_2$，因此，由点 1 沿等熵线（$S = c$）向上与 p_k 的等压线相交便可

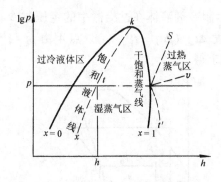

图 1-4　lg$p$-h 的结构

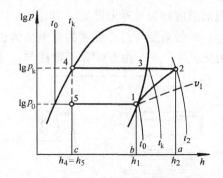

图 1-5　制冷理论循环在 lg$p$-h 图上的表示

求得点 2。

1—2 过程为制冷剂在压缩机中的绝热压缩过程。该过程要消耗机械功。

点 4：为制冷剂在冷凝器内凝结成饱和液体的状态，也就是离开冷凝器时的状态。它是由 p_k 的等压线与饱和液体线（$x=0$）相交求得。

2—3—4 过程为制冷剂蒸气在冷凝器内进行定压冷却（2—3）和定压冷凝（3—4）过程。该过程制冷剂向冷却水（或空气）放出热量。

点 5：为制冷剂出膨胀阀进入蒸发器的状态。

4—5 为制冷剂在膨胀阀中的节流过程。节流前后焓值不变（$h_4=h_5$），压力由 p_k 降到 p_0，温度由 t_k 降到 t_0，由饱和液体进入湿蒸气区，这说明制冷剂液体经节流后产生少量的闪发气体。由于节流过程是不可逆过程，因此在图上用一虚线表示。点 5 由点 4 沿等焓线与 p_0 等压线相交求得。

5—1 过程为制冷剂在蒸发器内定压蒸发吸热过程。在这一过程中 p_0 和 t_0 保持不变，低压低温的制冷剂液体吸收被冷却物体的热量使其温度降低而达到制冷的目的。

制冷剂经过 1—2—3—4—5—1 过程后，就完成了一个制冷理论基本循环。

四、液体过冷的制冷循环

制冷理论基本循环（即饱和循环）没有考虑制冷剂的液体过冷，而液体过冷直接影响到制冷装置的循环性能，因此必须加以分析和讨论。

实现液体过冷的办法有：①增设专门的过冷设备（即过冷器）；②适当增加冷凝器的传热面积，使一部分传热面积用于过冷；③采用回热循环（增加过冷度）。

图 1-6 所示为设有过冷器液体过冷的制冷循环。图 1-7 所示为液体过冷循环在 lg$p$-h 图上的表示。其工作过程是：将冷凝器排出的饱和液体制冷剂送入过冷器中进行过冷，利用深井水使饱和液体在定压下冷却到低于冷凝温度的过冷液体状态，我们把这个再冷却的过程称为液体过冷。如图 1-7 中的点 4′所示，

该点的温度称为过冷温度 t_{rc}，其中 4 – 4′ 表示制冷剂液体在过冷器中的定压过冷过程。冷凝温度与过冷温度的差值称为过冷度 Δt_{rc}（$\Delta t_{rc} = t_k - t_{rc}$）。点 4′ 由 p_k 与 t_{rc} 相交求得，点 5′ 由点 4′ 作等焓线与 p_0 相交求得。

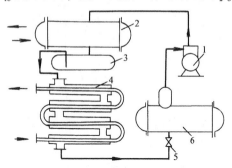 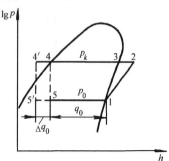

图 1 – 6　设有过冷器液体过冷的制冷循环　　　图 1 – 7　液体过冷循环在 $\lg p$ – h 图上的表示

1—压缩机　2—冷凝器　3—贮液器

4—过冷器　5—节流阀　6—蒸发器

将具有液体过冷循环 1—2—3—4′—5′—1 与无过冷循环 1—2—3—4—5—1 进行比较，可以看出，进入蒸发器的制冷剂状态点 5′ 的干度比点 5 的干度要小，这说明节流后产生的闪发蒸气量减少，而单位质量制冷量增加了 Δq_0，即 $\Delta q_0 = h_5 - h_5′$。由于压缩过程中耗功相同，因而提高了循环的制冷系数，即 $\varepsilon_{rc} = \dfrac{q_0 + \Delta q_0}{w_{rc}}$ 提高了制冷循环的经济性。

从上面分析可以看出，应用液体过冷在理论上对改善循环是有利的。但是，采用液体过冷需要增加初投资和设备运行费用，应进行技术经济指标的核算来确定是否采用液体过冷。一般来说，对于大型的氨制冷装置，蒸发温度 t_0 在 – 5℃ 以下时采用液体过冷比较有利；对于空气调节用的制冷装置，一般不单独设置过冷器，而是适当增加冷凝器的传热面积，实现制冷剂在冷凝器内过冷。

五、蒸气过热循环

对于制冷理论基本循环，压缩机吸入的是饱和蒸气，实际上压缩机吸入的制冷剂蒸气往往是过热蒸气。产生吸气过热的原因主要有：①蒸发器与压缩机之间的吸气管路吸热而过热；②在蒸发器内气化后的饱和蒸气继续吸热而过热。

图 1 – 8 所示为蒸气过热的制冷循环在 $\lg p$ – h 图上的表示。蒸气过热过程是等压过程，它是在蒸发压力下使饱和蒸气继续吸热而过热。图中 1—1′ 是蒸气过热过程。压缩机吸气状态点 1′ 是由 p_0 等压线与吸气温度 $t_1′$ 的交点来确定，由点 1′ 沿等熵线与 p_k 等压线相求得点 2′，过热后的压缩机吸气温度 $t_1′$ 与蒸发温度 t_0 的差值称为过热度（$\Delta t_{sh} = t_1′ - t_0$）。

根据蒸气过热时所吸收的热量对循环性能的影响不同，蒸气过热分为无效过热和有效过热两种，下面分别介绍。

1. 无效过热（又称有害过热）

从蒸发器出来的低压低温制冷剂蒸气，在通过吸气管道进入压缩机之前，吸收周围空气的热量而过热，这种现象称为管路过热。由于管路过热对被冷却物体没有产生任何制冷效果，所以我们把这种过热称为无效过热。如果用 $\lg p - h$ 图上的蒸气过热循环 $1'$—$2'$—3—4—5—$1'$ 与理论基本循环进行比较，可以看出，两者的单位质量制冷量相同，但过热循环

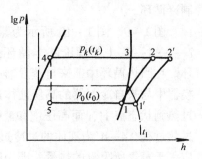

图 1-8　蒸气过热的制冷循环在 $\lg p - h$ 图上的表示

压缩机耗功 w_{sh} 增加，制冷剂比体积 v 增加，q_v 减少，导致制冷剂质量循环量减少，制冷系数 ε_{sh} 降低。

由以上分析可知，无效过热对循环是不利的，而且蒸发温度越低与环境空气温差越大，无效过热也越大，循环经济性越差。因此，对吸气管道要采取很好的保温隔热措施，以减少无效过热。

2. 有效过热

在制冷循环中为了防止湿蒸气进入压缩机造成液击事故，吸气少量过热对压缩机工作比较有利，所以在设计时要考虑吸入压缩机的制冷剂蒸气有适当的过热度，如 R717 作制冷剂，其过热度一般取 $5 \sim 8 ℃$，用氟利昂作制冷剂时过热度较大，这时，吸入蒸气的过热发生在蒸发器本身的后部；其次，在使用热力膨胀阀的氟利昂制冷系统中，为了应用过热度来调节膨胀阀的开启度，制冷剂蒸气在离开蒸发器以前就已经过热。由于上述形式的过热所吸收的热量均来自被冷却空间，因此产生了有用的制冷效果，我们把这种过热称为有效过热。这部分热量应计入单位质量制冷量内，这时，有效过热循环的单位质量制冷量为 $q_{sh} = h_1' - h_5$。因过热增加的单位质量制冷量为 $\Delta q_{sh} = h_1' - h_1$。

从图 1-8 中可以看出，随着 Δt_{sh} 增加，单位质量制冷量增加，压缩机耗功也增加，而制冷系数 $\varepsilon_{sh} = \dfrac{q_0 + \Delta q_0}{w + \Delta w}$ 是否也增加，应具体分析。它与制冷剂性质有关，理论计算与实验均可证明，对 R717、R22 制冷剂，吸入过热蒸气对制冷系数是不利的；而对 R12、R502 制冷剂，蒸气过热能使制冷系数有所提高。

六、蒸气回热制冷循环

它是利用气、液热交换器（又称回热器）使节流前的制冷剂液体与蒸发器出来的低温制冷剂蒸气进行热交换，使液体过冷，低温蒸气过热，这样不仅可以增加单位质量制冷量，而且可以减少低温制冷剂蒸气与环境空气之间的传热温差，减少甚至消除蒸发器与压缩机之间吸气管道的无效过热，这种循环称为蒸气回热

制冷循环。

图1-9、图1-10所示为蒸气回热制冷循环的系统图和压焓图。图中1—2—3—4—5—1为理论基本循环，1—1′—2′—3—4—4′—5′—1表示蒸气回热循环。在回热循环中，来自蒸发器的低压低温制冷剂蒸气1进入热交换器，在热交换器中与来自冷凝器的高压液体进行热量交换，低压低温的制冷剂蒸气由1定压过热到状态点1′，而高压饱和液体4被定压过冷到4′。其中1—1′为低压蒸气的过热过程，4—4′为液体的过冷过程。在无冷量损失的情况下，液体放出的热量应等于蒸气所吸收的热量，即为回热器的单位热负荷。

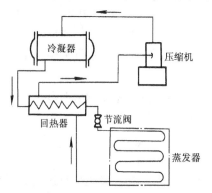

图1-9 蒸气回热制冷循环的系统图

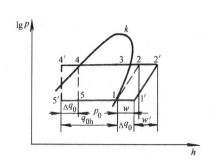

图1-10 蒸气回热制冷系统的压焓图

$$q_h = h_5 - h_5{'} = h_1{'} - h_1 \qquad (1-6)$$

回热循环中的单位质量制冷量为

$$q_{0h} = h_1 - h_5{'} = h_1{'} - h_5 \qquad (1-7)$$

由图1-10可知，回热循环的单位质量增加了$\Delta q_0 = h_5 - h_5{'}$，单位压缩功也增加了$\Delta w = (h_2{'} - h_1{'}) - (h_2 - h_1)$，因此，回热制冷循环的理论制冷系数是否提高，必须进行详细分析，它与t_0、t_k和制冷剂性质有关。理论计算结果表明，R12和R502采用回热循环是有利的；R717制冷剂采用回热循环则不利，所以R717不采用回热循环。

在回热循环中状态点1′由p_0与压缩机的吸气温度$t_1{'}$相交求得，由点1′沿等熵线与p_k相交求得点2′，由于回热循环中$h_4 - h_4{'} = h_1{'} - h_1$，$h_4{'}$为回热器出口处过冷液体的焓值，因此$h_4{'} = h_4 - (h_1{'} - h_1)$，点4′由$h_4{'}$与$p_k$相交求得。

第三节　单级蒸气压缩式制冷理论循环的热力计算

制冷理论循环热力计算的目的主要是计算出制冷循环的性能指标、压缩机的容量和功率以及热交换设备的热负荷，为选择压缩机和其他制冷设备提供必要的数据。

一、已知条件的确定

在进行制冷理论循环热力计算之前，首先需要确定以下几个条件：

(1) 制冷装置的制冷量 ϕ_0　其单位为 kW，它是由空调工程、食品冷藏及其他用冷工艺来提供。

(2) 蒸发温度 t_0　指制冷剂在蒸发器中气化时的温度，蒸发温度的确定与所采用的载冷剂（冷媒）有关，即与冷冻水、盐水和空气有关。

在冷藏库中以空气作载冷剂时，蒸发温度要比库内所要求的空气温度低 8 ~ 10℃，即

$$t_0 = t' - (8 \sim 10℃) \tag{1-8}$$

在空调工程或其他用冷工艺中以水或盐水作载冷剂时，其蒸发温度比载冷剂温度低 4 ~ 6℃，即

$$t_0 = t' - (4 \sim 6℃) \tag{1-9}$$

式中　t'——载冷剂所要求的温度（℃）。

(3) 冷凝温度 t_k　指制冷剂在冷凝器中液化时的温度，它的确定与冷凝器的结构形式和所采用的冷却介质（如冷却水或空气）有关。当用空气冷却时，冷凝温度比空气进口干球温度高 15℃；用水冷却时，可用下式确定：

$$t_k = t_{pj} + (5 \sim 7℃) \tag{1-10}$$

式中　t_{pj}——冷凝器中冷却水进出口平均温度（℃）。

如进冷凝器的冷却水温度 $t_1 = 26℃$，采用立式壳管式冷凝器，水在冷凝器中的温升 $\Delta t = 2 \sim 4℃$，出冷凝器的冷却水温度 $t_2 = (26 + 3)℃ = 29℃$，则冷凝温度 $t_k = t_{pj} + (5 \sim 7℃) = \left(\dfrac{26 + 29}{2} + 6\right)℃ = 33.5℃$，取 $t_k = 34℃$。

蒸发式冷凝器的冷凝温度应比夏季室外计算湿球温度高 8 ~ 15℃。

(4) 过冷温度 t_{rc}　制冷剂在冷凝压力 p_k 下，其温度低于冷凝温度时的温度称为过冷温度，过冷温度比冷凝温度低 3 ~ 5℃，即

$$t_{rc} = t_k - (3 \sim 5℃) \tag{1-11}$$

(5) 制冷压缩机的吸气温度 t_1　对于氨压缩机吸气温度比蒸发温度高 5 ~ 8℃，即 $t_1 = t_0 + (5 \sim 8℃)$；对氟利昂压缩机，如采用回热循环，其吸气温度为 15℃。

二、单级蒸气压缩式制冷理论循环的热力计算

根据上述已知条件，可在 $\lg p - h$ 图上标出制冷循环的各状态点，画出循环工作过程，并从图上查出各点的状态参数，便可进行热力计算。利用图 1-11 可对单级蒸气压缩式制冷理论循环进行热力计算。

(1) 单位质量制冷量 q_0　指 1kg 制冷剂在蒸发器内所吸收的热量。在图 1-

11 中可用点 1 和点 5 的焓差来计算，即

$$q_0 = h_1 - h_5 \qquad (1-12)$$

（2）单位容积制冷量 q_v 指 $1m^3$ 制冷剂在蒸发器内所吸收的热量。

$$q_v = \frac{q_0}{v_1} = \frac{h_1 - h_5}{v_1} \qquad (1-13)$$

式中 v_1 ——压缩机吸入蒸气的比体积（m^3/kg）。

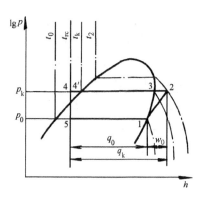

图 1-11 单级蒸气压缩式制冷循环在压焓图上的表示

（3）制冷装置中制冷剂的质量流量 M_R

$$M_R = \frac{\phi_0}{q_0} \qquad (1-14)$$

式中 ϕ_0 ——制冷量（kJ/s 或 kW）。

（4）制冷装置中制冷剂的体积流量 V_R

$$V_R = M_R v_1 = \frac{\phi_0}{q_v} \qquad (1-15)$$

（5）冷凝器的热负荷 ϕ_k 指制冷剂在冷凝器中放给冷却水（或空气）的热量。如果制冷剂液体过冷在冷凝器中进行，那么冷凝器的热负荷在 $\lg p - h$ 图上可用点 2 和点 4 的焓差来计算，即

$$q_k = h_2 - h_4 \qquad (1-16)$$

$$\phi_k = M_R q_k = M_R (h_2 - h_4) \qquad (1-17)$$

（6）压缩机的理论耗功率 P_{th}

$$w_0 = h_2 - h_1 \qquad (1-18)$$

$$P_{th} = M_R w_0 = M_R (h_2 - h_1) \qquad (1-19)$$

（7）理论制冷系数 ε_{th}

$$\varepsilon_{th} = \frac{\phi_0}{P_{th}} = \frac{q_0}{w_0} = \frac{h_1 - h_5}{h_2 - h_1} \qquad (1-20)$$

[例 1-1] 某空气调节系统所需的制冷量为 25kW，采用氨作为制冷剂，空调用户要求供给 10℃ 的冷冻水，可利用河水作冷却水，水温最高为 32℃，系统不专门设过冷器，液体过冷在冷凝器中进行，试进行制冷装置的热力计算。

[解] 1. 确定制冷装置的工作条件

1）蒸发温度应比载冷剂温度低 4~6℃，即

$$t_0 = t' - (4 \sim 6℃) = (10 - 5)℃ = 5℃$$

与蒸发温度相应的 $p_0 = 0.5158MPa$。

2）冷凝温度比冷却水进出口平均温度高 5~7℃，即

$$t_k = t_{pj} + (5 \sim 7℃)$$

若采用立式壳管式冷凝器，冷却水在冷凝器中的温升取3℃，出冷凝器的冷却水温度为 $t_2 = t_1 + 3℃ = (32 + 3)℃ = 35℃$，则 $t_k = \left(\dfrac{32 + 35}{2} + 6\right)℃ = 39.5℃$，取 $t_k = 40℃$。与冷凝温度 t_k 相对应的 $p_k = 1.5549\text{MPa}$。

3）过冷温度比冷凝温度低 $3 \sim 5℃$，取过冷度为5℃，则过冷温度 $t_{\text{rc}} = t_k - 5℃ = 35℃$。

4）压缩机的吸气温度比蒸发温度高5℃，即

$$t_1 = t_0 + 5℃ = (5 + 5)℃ = 10℃$$

2. 确定各状态点的参数

根据上述已知条件，在 R717 的 $\lg p - h$ 图上画出制冷循环工作过程，如图 1-12 所示，按此图在 $\lg p - h$ 图上查出各状态点的参数如下：

点 1 由 p_0 与 $t_1 = 10℃$ 相交求得，$h_1 = 1779\text{kJ/kg}$，$v_1 = 0.25\text{m}^3/\text{kg}$。由点 1 沿等熵线向上与 p_k 相交得点 2，$h_2 = 1940\text{kJ/kg}$。再根据 $t_{\text{rc}} = 35℃$ 与 p_k 相交得点 4，$h_4 = 662\text{kJ/kg}$，由点 4 沿等焓线与 p_0 相交得点 5，由于 $h_4 = h_5$，所以 $h_5 = 662\text{kJ/kg}$。

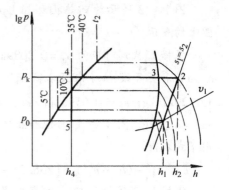

图 1-12 例 1-1 图

3. 热力计算

1）单位质量制冷量：

$$q_0 = h_1 - h_5 = (1779 - 662)\text{kJ/kg} = 1117\text{kJ/kg}$$

2）单位容积制冷量：

$$q_v = \frac{q_0}{v_1} = \left(\frac{1117}{0.25}\right)\text{kJ/m}^3 = 4468\text{kJ/m}^3$$

3）制冷剂的质量流量和体积流量：

$$M_R = \frac{\phi_0}{q_0} = \left(\frac{25}{1117}\right)\text{kg/s} = 0.0224\text{kg/s}$$

$$V_R = M_R v_1 = (0.0224 \times 0.25)\text{m}^3/\text{s} = 0.0056\text{m}^3/\text{s}$$

4）冷凝器的热负荷：

$$\phi_k = M_R q_k = M_R(h_2 - h_4) = [0.0224(1940 - 662)]\text{kW} = 28.63\text{kW}$$

5）压缩机的理论耗功率：

$$P_{\text{th}} = M_R w_0 = M_R(h_2 - h_1) = [0.0224(1940 - 1779)]\text{kW} = 3.61\text{kW}$$

6）理论制冷系数：

$$\varepsilon_{\text{th}} = \frac{\phi_0}{P_{\text{th}}} = \frac{25}{3.61} = 6.93$$

[**例1-2**] 某空调系统的制冷量为22kW，采用 R12 制冷剂，制冷系统采用回热循环，已知 $t_0 = 0℃$，$t_k = 30℃$，蒸发器、冷凝器出口的制冷剂均为饱和状态，吸气温度为15℃，试进行制冷理论循环的热力计算。

[**解**]　1. 在 $\lg p - h$ 图上画出循环并确定各状态点参数

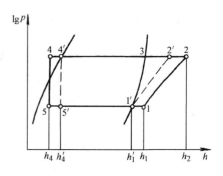

图 1-13　例 1-2 图

图 1-13 所示为回热循环在 $\lg p - h$ 图上的表示。

根据 t_0 找到对应的 $p_0 = 0.3089\text{MPa}$，t_k 找到对应的 $p_k = 0.9066\text{MPa}$，点 1′ 由 p_0 与饱和蒸气线 $x = 1$ 相交求得 $h_1' = 351.48\text{kJ/kg}$，点 1 由 p_0 与 t_1 相交求得 $h_1 = 361.20\text{kJ/kg}$，$v_1 = 0.05952\text{m}^3/\text{kg}$，点 2 由点 1 沿等熵线与 p_k 相交求得 $h_2 = 382.88\text{kJ/kg}$，点 4′ 由 p_k 与饱和液体线相交求得 $h_4' = 238.54\text{kJ/kg}$，点 4 的焓可用下式求得：

$$h_4 = h_4' - (h_1 - h_1') = [238.54 - (361.20 - 351.48)]\text{kJ/kg} = 228.82\text{kJ/kg}$$

根据 h_4 沿等焓线与 p_0 相交求得点 5，点 4 由 h_4 与 p_k 相交求得 $t_{rc} = 30.3℃$。

2. 进行热力计算

1) 单位质量制冷量：

$$q_0 = h_1' - h_5 = (351.48 - 228.82)\text{kJ/kg} = 122.66\text{kJ/kg}$$

2) 单位容积制冷量：

$$q_v = \frac{q_0}{v_1} = \left(\frac{122.66}{0.05952}\right)\text{kJ/m}^3 = 2060.82\text{kJ/m}^3$$

3) 制冷剂的质量流量：

$$M_R = \frac{\phi_0}{q_0} = \left(\frac{22}{122.66}\right)\text{kg/s} = 0.1794\text{kg/s}$$

4) 制冷剂的体积流量：

$$V_R = M_R v_1 = 0.0107\text{m}^3/\text{s}$$

5) 冷凝器的热负荷：

$$\phi_k = M_R(h_2 - h_4') = [0.1794(382.88 - 238.54)]\text{kW} = 25.90\text{kW}$$

6) 压缩机的理论耗功率：

$$P_{th} = M_R(h_2 - h_1) = [0.1794(382.88 - 361.20)]\text{kW} = 3.89\text{kW}$$

7) 回热器的热负荷：

$$\phi_{sh} = M_R(h_4' - h_4) = [0.1794(238.54 - 228.82)]kW = 1.74kW$$

8）理论制冷系数：

$$\varepsilon_{th} = \frac{\phi_0}{p_{th}} = \frac{22}{3.89} = 5.66$$

第四节　蒸气压缩式制冷的实际循环

一、实际循环与理论循环的区别

前面分析讨论了单级蒸气压缩式制冷理论循环，在讨论中我们知道制冷理论循环是由两个定压过程、一个绝热压缩过程和一个绝热节流过程组成。但是，实际制冷循环与理论制冷循环存在许多差别，其主要差别归纳如下：

1）制冷剂在压缩机中的压缩过程不是等熵过程（即不是绝热过程）。

2）制冷剂通过压缩机吸、排气阀时有流动阻力及热量交换。

3）制冷剂通过管道和设备时，制冷剂与管壁或器壁之间存在摩擦阻力及与外界的热交换。

4）冷凝器和蒸发器内存在着流动阻力，导致了高压气体在冷凝器的冷却冷凝和低温液体在蒸发器中的气化都不是定压过程，同时与外界也有热量交换。

由上述可知，造成实际循环与理论循环差别的主要因素是：①流动阻力（即摩擦阻力和局部阻力）；②系统中的制冷剂与外界无组织的热交换。

二、实际循环在 $\lg p - h$ 图上的表示

图 1-14 所示为单级蒸气压缩式制冷的实际循环在 $\lg p - h$ 图上的表示，图中 1—2—3—4—1 是理论循环，$1'—1''—1^0—2'—2''—2^0—3—3'—4'—1'$ 为实际循环。

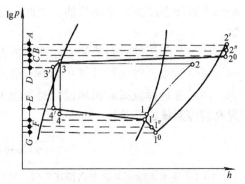

图 1-14　$\lg p - h$ 图上的实际循环
A—排气阀压降　B—排气管压降　C—冷凝器压降
D—高压液体管压降　E—蒸发器压降
F—吸气管压降　G—吸气阀压降

（1）过程线 $1'—1''$　低压低温制冷剂通过吸气管道时，由于沿途摩擦阻力和局部阻力以及吸收外界热量，所以制冷剂压力稍有降低，温度有所升高。

（2）过程线 $1''—1^0$　低压低温制冷剂通过吸气阀时被节流，压力降低。

（3）过程线 $1^0—2'$　这是气态制冷剂在压缩机中的实际压缩过程。压缩开始阶段，蒸气温度低于气缸壁温度，蒸气吸收缸壁的热量而使熵增加；当压缩到一定程度后，蒸气温度高于气缸壁的温

度，蒸气又向缸壁放出热量而使熵减少，再加之压缩过程中气体内部、气体与缸壁之间的摩擦，因此实际压缩过程是一个多变的过程。

（4）过程线 2′—2″　制冷剂从压缩机排出，通过排气阀被节流，压力有所降低，其焓值基本不变。

（5）过程线 2″—2^0　高压制冷剂气体从压缩机排出后，通过排气管道至冷凝器，由于沿途有摩擦阻力和局部阻力以及对外散热，制冷剂的压力和温度均有所降低。

（6）过程线 2^0—3　高压气体在冷凝器中的冷凝过程，制冷剂被冷凝为液体，由于制冷剂通过冷凝器时有摩擦阻力和涡流，所以冷凝过程不是定压过程。

（7）过程线 3—3′　高压液体从冷凝器出来至膨胀阀前的排气管路上由于有摩擦和局部阻力，另外，高压液体的温度高于环境温度，因此要向周围环境散热，所以压力、温度均有所降低。

（8）过程线 3′—4′　高压液体在膨胀阀的节流降压、降温后，通过管道进入蒸发器，由于节流后温度降低，尽管管道、膨胀阀采取保温措施，制冷剂还会从外界吸收一些热量而使焓有所增加。

（9）过程线 4′—1′　低压低温的制冷剂吸收热量而气化，由于制冷剂在蒸发器中有流动阻力，所以，蒸发过程也不是定压过程，随着蒸发器形式的不同，压力有不同程度的降低。

综上所述，由于制冷剂存在着流动阻力以及与外界的热量交换等，实际循环中四个基本热力过程（即压缩、冷凝、节流、蒸发）都是不可逆过程，其结果必然导致冷量减少，耗功增加，因此实际循环的制冷系数小于理论循环的制冷系数。

单级蒸气压缩式制冷的实际循环过程从图 1 – 14 可以看出比较复杂，很难详细计算，所以，在实际计算中以理论循环作为计算基准，即先进行理论循环计算，然后在选择设备和机房设计时考虑上述因素再进行修正，以保证实际需要，提高制冷系统的经济性。

习题与思考题

1 – 1　正卡诺循环和逆卡诺循环有何不同？理想制冷循环属于哪一种卡诺循环？

1 – 2　实现逆卡诺循环有哪几个重要条件？试分析逆卡诺循环的制冷系数及表示方法，并说明其制冷系数与哪些因素有关，与哪些因素无关。

1 – 3　在分析逆卡诺循环制冷系数时，能得出哪些结论？

1 – 4　在分析具有传热温差的制冷循环中得出了什么重要结论？

1 – 5　蒸气压缩式制冷采用逆卡诺循环有哪些困难？

1 – 6　制冷循环的制冷系数和热力完善度有什么区别？

1 – 7　理论制冷循环与逆卡诺循环有哪些区别？各由哪些过程组成？

1 – 8 蒸气压缩式制冷理论循环为什么要采用干压缩？

1 – 9 试述液体的过冷温度、过冷度；吸气的过热温度、过热度。

1 – 10 液体过冷在哪些设备中可以实现？

1 – 11 什么叫无效过热？什么叫有效过热？过热对哪些制冷剂不利，对哪些制冷剂有利？

1 – 12 在进行制冷理论循环热力计算时，首先应确定哪些工作参数？制冷循环热力计算应包括哪些内容？

1 – 13 实际制冷循环与理论循环有什么区别？

1 – 14 有一逆卡诺循环，其被冷却物体的温度恒定为5℃，冷却剂的温度为40℃，求其制冷系数 ε_c。

1 – 15 今有一理想制冷循环，被冷却物体的温度恒定为5℃，冷却剂（即环境介质）的温度为25℃，两个传热过程的传热温差均为5℃，试问：

a）逆卡诺循环的制冷系数 ε_c 为多少？

b）当考虑传热温差时，制冷系数 ε_c' 为多少？

1 – 16 某一 R717 压缩制冷装置，蒸发器出口温度为 – 20℃ 的干饱和蒸气，被压缩机吸入经绝热压缩后，进入冷凝器，冷凝温度为30℃，冷凝器出口为25℃的氨液，试将该制冷装置与没有过冷时的单位质量制冷量、单位耗功量和制冷系数加以比较。

1 – 17 某厂设有氨压缩制冷装置，已知蒸发温度 $t_0 = -10℃$（相应的 $p_0 = 0.2908\text{MPa}$），冷凝温度 $t_k = 40℃$（相应的 $p_k = 1.5549\text{MPa}$），过冷温度 $t_{rc} = 35℃$，压缩机吸入干饱和蒸气，系统制冷量 $\phi_0 = 174.45\text{kW}$，试进行制冷理论循环的热力计算。

1 – 18 某空调系统需要制冷量为 35kW，采用 R22 制冷剂，采用回热循环，其工作条件是：蒸发温度 $t_0 = 0℃$（$p_0 = 0.498\text{MPa}$），冷凝温度 $t_k = 40℃$（$p_k = 1.5769\text{MPa}$），吸气温度 $t_1 = 15℃$，试进行理论循环的热力计算。

第二章 制冷剂和载冷剂

第一节 制 冷 剂

在制冷装置中实现制冷循环的工作物质称为制冷剂或简称为制冷工质。制冷剂在蒸发器内吸收被冷却物体（水、盐水、食品）的热量而制冷，在冷凝器中经过水或空气的冷却放出热量而冷凝。所以说制冷剂是实现制冷循环不可缺少的物质，它的性质直接关系到制冷装置的特性及运行管理。为了能根据不同制冷装置的要求来选取合适的制冷剂，我们需要对制冷剂的种类、性质及要求有一个基本的了解。

一、对制冷剂的要求

目前，制冷剂虽说种类很多，但并不是任何液体都能用作制冷剂，它要具备下列一些基本的要求。

1. 热力学方面的要求

1）在大气压力下制冷剂的蒸发温度要低，以便于在低温下蒸发吸热。

2）常温下制冷剂的冷凝压力不宜过高，这样可以减少制冷装置承受的压力，也可减少制冷剂向外渗漏的可能性。

3）单位容积制冷量要大，这样可以缩小压缩机尺寸。

4）制冷剂的临界温度要高，以便于用一般的冷却水或空气进行冷凝；同时凝固温度要低，以便于获得较低的蒸发温度。

5）绝热指数应低一些。绝热指数越小，压缩机排气温度越低，不但有利于提高压缩机的容积效率，而且对压缩机的润滑也是有好处的。表 2-1 列举了常用制冷剂的绝热指数及 $t_0 = -20℃$、$t_k = 30℃$ 时的绝热压缩温度。从表 2-1 可以看出，在相同的温度条件下，氨的绝热指数比氟利昂大，因此绝热压缩时，氨的排气温度要比氟利昂高得多，所以氨压缩机在气缸顶部应设水套，以防气缸过热。

表 2-1 绝热压缩温度（蒸发温度 -20℃，冷凝温度 30℃）

制冷剂	R717	R12	R22	R502
压缩比	6.13	4.92	4.88	4.5
绝热指数	1.31	1.136	1.184	1.132
绝热压缩温度/℃	110	40	60	36

2. 物理化学方面的要求

1）制冷剂在润滑油中的可溶性。根据制冷剂在润滑油中的可溶性可分为有限溶于润滑油和无限溶于润滑油的制冷剂。

有限溶于润滑油的制冷剂，其优点是在制冷设备中制冷剂与润滑油易于分离，蒸发温度比较稳定；缺点是蒸发器和冷凝器的传热面上会形成油膜从而影响传热。无限溶于润滑油的制冷剂，其优点是润滑油随制冷剂一起渗透到压缩机的各个部件，为压缩机的润滑创造了良好的条件，在蒸发器和冷凝器的传热面上不会形成油膜而阻碍传热；缺点是制冷剂中溶有较多润滑油时，会引起蒸发温度升高使制冷量减少，润滑油黏度降低，制冷剂沸腾时泡沫多，蒸发器的液面不稳定。

2）制冷剂的黏度和密度尽可能小，这样可以减少制冷剂在管道中的流动阻力，降低压缩机的耗功率和缩小管道直径。

3）热导率和放热系数要高，这样便于提高蒸发器和冷凝器的传热效率，减少其传热面积。

4）对金属和其他材料不产生腐蚀作用。

5）具有化学稳定性。制冷剂在高温下应不分解、不燃烧、不爆炸。

6）具有一定的吸水性。当制冷系统中渗进极少的水分时，虽会导致蒸发温度升高，但不至于在低温下形成"冰塞"而影响制冷系统的正常运行。

3. 其他方面的要求

1）制冷剂对人体健康无损害，不具有毒性、窒息性和刺激性。制冷剂的毒性级别分为六级，一级毒性最大，六级毒性最小。毒性分级标准见表2 - 2。

表2 - 2　制冷剂毒性分级标准

级别	分级标准		
	制冷剂蒸气在空气中的体积百分比	作用时间/min	产生的结果
1	0.5 ~ 1.0	5	致死
2	0.5 ~ 1.0	60	致死
3	2.0 ~ 2.5	60	开始死亡或成重症
4	2.0 ~ 2.5	120	产生危害作用
5	20	120	不产生危害作用
6	20	120 以上	不产生危害作用

2）价格便宜，容易购买。

上述对制冷剂的要求仅作为选择制冷剂时的参考，完全满足上述所有要求的制冷剂是不存在的，目前所采用的制冷剂都存在一些缺点，因此在设计选用制冷剂时，根据实际情况，保证主要要求即可选用。

二、制冷剂的种类

目前，可作为制冷剂的物质大约有几十种，但常用的不过十几种，用于食品冷冻和空调制冷的制冷剂也就是几种。常用制冷剂按其化学组成可分为四类，即无机化合物、氟利昂（卤代烃）、碳氢化合物（烃类）、混合制冷剂。

1. 无机化合物

无机化合物的制冷剂有氨（NH_3）、水（H_2O）、二氧化碳（CO_2）等，其中氨是常用的一种制冷剂。为了书写方便，国际上规定用 R×××表示制冷剂的代号。对于无机化合物，其制冷剂的代号为 R7××，其中 7 表示无机化合物，7 后面两个数字是该物质分子量的整数。如氨的代号为 R717，水的代号为 R718，二氧化碳的代号为 R744。

2. 氟利昂（卤代烃）

氟利昂是饱和烃类（饱和碳氢化合物）的卤族衍生物的总称，这是在 20 世纪 30 年代出现的制冷剂，其种类较多，它们的热力性质也有较大的区别，可分别适用于不同要求的制冷机。

氟利昂作为制冷剂，同样也用 R 和数字表示它的代号，氟利昂的化学分子式为 $C_mH_nF_xCl_yBr_z$，氟利昂的代号用"R（$m-1$）（$n+1$）xBz"表示。R 后面第一位数字为 $m-1$，即氟利昂分子式中碳原子数 m 减去 1，该值为零时则省略不写。R 后面第二位数字为 $n+1$。R 后面第三位数字为 x。R 后面第四位数字为 z。如果溴原子数 z 为零时，与字母 B 一起省略。代号中氯原子数 y 不表示。例如，二氟一氯甲烷化学分子式为 $CHClF_2$，因为碳原子数 $m=1$，$m-1=0$；氢原子数 $n=1$，$n+1=2$；氟原子数 $x=2$，溴原子数 $z=0$，故代号为 R22，称为氟利昂 22。又如一溴三氟甲烷化学分子式为 CF_3Br，因为碳原子数 $m=1$，$m-1=0$，氢原子数 $n=0$，$n+1=1$，氟原子数 $x=3$，溴原子数 $z=1$，故代号为 R13B1，称为氟利昂 13B1。

3. 碳氢化合物（烃类）

碳氢化合物称烃。烃类制冷剂有烷烃类制冷剂（甲烷、乙烷）、烯烃类制冷剂（乙烯、丙烯）等。从经济观点看碳氢化合物是比较好的制冷剂，其价格低、易于获得、凝固温度低，但安全性差，易燃烧和爆炸，在空调制冷及一般制冷中并不采用，它们只用于石油化学工业的制冷系统中。

4. 混合制冷剂

混合制冷剂又称多元混合溶液。它是由两种或两种以上制冷剂按比例相互溶解而成的混合物，可分为共沸溶液和非共沸溶液。

共沸溶液是指在固定压力下蒸发或冷凝时，其蒸发温度和冷凝温度恒定不变，而且它的气相和液相具有相同组分的溶液。共沸溶液制冷剂代号的第一个数字均为 5，目前作为共沸溶液制冷剂的有 R500、R502 等。

非共沸溶液是指在固定压力下蒸发或冷凝时，其蒸发温度和冷凝温度是不断变化的，气、液相的组成成分也不同的溶液。目前非共沸溶液应用的有 R12/

R13、R22/114、R22/R152a/R124 等。

三、常用制冷剂的性质

目前常用的制冷剂有水、氨和氟利昂，其性质见表 2-3。

表 2-3 常用制冷剂的性质

制冷剂代号	分子式	分子量 M	标准沸点/℃	凝固温度/℃	临界温度/℃	临界压力/MPa	临界比体积/(m³/kg)	绝热指数(20℃, 101.325kPa)	毒性级别
R718	H₂O	18.02	100.0	0.0	374.12	22.12	3.0	1.33(0℃)	无
R717	NH₃	17.03	-33.35	-77.7	132.4	11.52	4.13	1.32	2
R11	CFCl₃	137.39	23.7	-111.0	198.0	4.37	1.805	1.135	5
R12	CF₂Cl₂	120.92	-29.8	-155.0	112.04	4.12	1.793	1.138	6
R13	CF₃Cl	104.47	-81.5	-180.0	28.78	3.86	1.721	1.15(10℃)	6
R22	CHF₂Cl	86.48	-40.84	-160.0	96.13	4.986	1.905	1.194(10℃)	5a
R113	C₂F₃Cl₃	187.39	47.68	-36.6	214.1	3.415	1.735	1.08(60℃)	4~5
R114	C₂F₄Cl₂	170.91	3.5	-94.0	145.8	3.275	1.715	1.092(10℃)	6
R134a	C₂H₂F₄	102.0	-26.25	-101.0	101.1	4.06	1.942	1.11	6
R500	CF₂Cl₂/C₂H₄F₂ 73.8/26.2	99.30	-33.3	-158.9	105.5	4.30	2.008	1.127(30℃)	5a
R502	CF₂Cl₂/C₂H₄Cl 48.8/51.2	111.64	-45.6	—	90.0	42.66	1.788	1.133(30℃)	5a

1. 水（R718）

水作为制冷剂的优点是无毒、无味，不会燃烧和爆炸，而且是容易得到的物质。但水蒸气的比体积大，单位容积制冷量小，水的凝固点高，不能制取较低的温度，只适用于蒸发温度 0℃ 以上的情况。所以，水作为制冷剂常用于蒸气喷射制冷机和溴化锂吸收式制冷机中。

水的物理参数为：在标准大气压下，它的沸点温度为 100℃，临界温度 374.12℃，临界压力为 22.12MPa，凝固温度为 0℃。

2. 氨（R717）

氨是目前应用最为广泛的一种制冷剂，主要用于制冰和冷藏制冷。氨作为制冷剂的优点是单位容积制冷量大，蒸发压力和冷凝压力适中，当冷却水温高达 30℃ 时，冷凝压力仍不超过 1.5MPa，只要蒸发温度不低于 -33.4℃，蒸发压力总大于 1 个大气压，蒸发器内不会形成真空；氨黏度小，流动阻力小，传热性能好，对钢铁不产生腐蚀作用；氨易溶于水，系统不易发生"冰塞"现象；氨价格便宜，容易购买。

氨的主要缺点是有强烈的刺激性臭味，毒性大，对人体有害。当空气中氨的体积分数达到 0.5% ~ 0.6% 时，人在其中停留半小时就会引起中毒；氨易燃、易爆，当空气中体积分数达到 11% ~ 14% 时即可点燃，体积分数达到 16% ~ 25% 时遇明火就会引起爆炸。因此，氨制冷机房要注意通风。

氨虽溶于水系统不会发生冰塞，但是有水分存在的会使蒸发温度升高，并对铜及铜合金（磷青铜除外）有腐蚀作用，所以，在使用中仍然限制氨中的含水量不得超过 2%（质量分数）。

氨几乎不溶于油，如果润滑油进入换热设备，在换热设备的传热面上会形成油膜，影响其传热效果。因此，在氨制冷系统中必须设置油分离器。此外，在运行中润滑油还会积存在冷凝器、贮液器和蒸发器等设备的下部，因此，必须在这些设备下部装设排油装置，定期排油。

3. 氟利昂

氟利昂制冷剂种类很多，性能各异，但有其共同特点。氟利昂制冷剂所具有的优点是无毒、无臭、不易燃烧，对金属不腐蚀，绝热指数小，因而排气温度低；具有较大的分子量，适用于离心式制冷压缩机。其缺点是部分制冷剂（如 R12）的单位容积制冷量小，制冷剂的循环量较大；密度大，流动阻力大；含氯原子的氟利昂遇明火时会分解出有毒气体；放热系数低；价格贵，易于泄漏而不易被发现。

大多数氟利昂不溶于水。为了防止系统发生冰塞，必须设干燥器。多数氟利昂溶解于油，如 R11、R12、R21、R113、R500 等，有限溶油的有 R22、R502 等，不溶于油的有 R13 等。

目前常用的氟利昂制冷剂有 R12、R22、R11、R13 等。

常用几种氟利昂的性能如下：

（1）氟利昂 12（R12） R12 是我国目前中小型空调用制冷、食品冷藏和冰箱制冷装置中使用较普遍的制冷剂。

R12 无色、无味，对人体危害极小，不燃烧、不爆炸，它是最安全的制冷剂。

R12 在大气压力下的蒸发温度为 -29.8℃，凝固温度为 -155℃。冷凝压力较低，用水冷却时，冷凝压力不超过 1.0MPa；用风冷时，冷凝压力也只有 1.2MPa 左右。

R12 溶于油，因而在冷凝器的传热面上不会形成油膜而影响传热。但是 R12 和润滑油一起进入蒸发器，随着 R12 不断蒸发，蒸发器润滑油含量增加，使蒸发温度升高，传热系数降低。为了使润滑油和 R12 一起返回压缩机，设计中一般采用干式蒸发器，从上部供液，下部回气，并应保证上升回气立管有足够的带油速度。

R12 对水的溶解度极小，为了防止系统发生冰塞现象，规定 R12 的含水量不得超过 0.0025% (质量分数)，并且在制冷系统中设置干燥器。

R12 的最大缺点是单位容积制冷量小，对臭氧层有破坏作用，被列为首批限用制冷剂。

(2) 氟利昂 22 (R22)　R22 是一种良好的制冷剂，常用在窗式空调器、冷水机组、立柜式空调机组中。

R22 在常温下，冷凝压力和单位容积制冷量与氨差不多。R22 无色、无臭、不燃、不爆炸，毒性比 R12 稍大，但仍然是很小的，传热性能与 R12 差不多，流动性比 R12 好，溶水量比 R12 稍大。但 R22 仍属于不溶水物质，含水量超过溶解度仍会发生冰塞，并且对金属有腐蚀作用，所以对 R22 的含水量仍限制在 0.0025% (质量分数) 以内，所采取的措施同 R12。

R22 与润滑油能有限溶解，润滑油在 R22 制冷系统产生的影响和 R12 基本相同，所以在设计选择设备以及所考虑的因素与 R12 系统也应相同。

(3) 氟利昂 11 (R11)　R11 的溶水性、溶油性以及对金属的作用与 R12 相似，毒性比 R12 稍大，R11 的分子量大，单位容积制冷量小，所以主要用于空调用离心式制冷压缩机中。

(4) 氟利昂 13 (R13)　R13 在大气压力下的蒸发温度为 $-81.5℃$，凝固温度为 $-180℃$。可用在 $-70 \sim -110℃$ 的低温系统中。其优点是在低温下蒸气比热容较小，单位容积制冷量大；缺点是临界温度较低，常温下压力很高。所以，适用于重叠式制冷系统，作为低温级的制冷剂。

R13 不溶于油，而在水中的溶解性与 R12 大致一样，也是很小的。对金属不产生腐蚀作用。

(5) 氟利昂 134a (R134a)　R134a 是一种新开发的制冷剂，分子量为 102.03，大气压力下沸点为 $-26.25℃$，凝固温度为 $-101℃$，其热力性质与 R12 非常接近，毒性级别与 R12 相同，但 R134a 难溶于油。目前 R134a 已取代 R12 作为汽车空调中的制冷剂。

(6) 氟利昂 123 (R123)　R123 是一种新开发的制冷剂，分子量为 152.93，大气压力下沸点为 27.61℃，凝固温度为 $-107℃$，临界温度 183.79℃，临界压力 3.676MPa。R123 的热力性质与 R11 很相似，但对金属的腐蚀性比 R11 大，毒性级别尚待确定。

4. 混合制冷剂

R500、R502 混合制冷剂的性质见表 2-3。

(1) R500　R500 制冷剂是由质量分数为 73.8% 的 R12 和 26.2% 的 R152a 组成。与 R12 相比，使用同一台压缩机其制冷量提高约 18%；在大气压力下的蒸发温度为 $-33.3℃$。

(2) R502 制冷剂　R502 制冷剂是由质量分数为 48.8% 的 R22 和 51.2% 的

R115 组成。它与 R22 相比，采用 R502 的单级压缩机，制冷量可增加 5% ~ 30%；采用双级压缩机，制冷量可增加 4% ~ 20%，在低温下，制冷量增加较大。在相同的 t_0 和 t_k 下，压缩比较小，排气温度比 R22 低 15 ~ 30℃。在相同的工况下，R502 比 R22 的吸入压力稍高，而压缩比又较小，故压缩机的容积效率提高，在低温下更为有利。

在大气压力下的蒸发温度 R502 为 - 45.6℃，R22 为 - 40.8℃，故蒸发温度在 -45℃ 以上时，系统内不会出现真空，避免了外界空气渗入系统的可能性。

R502 与 R22 一样，毒性小，无燃烧和爆炸危险，对金属材料无腐蚀作用，对橡胶和塑料的腐蚀性也小。

综上所述，R502 具有较好的热力、化学和物理特性，是一种较理想的制冷剂，它适合于在蒸发温度在 - 40 ~ - 45℃ 的单级、风冷式冷凝器的全封闭和半封闭制冷压缩机中使用。它的主要缺点是价格较贵。

（3）R22/R152a/R124 三元混合制冷剂　R222/R152a/R124 三元混合制冷剂属于非共沸溶液，它是新开发的一种制冷剂。

R22/R152a/R124 制冷剂各组分的质量分数为 36% 的 R22、24% 的 R152a 和 40% 的 R124。由于三种组分的蒸发温度相差不是太大，也可称为近共沸溶液。它的特性与 R12 很相近，其制冷效率比 R12 提高 3%。

制冷剂种类很多，由于性质各异，故适用于不同的制冷系统。表 2 - 4 列出了常用制冷剂的使用范围。

表 2 - 4　常用制冷剂的一般使用范围

制冷剂	温度范围	压缩机类型	用　　途
R717	中、低温	活塞式、离心式	冷藏、制冰
R11	高温	离心式	空气调节
R12	高、中、低温	活塞式、回转式、离心式	空气调节、冷藏
R13	超低温	活塞式、回转式	超低温装置
R22	高、中、低温	活塞式、回转式	空调、冷藏和低温
R113	高温	离心式	空气调节
R114	高温	活塞式	特殊空气调节
R500	高、中温	活塞式、回转式、离心式	空气调节、冷藏
R502	高、低温	活塞式、回转式	冷藏和低温

注：普通制冷领域中，高温为 10 ~ 0℃，中温为 0 ~ - 20℃，低温为 - 20 ~ - 60℃，超低温为 - 60 ~ - 120℃。

四、制冷剂贮存的注意事项

制冷剂大都贮存在钢瓶中，存放时应注意：

1）存放制冷剂的钢瓶必须经过耐压试验，并定期进行检查。

2）不同的制冷剂应采用固定的专用钢瓶，装存不同制冷剂的钢瓶不能互相调换使用。

3）氨瓶漆成黄色、氟利昂钢瓶漆成银灰色，并在钢瓶上标明所存制冷剂的名称。

4）贮存制冷剂的钢瓶不得露天安放或曝晒在阳光下，安放地点不得靠近火焰及高温地方。

5）在运输过程中严防钢瓶相互碰撞，以免引起爆炸的危险。

6）当钢瓶内的制冷剂用完后，应立即关闭控制阀，以免漏入空气和水蒸气。

五、CFC 的限用与替代物的选择

1. CFC（氯氟烃）的概念

目前所用的制冷剂都是按国际规定的统一编号书写的，如 R11、R12 等。为了区别各类氟利昂对臭氧（O_3）层的作用，美国杜邦公司建议采用新的制冷剂代号：①把不含氢的氟利昂写成 CFC，读作氯氟烃，如 R12 改写成 CFC12；②把含氢的氟利昂写成 HCFC，读作氢氯氟烃，如 R22 改写为 HCFC22；③把不含氯的氟利昂写成 HFC，读作氢氟烃，如 R134a 改写为 HFC134a。在 CFC 限用的今天，人们常把氯氟烃物质误认为氟利昂物质，其实不然，CFC 只属于氟利昂物质中的一种。

2. CFC 对臭氧（O_3）层的破坏与 CFC 的限用

一些常用氟利昂在大气中的寿命分别为：HCFC22（R22）为 20 年；CFC11（R11）为 65 年；CFC12（R12）为 120 年；CFC13（R13）为 400 年；CFC114（R114）为 180 年；HFC134a（R134a）为 8～11 年；HCFC123（R123）为 1～4 年。由此可见，含氢的氟利昂在大气中的寿命显著缩短，而 CFC 在大气中具有相当长的寿命。当 CFC 穿过大气扩散到臭氧层时，受紫外线照射后产生对臭氧层有严重破坏作用的 Cl 和 ClO。由于一个 Cl 连锁反应破坏上万个 O_3 分子，从而使臭氧层减薄或消失，导致地球表面紫外线增强，造成人类皮肤癌发病率增加、生物细胞受损伤而引起农作物及渔业减产等不利影响。同时，CFC 还会加剧温室效应。为此，1987 年 9 月 14 日在加拿大的蒙特利尔召开了专门的国际会议，签署了"控制破坏大气臭氧层物品的蒙特利尔协定"，五种氟利昂（R11、R12、R113、R114、R115）被限制生产和使用。1989 年 5 月在赫尔辛基召开的国际环保会上，有 80 个国家同意在 2000 年前禁止生产和使用 CFC，2030 年停用 HCFC。

3. CFC 替代物的选择

（1）选择的基本要求

1）对环境安全。替代制冷剂的臭氧耗减潜能（ODP）必须小于 0.1（R12 =1），全球变暖潜能（GWP）值相对于 CFC12 来说必须很小。

2）具有良好的热力性能。要求制冷剂的压力适中，制冷效率高，并与润滑油有良好的亲和性。

3）具有可行性。除易于大规模工业生产、价格可被接受外，还要求其毒性必须符合职业卫生要求，对人体无不良影响。

（2）CFC替代物的选择

1）使用已有的制冷剂。对于空调用制冷，R22是目前主要的替代制冷剂，目前国外已生产和使用R22封闭式和开启式离心式冷水机组。

R717将被重新评价，有可能要扩大其使用范围。

2）新的替代制冷剂。在近年来研究工作的基础上，美国杜邦公司提出用HFC134a（R134a）替代R12，用HCFC123（R123）替代R11等，许多专家正在研究有关CFC替代制冷剂应用方面的技术问题。专家们认为，长远的办法是采用HFC物质作为制冷剂，因为HFC不含氯，所以对臭氧层无破坏作用。如选用近期替代物的话，必须是ODP值小的HCFC制冷剂。

第二节　载　冷　剂

载冷剂又称冷媒，是用来把制冷装置中所产生的冷量传递给被冷却物体的媒介物质。常用的载冷剂有空气、水、盐水。在冷藏库中，常用空气或盐水来冷却贮存的食品；在空调中，采用冷冻水作载冷剂，将冷冻水送入喷水室或水冷式表面冷却器处理送入房间的空气。

一、选择载冷剂的基本要求

在选择载冷剂时，应满足下列基本要求：

1）在工作温度范围内不凝固、不气化。

2）比热容要大，这样载冷剂的载冷量大而流量小，管道的直径和泵的尺寸减小，循环泵功率减小。

3）密度小、黏度小，可以减小流动阻力。

4）热导率高，传热性能好，以减少热交换器的传热面积。

5）对金属不腐蚀，不会燃烧和爆炸，无毒，对人体无刺激作用，化学稳定性好。

6）易于购买，价格便宜。

二、常用载冷剂的性质

1. 空气

用空气作载冷剂的优点是空气到处都有，容易取得，不需要复杂的设备；其缺点是空气比热容小，所以只有利用空气直接冷却时才采用它。在冷藏库中，就是利用库内空气作载冷剂来冷却食品的。

2. 水

水具有比热容大、无毒、不燃烧、不爆炸、化学稳定性好、容易获得等优点，因此，在空调制冷系统中广泛用水作为载冷剂。但是，水的凝固点高，因而只能用作制取 0℃ 以上温度的载冷剂。

3. 盐水

盐水可作为制取制冷温度低于 0℃ 的载冷剂。

配制盐水所用的盐有氯化钠（NaCl）、氯化钙（CaCl₂）、氯化镁（MgCl₂）。常用作载冷剂的盐水有氯化钠（NaCl）水溶液和氯化钙（CaCl₂）水溶液。

盐水是盐和水的溶液，盐水溶液的性质取决于溶液中盐的含量，也就是说盐水的凝固点与溶液中的含盐量多少有关。图 2-1 和图 2-2 分别为氯化钠水溶液和氯化钙水溶液的凝固曲线。图中左右各有一条曲线，左边是析冰线，右边是析盐线，两曲线的交点称为冰盐合晶点。从氯化钠盐水凝固曲线可以看出，溶液的凝固点随盐的浓度而改变。图中左边曲线表明，随着盐水浓度增加，盐水的凝固温度（凝固点）也相应地降低，一直到冰盐合晶点为止，此点是冰盐同时结晶的温度与含量；如果盐的含量再增加，不但凝固温度不会降低，反而升高，如果温度不提高，则有盐析出，这一现象可以从右边的曲线（析盐线）看出。同时，可以看出，曲线将图分为四区，即溶液区、冰—盐水溶液区、盐—盐水溶液区、固态区。不同的盐水其冰盐合晶点的温度、质量分数不同，氯化钠水溶液的冰盐合晶点的温度为 -21.2℃，含盐量（质量分数）为 23.1%（100kg 盐水中含有 23.1kgNaCl）；氯化钙水溶液的冰盐合晶点的温度为 -55℃，含盐量（质量分数）为 29.9%。

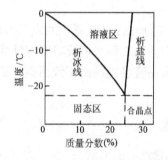 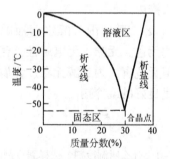

图 2-1 氯化钠水溶液的凝固曲线　　图 2-2 氯化钙水溶液的凝固曲线

选用盐水作载冷剂应注意以下几个问题：

（1）要合理选择盐水的浓度　盐水溶液的浓度越大，其密度也越大，流动阻力也增大；同时，浓度增大，其比热容减小，输送一定冷量所需盐水溶液的流量增加，同样增加泵的功率消耗。因此，只要保证蒸发器中盐水溶液不会冻结，其凝固温度不要选择过低。一般的选法是，选择盐水的浓度使凝固温度（凝固点）比制冷剂的蒸发温度低 5~8℃ 即可（采用水箱式蒸发器时取 5~6℃；采用壳管式蒸发器时取 6~8℃）。而且盐水溶液浓度不应大于冰盐合晶点浓度。由此可见，氯化钠（NaCl）溶液只使用在蒸发温度高于 -15℃ 的制冷系统中，氯化钙（CaCl₂）溶液可使用在蒸发温度不低于 -49℃ 的制冷系统中。氯化钠、氯化钙比热容的物理性质见附表 A-9 和附表 A-10。

（2）盐水的腐蚀性　盐水对金属有腐蚀作用，腐蚀的强弱与盐水溶液中的含氧量有关，含氧量越大，腐蚀性越强。为了降低盐水对金属的腐蚀作用，必须采用防腐措施：

1）最好采用闭式盐水系统，使之与空气减少接触。

2）在盐水溶液中加入一定量的防腐剂。其做法是 $1m^3$ 氯化钙水溶液中应加 1.6kg 重铬酸钠（Na_2CrO_7）和 0.45kg 氢氧化钠（NaOH）；$1m^3$ 氯化钠水溶液中应加 3.2kg 重铬酸钠和 0.89kg 氢氧化钠。加入防腐剂后，盐水应呈弱碱性（pH≈8.5）。这可利用酚酞试剂来测定，酚酞试剂与盐水混合时须呈淡玫瑰色。需要注意的是重铬酸钠对人体皮肤有腐蚀作用，在配制溶液时须加小心。

（3）盐水的吸水性　盐水在使用过程中会吸收空气中的水分，使其浓度降低，凝固温度升高，特别是在开式盐水系统中。所以，必须定期测定盐水的浓度和补充盐量，以保持要求的浓度。

4. 有机物载冷剂

在一些不允许使用有腐蚀性载冷剂的场合，可采用甲醇、乙二醇、丙二醇等水溶液。

1）甲醇水溶液甲醇的凝固温度为 -97.5℃。甲醇具有燃烧性，使用时应采取防火措施。

2）乙二醇、丙二醇水溶液的特性相似。它们的合晶点温度可达 -60℃ 左右，均无色、无味、无电解性，密度和比热容大。乙二醇水溶液略有腐蚀性和毒性，但无危害。丙二醇无毒、无腐蚀性，可与食品直接接触而不致污染，所以丙二醇是良好的载冷剂。

习题与思考题

2-1　什么叫制冷剂？选择制冷剂时应考虑哪些因素？

2-2　制冷剂在热力学方面有哪些要求？

2-3　为什么要求制冷剂的临界温度要高，凝固温度要低？

2-4　制冷剂按其化学组成可分为哪四类？各类又包括哪些？它们的代号如何表示？

2-5　试写出下列几种化合物是哪种制冷剂：

H_2O；$CHClF_2$；CHF_3；$C_2H_2ClF_2$；$C_2HCl_2F_3$。

2-6　什么叫共沸溶液？

2-7　制冷剂能否溶于润滑油？各有什么优缺点？

2-8　氨、R12、R22 的性质有哪些不同点？使用时应分别注意哪些事项？

2-9　水在 R12 制冷系统中有什么影响？

2－10　什么叫氯氟烃（CFC）？它对臭氧层的破坏会产生什么危害？

2－11　什么叫载冷剂？常用的载冷剂有哪些？对载冷剂的选择有哪些要求？

2－12　用空气、水、盐水作载冷剂时，各有什么优缺点？

2－13　如何选择盐水的浓度？

2－14　什么叫盐水的"冰盐合晶点"？

2－15　选择盐水作载冷剂时要注意哪几个问题？如何解决盐水溶液的腐蚀问题？

第三章 蒸气压缩式制冷系统的组成和图式

蒸气压缩式制冷系统根据所采用的制冷剂不同可分为氨制冷系统和氟利昂制冷系统两大类。图1-1所示蒸气压缩式制冷理论循环的四大部件，仅是蒸气压缩式制冷装置的基本组成。在实际的制冷装置中，为了提高制冷装置运行的经济性和安全可靠性，除了四大部件外，还增加了许多其他辅助设备，如在氨制冷系统中增加了油分离器、贮液器、气液分离器、集油器、空气分离器、紧急泄氨器等；在氟利昂系统中增加了油分离器、贮液器、热交换器（回热器）、过滤干燥器等。此外，还有压力表、温度计、截止阀、安全阀、液位计和一些自动化控制仪器仪表等。把这些设备和仪表组合起来就构成了完整的制冷系统。

第一节 蒸气压缩式氨制冷系统

一、制冷系统的供液方式

在蒸气压缩式制冷系统中，根据向蒸发器供液的方式不同可分为直接供液、重力供液、液泵供液三种。

1. 直接供液方式

直接供液是指制冷剂液体通过膨胀阀直接向蒸发器供液，而不经过其他设备的制冷系统又称直接膨胀供液系统，如图3-1所示。这种供液方式的特点是：

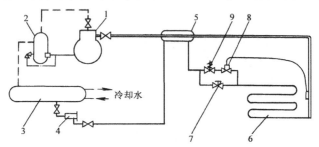

图3-1 直接供液系统的R12制冷流程图
1—压缩机 2—油分离器 3—卧式壳管冷凝器 4—过滤干燥器
5—热交换器 6—蒸发器 7—手动膨胀阀 8—热力膨胀阀 9—电磁阀

1）经过节流膨胀后的制冷剂，处于气-液两相混合状态，两相流体在多路蒸发器管路中不能按设计要求均匀地分配，有的蒸发器供液量过多，使压缩机容易发生液击事故；有的蒸发器供液量少，蒸发器不能充分发挥其传热面积的功效，达不到应有的制冷效果。因此，这种供液方式宜在单一节流装置控制单一蒸发回路条件下采用，不宜向多组并联的蒸发器供液，若要向多路蒸发回路供液，需在节流阀后设分液器，使供液均匀。

2）高压制冷剂液体经节流膨胀后，产生大量闪发气体，这些气体进入蒸发器不仅没有制冷，而且会使蒸发器的传热效果变差。

3）采用直接节流供液的蒸发器通常为单一通道，蒸发器盘管的长度受到限制，不能太长，不然沿程阻力引起的蒸发器内压力降太大，会影响蒸发器的正常工作。

4）为了简化制冷装置，便于操作管理，直接供液系统一般采用压缩冷凝机组为宜。

目前直接供液主要适用于氟利昂制冷系统和成套制备空调冷冻水或低温盐水的氨系统。由于氟利昂制冷系统使用了热力膨胀阀，能够根据蒸发器出口温度自动调节供液量，控制压缩机回气具有一定的过热度，避免湿冲程，并能充分发挥这种供液方式系统简单的优点，因此生活服务性小冷库广泛采用该系统。

2. 重力供液方式

重力供液是利用制冷剂液柱的重力来向蒸发器供液。这种系统是经过膨胀阀的制冷剂先经过氨液分离器，将其中氨蒸气分离后，使氨液借助于氨液分离器的液面和蒸发器的液面之间的液位差作为动力，达到向蒸发器供液的目的（图3－2）。这种供液方式的特点是：

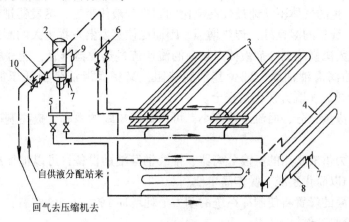

图3－2　重力供液制冷系统示意图
1—膨胀阀　2—氨液分离器　3—顶排管　4—墙排管　5—供液调节站
6—回气调节站　7—放油阀　8—集油器　9—遥控液位计　10—电磁阀

1）经过膨胀阀节流后的制冷剂将产生闪发气体，在氨液分离器里被分离出来，这样供给蒸发器的液体不再是气液两相的混合体，从而提高了蒸发器传热面积的利用率，也为并联的蒸发器能均匀供液提供了条件。

2）当蒸发器的负荷有较大变动时，很容易使回气带液滴。回气在制冷压缩机吸入前先经过氨液分离器，使液滴得到分离，避免发生制冷压缩机的湿冲程。

3）氨液分离器的液面相对稳定，给制冷系统实现液位自动控制提供了条件。

4）重力供液是靠液位差为动力，蒸发压力受静液柱的影响，蒸发器管线越长，沿程阻力损失越大，其影响越大。

5）利用液柱的重力供液，动力较小，使蒸发器内与制冷剂一起进入的润滑油很难排出，致使传热表面形成油膜，降低了制冷效果。

6）重力供液的氨液分离器要超过蒸发器一定高度，使氨液分离器与蒸发器之间静液柱压力差足以克服制冷剂的流动阻力。一般情况下，氨液分离器中液面高出蒸发器最高一层排管约 0.5 ~ 2.0m。对于多层冷库，必须分层设置氨液分离器，不然会使供液管路长短不一，使均匀供液变得困难，对于下层蒸发器，由于静液柱较大，相应提高了蒸发温度。

目前除小型氨为制冷剂的冷库采用重力供液外，大、中型冷库均采用液泵供液方式。

3. 液泵供液方式

液泵供液是指制冷系统借助液泵的机械力来向蒸发器供液，也称液泵强制循环，如图 3 - 3 所示。这种供液方式的特点是：

1）这种供液方式送入蒸发器的液量为实际蒸发量的 3 ~ 6 倍，液体制冷剂吸热蒸发产生的气体不断地被较高流速的制冷剂液体带走，蒸发器排管内形成雾环流状态，管壁润湿良好，传热增强，因而能使蒸发器发挥更大的制冷效能。

2）较大流量的制冷剂液体以较高的流速流过蒸发器排管，能冲刷蒸发器排管内表面的润滑油油膜，减少其油膜热阻，又将润滑油带至低压循环贮液器（桶）集中排放，既方便，又安全。

3）供液量充分，回流过热度小，可以提高压缩的效率，提高制冷循环的制冷系数。

4）重力供液常用的氨液分离器、排液桶等辅助设备，可以被低压循环贮液器所取代，以简化系统，操作简单便利。

5）液泵的设置将使制冷系统的动力消耗增加 1% ~ 1.5% 左右，同时要增加泵的维护检修工作。

综上所述，液泵供液比其他供液方式优越得多，它具有制冷装置效率高、安全性好、方便操作管理及易于实现自动化控制等特点，因此，这种系统适用于各种类型冷藏库和人工冰场等。

图 3 - 3 所示高压制冷剂液体节流后进入低压循环贮液器，气液分离后，液体经液泵送入蒸发器中蒸发制冷，然后又返回低压循环贮液器中。液体泵出口装

有止回阀和自动旁通阀。当蒸发器中有几组蒸发器的供液阀关闭而使其他蒸发器供液量过大和压力过高时，这时旁通阀会自动将氨液旁通到低压循环贮液器中。

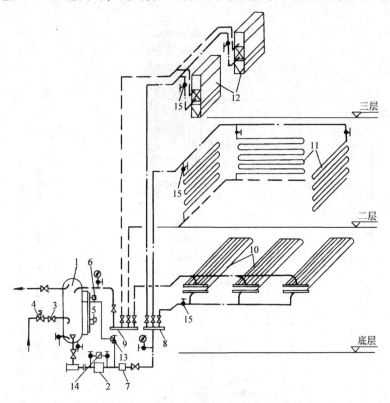

图 3－3　氨泵供液强制循环系统示意图

1—低压循环贮液器　2—氨泵　3—膨胀阀　4—电磁阀　5—正常液位控制器

6—警戒液位控制器　7—止回阀　8—供液调节站　9—回气调节站　10—U 形顶管

11—盘管式墙管　12—冷风机　13—自动旁通阀　14—差压控制器　15—截止阀

二、空调用氨制冷系统

图 3－4 为空调用氨制冷成套设备系统。该制冷系统采用直接供液方式。系统主要由压缩机、冷凝器、膨胀阀、蒸发器、氨液分离器、贮液器、集油器、空气分离器、紧急泄氨器等设备组成。其工作过程是：压缩机 1 将蒸发器内所产生的低压、低温的氨蒸气吸入气缸内，经压缩后成为高压、高温的氨气，先经过氨油分离器 2，将氨气中所携带的少量润滑油分离出来，再进入冷凝器 3。高压、高温的氨气在冷凝器中把热量放给冷却水后而使自身凝结为氨液，并不断地贮存到贮液器 4 中，使用时贮液器的高压氨液由供液管送至膨胀阀 5 节流降压后，送入蒸发器 6。低压、低温氨液在蒸发器中不断吸收空调回水的热量而气化，空调回水放出热量而温度降低，降温后的冷冻水送入空调喷淋室喷淋空气，吸收空气

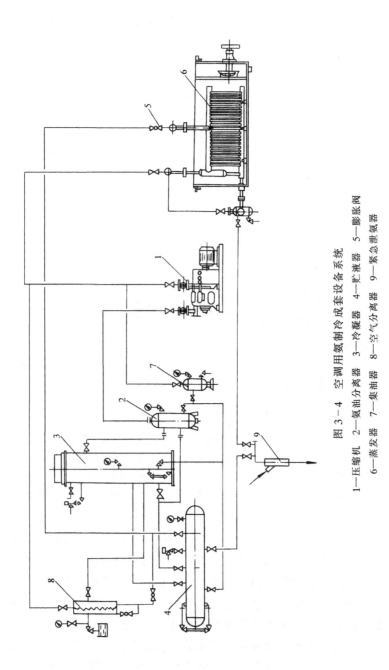

图 3 - 4 空调用氨制冷成套设备系统

1—压缩机 2—氨油分离器 3—冷凝器 4—贮液器 5—膨胀阀
6—蒸发器 7—集油器 8—空气分离器 9—紧急泄氨器

的热量，吸热后再用泵打入蒸发器继续冷却，循环使用，气化后形成的低压氨气又被压缩机 1 吸走，如此往复循环，实现制冷。

在制冷系统中，氨压缩机的排气部分至膨胀阀以前属于高压（高温）部分；膨胀阀后至压缩机的吸气部分属于低压（低温）部分，所以膨胀阀是制冷系统高、低压力的分界线。

为了保证压缩机的安全运转，就要使进入压缩机的氨蒸气先经过氨液分离器，将其中的氨液分离出来。这里需要指出，用于空调的制冷装置一般不装氨液分离器，因为立管式蒸发管组上的粗竖管可以起到氨液分离器的作用。

氨气从压缩机气缸带出的润滑油，虽然大部分被氨油分离器分离出来，但是还会有部分润滑油被带入冷凝器、贮液器和蒸发器内。由于氨制冷剂不溶于润滑油，而且润滑油的密度大于氨液的密度，因此润滑油会积存在上述设备的底部，必须定期排出，否则会影响制冷系统的正常工作。在本系统中，蒸发器内积存的油从小集油包直接排出。氨油分离器、冷凝器、贮液器中积存的润滑油送入集油器 7 中，然后在低压条件下将它放出。

在冷凝器和贮液器中，如有不凝性气体（主要是空气）将会影响其正常工作，所以必须定期排出。为了不使混合气体中的氨蒸气随同排出，排出前应经过不凝性气体分离器。不凝性气体分离器的工作原理是利用高压氨液经节流后在蒸发盘管内气化吸热使管间的混合气体温度降低，混合气体中的氨气凝结为氨液，从而达到分离不凝性气体的目的。

系统设置了紧急泄氨器。当机房发生火警等意外事故时，可将贮液器和蒸发器中的氨液分为两路迅速排至紧急泄氨器，在其中与自来水混合，排入下水道，以免发生严重的爆炸事故。

三、冷藏库用氨压缩制冷系统

在冷藏库中，对于肉食品的冷冻一般都采用一次冻结的工艺，要求冷冻的温度为 $-23 \sim -30℃$，食品冷藏的温度为 $-18℃$，鲜蛋、水果贮存要求的冷藏温度为 $0℃$，因此冷藏库制冷系统的组成需根据所要达到冷冻温度的高低来确定。对于氨制冷系统，如蒸发温度在 $-5 \sim -25℃$ 范围内，则采用单级压缩制冷装置；如蒸发温度在 $-25 \sim -40℃$ 时，则采用两级压缩制冷装置。

图 3-5 为冷库工程中常见的氨重力供液制冷系统的组成和工艺流程。

该系统主要由氨压缩机、氨油分离器、冷凝器、高压贮液器、膨胀阀、气液分离器、蒸发器（蒸发排管或冷风机）、排液桶、集油器、空气分离器所组成。

在冷藏库设计中，蒸发排管或冷风机设在冷库内，制冷压缩机和一些辅助设备在制冷机房内，其中立式冷凝器、高压贮液器、集油器、空气分离器等辅助设备设在室外。

冷藏库氨压缩制冷系统的工作过程是：经压缩机 1 压缩后排出的高压、高温制冷剂蒸气，先经过氨油分离器2再进入卧式冷凝器3，冷凝后的氨液进入高压贮液器4；来自高压贮液器的氨液经管路送至膨胀阀5节流降压、降温后，被送到安装在一定高度上的气液分离器6；在气液分离器中，将节流所产生的氨蒸气分离后，氨液经液体调节站进入蒸发排管7（或冷风机）。氨液在蒸发排管内吸收冷库被冷却（冷冻）食品的热量而气化，气化后的氨蒸气又经过气液分离器将氨蒸气中所携带的液滴分离出来后，再进入压缩机，这样不但防止了压缩机的湿冲程，也使蒸气中的液体制冷剂得到了充分的利用。

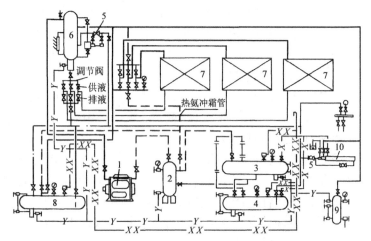

图3-5　冷藏库的氨压缩制冷装置重力供液系统图

1—压缩机　2—氨油分离器　3—卧式冷凝器　4—高压贮液器　5—膨胀阀
6—气液分离器　7—蒸发排管　8—排液桶　9—集油器　10—空气分离器

　　在冷库中由于蒸发排管的表面温度低于库内空气的露点温度，食品和空气中的水分就会在排管表面凝结，由于排管表面温度低于冰点，所以，管子外表面会结成霜层。这种霜层的存在会使蒸发排管的传热系数减小，特别是冷风机的肋片，除了热导率减小外，还会造成肋片间空气流动困难，使外表面的对流换热系数和传热面积减少，这样就会导致制冷量降低，无谓的耗电量增加。因此，为了确保制冷效果，应当定期将蒸发排管表面的霜层除去。

　　除霜的方法有两种：一种是采用专门的器具来进行除霜，这种方法叫"扫霜"；另一种方法是利用高压高温的氨蒸气通过蒸发排管，使管外的霜层受热熔化而自行脱落，这种方法称为"冲霜"。在冷库制冷系统中冲霜所用的高压高温过热氨蒸气，大多数是从氨油分离器后的排气管上引出的，因为该处的排气温度较高，含油量少，这样可缩短冲霜时间和减少油对蒸发排管的污染。

　　冷库蒸发排管（或冷风机）冲霜的工作过程是：冲霜开始前，开启排液桶8上的降压阀，使桶内的压力降低到与相连接系统的蒸发压力相同，然后再关闭降压阀。此时，需要停止冷藏库的工作，适当关小总调节站的有关调节阀，关闭分调节站上被冲霜冷藏间的供液阀和回气阀，打开排液阀以及排液桶上的进液阀，使冷藏间的蒸发排管中的氨液因压差关系输入排液桶中。在排液过程中，如蒸发管组内的氨液不易排出，可缓慢开启压力较高的热氨冲霜阀，再稍微开启蒸发管组的冲霜加压阀，以增加被冲霜排管压力（表压力不应超过 0.6MPa）。排液时，排液桶的贮液量不应超过 80%（体积分数）。待管组内氨液排出后，关闭排液阀和排液桶的进液阀。

开始冲霜时，开启冲霜阀，使过热氨蒸气送入蒸发排管，此时管内温度上升，霜层融化，冲霜完毕后关闭冲霜阀。

冲霜后应缓慢开启蒸发管组的回气阀，以降低排管内的压力，当回气压力达到系统的蒸发压力后，恢复供液，开启供液阀和调整总调节站的调节阀。

冲霜时排入排液桶的氨液，在排出排液桶前，须在筒内静置 20min 左右，以便使其中所含的润滑油沉淀，然后进行放油。放油后应缓慢开启排液桶的加压阀，待桶内压力达到 0.6MPa 后关闭加压阀，然后开启排液桶的出液阀并关闭贮液器的出液阀，开启浮球调节阀前的总供液阀，使氨液经气液分离器向蒸发排管供液（排液桶在排液过程中应保持桶内压力在 0.6MPa），排液完毕后应关闭加压阀和出液阀，并开启高压贮液器的出液阀，恢复总调节站的正常供液。为了给再次排液作好准备，在排液后，应开启降压阀以降低排液桶的压力。

这种制冷系统的特点是供液均匀，是我国中、小型冷库广泛采用的供液方式。但是这种供液方式也存在着一些问题，例如，氨液在蒸发排管中流动不是强迫流动，传热系数较低；如果几个库房多组排管共用一个气液分离器时，将会产生排管供液量不均匀；同时气液分离器应高于冷藏间最高层蒸发排管（一般系指顶排管）0.5~2.0m，这样就需要建立一个小阁楼供安装气液分离器用。

对于冷藏库氨泵供液制冷系统，将在两级压缩制冷系统中介绍，它与重力供液的制冷系统的组成和工作过程基本相同，所不同的是：重力供液是利用液柱的压差来克服管路系统的阻力进行供液，而氨泵供液是利用氨泵的机械作用克服管路阻力来输送氨液，因而关于它的工作过程不在这里介绍。

氨泵供液一般用于多层楼的冷藏库建筑中，近年来在一些中、小型冷库中也广泛采用。

第二节　蒸气压缩式氟利昂制冷系统

图 3-6 所示为氟利昂制冷系统，它与氨制冷系统的主要区别在于，增设了过滤干燥器、气液热交换器、热力膨胀阀、电磁阀等部件。

氟利昂制冷系统的工作过程是：低压、低温的氟利昂制冷剂蒸气进入压缩机

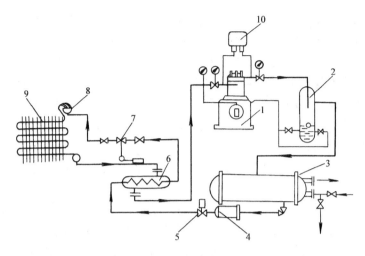

图 3-6　氟利昂压缩制冷系统图

1—氟利昂压缩机　2—氟油分离器　3—水冷式冷凝器　4—过滤干燥器　5—电磁阀

6—气液热交换器　7—热力膨胀阀　8—分液器　9—蒸发器　10—高低压力继电器

1内进行压缩，压缩后的高压制冷剂气体经氟油分离器2将携带的润滑油分离出来，然后进入水冷式冷凝器3（也有用风冷式冷凝器的），在其中制冷剂被冷凝为液体，氟利昂液体由冷凝器下部的出液管排出并经过滤干燥器4，将所含的水分和杂质过滤掉，再经电磁阀5，并流经气液热交换器6，经气液热交换器过冷后的氟利昂液体进入热力膨胀阀7节流降压，并经分液器8将低压、低温的氟利昂液体均匀地送往蒸发器（肋片式）9，在蒸发器内，氟利昂液体吸收被冷物体的热量而气化，气化后的低压、低温的制冷剂蒸气进入气液热交换器6，在气液热交换器中吸收管内高压、高温液体的热量而过热，过热后又重新被压缩机吸入，再次被压缩，如此往复循环，以达到制冷的目的。

在系统中设置了高低压力继电器10，与压缩机的吸排气管道相连接，当排气压力超过额定数值时，可使压缩机自动停机，以免发生事故；当吸气压力低于额定数值时，可使压缩机自行停机，以免压缩机在不必要的低温下工作而浪费电能。

冷凝器与蒸发器之间的管路上装设电磁阀5，用来控制供液管路的自动启闭。当压缩机停机时，电磁阀立即将供液管路关闭，防止大量氟利昂液体进入蒸发器，导致压缩机再次启动时液体被吸入发生冲缸事故；当压缩机启动时，电磁阀可将供液管路自动打开。

热力膨胀阀7装在蒸发器前的供液管路上（它的感温包紧扎在靠近蒸发器的回气管路上），它除了对氟利昂液体进行节流降压外，还根据感温包感受到的低压气体的温度高低，来自动调节进入蒸发器液体的数量（详见第五章）。

空调机组用的氟利昂制冷系统的工作流程基本上与图 3 - 6 相似。

习题与思考题

3 - 1 氨制冷系统由哪些设备和控制仪器仪表组成?

3 - 2 氟利昂制冷系统由哪些设备组成?

3 - 3 制冷系统有几种供液方式? 各种供液方式有何特点?

3 - 4 氨和氟利昂制冷系统的主要区别有哪些?

3 - 5 现场参观, 画出所参观系统的制冷工艺流程图。

第四章 制冷压缩机

制冷压缩机是蒸气压缩式制冷装置中最主要的设备。压缩机根据其工作原理的不同，可分为容积式压缩机和离心式压缩机两大类。容积式压缩机依靠改变气缸容积来进行气体压缩，常用的容积式压缩机有活塞式压缩机和回转式压缩机。活塞式压缩机是容积式压缩机中使用最广泛的机种。离心式压缩机是依靠离心力的作用，连续地将吸入的气体进行压缩，广泛使用于大型的制冷系统中。

第一节 活塞式制冷压缩机的分类及其构造

一、活塞式制冷压缩机的分类

活塞式制冷压缩机是制冷压缩机中使用最为广泛的一种压缩机。这种类型的压缩机规格型号很多，能适应一般制冷的要求，但由于活塞及连杆惯性力大，限制了活塞的运行速度，故排气量一般不能太大。活塞式制冷压缩机一般适用于中、小型制冷。

（一）根据气体流动情况分类

根据气体流动情况可将活塞式制冷压缩机分为顺流式和逆流式两大类。

1. 顺流式制冷压缩机

如图 4-1 所示，活塞式压缩机的机体由曲轴箱、气缸体和气缸盖三部分组成。曲轴箱内的主要部件是曲轴，曲轴通过连杆带动活塞在气缸内作往复运动来压缩气体。活塞为一空心圆柱体，它的内腔与进气管连通，进气阀设在活塞顶部。当活塞向下移动时，气缸内的气体从活塞顶部进入气缸；当活塞向上移动时，气缸内的气体被压缩，并由上部排出，气缸内气体顺同一方向流动，故称顺流式。

顺流式活塞制冷压缩机由于进气阀设在活塞上，因而增加了活塞的重量及长度，限制了压缩机转速的提高，且自重大，占地面积大，因此目前已不再使用。

2. 逆流式活塞制冷压缩机

如图 4-2 所示，此种压缩机的进、排气阀均设置在气缸顶部，当活塞向下移动时，低压气体由顶部进入气缸；活塞向上移动时，被压缩的气体仍从顶部排出，由于气体进入气缸及排出气缸的运动路线相反，故称逆流式制冷压缩机。

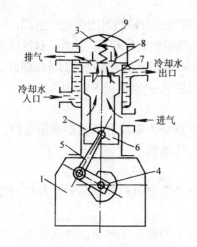

图 4 - 1　顺流式活塞压缩机

1—曲轴箱　2—气缸体　3—气缸盖　4—曲轴　5—连杆　6—活塞　7—进气阀　8—排气阀　9—缓冲弹簧

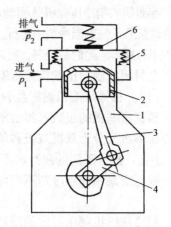

图 4 - 2　逆流式活塞制冷压缩机

1—气缸　2—活塞　3—连杆　4—曲轴　5—进气阀　6—排气阀

逆流式制冷压缩机活塞尺寸小、重量轻，便于提高压缩机转速，一般为 1000 ~ 1500r/min，也可高达 3500r/min，因而其重量及尺寸大为减少。

（二）根据气缸排列和数目的不同分类

根据气缸排列和数目的不同可将活塞式制冷压缩机分为卧式、立式、高速多缸制冷压缩机。

卧式制冷压缩机气缸为水平放置，制冷量较大，但转速低（200 ~ 300r/min），且材料消耗多，占地面积大。

立式制冷压缩机气缸为垂直放置，气缸一般为两个，转速不大于 750r/min，现使用较少。

高速多缸制冷压缩机是目前广泛使用的一类活塞式压缩机，由于缸多且小，因而转速高、质轻体小、平衡性能好、噪声和振动较小，并且易于调节制冷量。目前常用的有三大类型，即 V 形、W 形和 S 形（扇形），如图 4 - 3 所示。

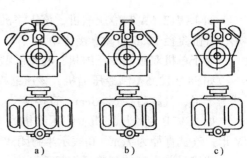

a)　　　　b)　　　　c)

图 4 - 3　高速多缸制冷压缩机气缸排列

a) 扇形　b) W形　c) V形

（三）根据构造不同分类

根据构造不同可将活塞式制冷压缩机分为开启式、半封闭式和全封闭式。

开启式制冷压缩机的压缩机和驱动电动机分别为两个设备，一般氨制冷压缩机和制冷量较大的氟利昂压缩机为开启式。

半封闭式制冷压缩机是驱动电动机与压缩机的曲轴箱封闭在同一空间，因而驱动电动机是在气态制冷剂中运行，因此，对电动机的要求较高。此外，这种压缩机不适用于有爆炸危险的制冷剂，所以半封闭式制冷压缩机均为氟利昂制冷压缩机。

全封闭式制冷压缩机是压缩机与电动机装在一个外壳内。

（四）根据压缩机的级数分类

根据压缩机的级数可将活塞式制冷压缩机分为单级和双级制冷压缩机，双级制冷压缩机又分为双机双级和单机双级制冷压缩机。

（五）按所采用的制冷剂不同分类

根据所采用的制冷剂不同可将活塞式制冷压缩机分为氨压缩机和氟利昂压缩机。

制冷压缩机都用一定的型号来表示，新系列活塞式单级制冷压缩机产品型号包括下列几个内容：气缸数目、所用制冷剂种类、气缸排列形式、气缸直径和传动方式等，其表示方法如下：

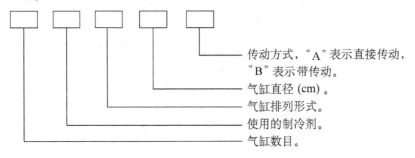

如4AV12.5A制冷压缩机，该压缩机为4缸，氨制冷剂，气缸排列形式为V形，气缸直径12.5cm，直接传动。

对于单机双级制冷压缩机，在单级型号前加"S"表示双级。

如S8AS12.5A制冷压缩机，该压缩机为双级，8缸，氨制冷剂，气缸排列形式为S形，气缸直径12.5cm，直接传动。

如4FV7B制冷压缩机，该压缩机为4缸，氟利昂制冷剂，气缸排列形式为V形，气缸直径为7cm。B表示半封闭式，若最后字母是Q则表示为全封闭式。

我国目前生产的制冷压缩机系列产品为高速多缸逆流式压缩机，根据缸径不同，有50mm、70mm、100mm、125mm、170mm，再配上不同缸数，共有22种规格，以用来满足不同制冷量的要求。

二、活塞式制冷压缩机的构造

（一）开启式活塞制冷压缩机的构造

开启式活塞制冷压缩机由机体、活塞及曲轴连杆机构、气缸套及进排气阀组合件、卸载装置、润滑系统五个部分组成。下面以一种常见的8AS—12.5型开启式压缩机（图4-4）为例，介绍其构造。

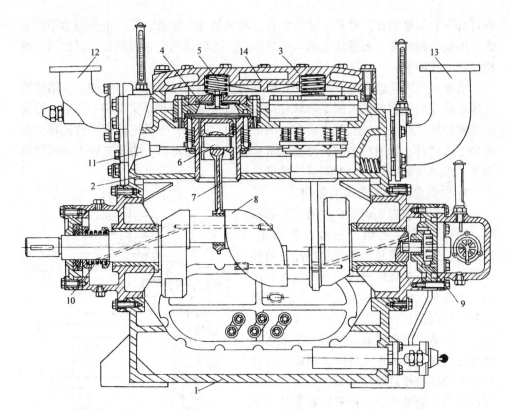

图 4-4   8AS—12.5 型开启式制冷压缩机剖面图

1—曲轴箱   2—进气腔   3—气缸盖   4—气缸套及进排气阀组合件   5—缓冲弹簧   6—活塞
7—连杆   8—曲轴   9—油泵   10—轴封   11—油压推杆机构   12—排气管   13—进气管   14—水套

1. 机体

机体是压缩机最主要的部件。机体内有上下两个隔板将内部分隔成三个空间:下部是曲轴箱;中部为吸气腔,与进气管相通;上部与气缸盖共同组成排气腔,与排气管相通。在吸气腔的底部设有回油孔,也是均压孔,使吸气腔与曲轴箱连通,这样,既可以使压缩机吸气带回的润滑油流回曲轴箱,又可使曲轴箱内的压力不致波动。

机体形状复杂,加工面较多,且还需承受较大的工作压力,一般采用优质灰铸铁铸成。

2. 活塞及曲轴连杆机构

活塞式制冷压缩机的曲轴一般采用球墨铸铁,两侧的主要轴颈支承在曲轴箱两端的滑动轴承上,每个曲拐上装有几个连杆与活塞。曲轴上钻有油孔,以保证轴承的润滑与冷却。

活塞式制冷压缩机的连杆采用可锻铸铁制成,连杆的大头一般为剖分式,带有可拆下的薄壁轴瓦，轴瓦上钻有油孔，与曲轴油孔相通。连杆小头均为不剖分式，内镶有铜衬套，依靠活塞销与活塞相连。连杆体内也钻有油孔，以使润滑油输送到小头轴承。

活塞式制冷压缩机的活塞多采用铝镁合金铸制，重量轻、组织细密。活塞顶部的形状应与气缸顶部的阀座形状相适应，以便尽量减小余隙容积。活塞上设有两道密封环，以保证气缸壁与活塞之间的密封。密封环下部还设有一道油环，活塞向上运动时，靠油环布油，保证润滑；活塞向下运动时，将气缸壁上的润滑油刮下，以减少被排气带出的润滑油数量。

3. 气缸套及进排气阀组合件

气缸套及进排气阀组合件的构造如图4-5所示。它主要由气缸套、外阀座、内阀座、进排气阀片、阀盖及缓冲弹簧等组成。外阀座起吸气阀片的升高限制器作用，并且与内阀座共同组成排气阀座。阀盖起排气阀片的升高限位作用，并且也可防止液击造成气缸破损。当有过量液态制冷剂或大量润滑油进入气缸，只要缸内的冲击力或压力超过缓冲弹簧的压力，阀盖与内阀座一起被顶开，使气缸等零件不至损坏。

小型活塞式制冷压缩机进排气阀多采用簧片式气阀，其阀片重量轻、惯性小、启闭迅速、运转噪声小，但通道阻力大，阀片易折断，对材料及加工工艺要求较高。

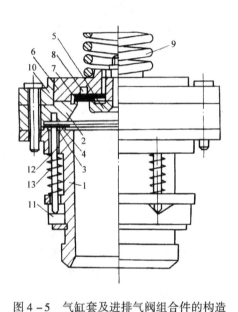

图4-5 气缸套及进排气阀组合件的构造
1—气缸套 2—外阀座 3—进气阀片
4—阀片弹簧 5—内阀座 6—阀盖
7—排气阀片 8—阀片弹簧 9—缓冲
弹簧 10—导向环 11—转动环
12—顶杆 13—顶杆弹簧

4. 卸载装置

高速多缸活塞式制冷压缩机的卸载装置用来使压缩机在运转条件下停止部分气缸的排气，以改变压缩机的制冷能力。例如，8缸制冷压缩机，可以采用停止2缸、4缸、6缸的工作，使压缩机的制冷能力为总制冷量的75%、50%、25%。此外，卸载装置还可用作降载起动装置，减小起支转矩，简化电动机的启动设备和操作运行手续。

中小型活塞式制冷压缩机普遍采用油压启阀式卸载装置，它包括两个组件，一个是顶杆启阀机构，另一个是油压推杆机构。

（1）顶杆启阀机构 顶杆启阀机构就是在吸气阀片下设有几根顶杆，顶杆上套有弹簧，其下端分别置于转动环上具有一定斜度的槽内，如图4-6所示。当顶杆位于斜槽的最低点时，顶杆与进气阀片不接触，阀片可以自由上下运动，该气缸处于正常工作状态。当旋转转动环，使顶杆沿斜面上升至最高点时，顶杆将进气阀片顶开，如图4-6a所示。此时，尽管活塞仍在气缸内进行往复运动，但该气缸并不能压缩气体，故处于不工作状态。

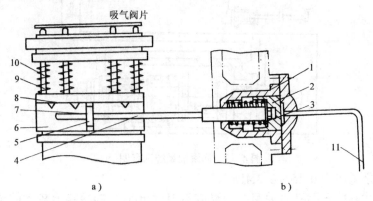

图4-6　油压启阀式卸载装置

a）顶杆启阀机构　b）油压推杆机构

1—油缸　2—活塞　3—弹簧　4—推杆　5—凸缘　6—转动环

7—缺口　8—斜面切口　9—顶杆　10—顶杆弹簧　11—油管

（2）油压推杆机构　油压推杆机构是使气缸套外部的转动环旋转的机构，见图4-6b。向油管内供入一定压力的润滑油时，油缸内的小活塞和推杆被推压向前移动，带动转动环稍微旋转，这时，转动环上的顶杆弹簧将顶杆向下推至斜槽的最低点，使该气缸处于正常工作状态。反之，油管中没有压力油供入时，液压缸内的小活塞和推杆在弹簧作用下向后移动并带动转动环，将转动环上的顶杆推至斜面最高点，顶开进气阀片，使该气缸卸载。一般均以一套油压推杆机构控制两个气缸的顶杆启阀机构。

5. 润滑系统

活塞式制冷压缩机的润滑是一个很重要的问题。轴与轴承、活塞与气缸壁等运动部件的接触面以及轴封处均需用润滑油进行润滑和冷却，以降低部件温度，减少部件磨损和摩擦所消耗的功率，保证压缩机正常运转，否则，即使短时间缺油，也将造成严重后果。此外，活塞制冷压缩机的卸载装置也由润滑系统供油。活塞式制冷压缩机润滑油循环系统的流程参看图4-7。

压缩机曲轴箱下部盛有一定数量的润滑油，通过油过滤器被油泵吸入并压出。一路被压送至油泵端的曲轴进油孔，润滑后主轴承、连杆大小头轴承；另一路送至轴封处，润滑轴封、前主轴承和连杆大小头轴承。此外，从轴封处还引一条油管至压缩机的卸载装置。活塞与气缸壁之间则是通过连杆大头的喷溅进行润滑。整个油路的油压可用油泵上部的油压调节螺钉调节，油压—油泵出口压力与

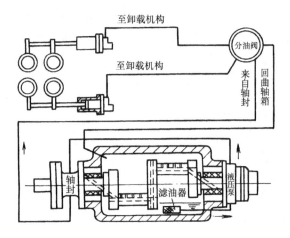

图 4-7 润滑油系统示意图

吸气压力之差应为 0.15~0.3MPa。

活塞式制冷压缩机曲轴箱的油温应不超过 70℃。制冷能力较大的压缩机的曲轴箱内设有油冷却器,内通冷却水,以降低润滑油的温度。此外,用于低温条件下的活塞式氟利昂制冷压缩机,曲轴箱中还应装设电加热器,启动时加热箱中的润滑油,以减少其中氟利昂的溶解量,防止压缩机的起动润滑不良。

三、封闭式活塞制冷压缩机

根据封闭程度的不同,可将封闭式活塞制冷压缩机分为半封闭式和全封闭式两种。

半封闭式活塞制冷压缩机的构造与逆流开启式制冷压缩机相似,只是半封闭压缩机的曲轴箱机体与电动机外壳共同构成一个封闭空间,从而取消了轴封装置,整机结构紧凑,如图 4-8 所示。

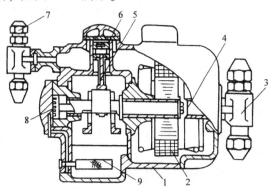

图 4-8 半封闭式活塞制冷压缩机

1—外壳 2—电动机 3—进气管 4—进气过滤器
5—连杆 6—阀板 7—排气管 8—油泵 9—油过滤器

全封闭式活塞制冷压缩机的压缩机和电动机全部被密封在一个钢制外壳内，电动机在气态制冷剂中运行，结构非常紧凑，密封性能好，噪声低，多用于空气调节机组和家用电冰箱。

全封闭式活塞制冷压缩机的气缸多为水平排列，电动机则为立式，如图4-9所示。图中所示的压缩机为两个气缸，呈卧式对称排列。该压缩机的主轴为偏心轴，上端装有电动机的转子，下端设有油孔和偏心油道，靠主轴高速旋转时产生的高离心力将润滑油压送到各轴承边。连杆大头为整体式，直接套在偏心轴上。为了简化结构，活塞为筒形平顶结构，不设活塞环，仅有两道环形槽，靠充入其中的润滑油起密封和润滑作用。

压缩机工作时，低压气态制冷剂被吸入到壳体内，经进气包5、进气管6，进入制冷压缩机的气缸13；被压缩后的高压气态制冷剂，首先进入稳压室17，再经排气管排出。稳压室一方面可以保证排气压力均衡，另一方面还起消声作用。

家用电冰箱、窗式空调器等用的全封闭式活塞制冷压缩机，其电动机功率均在1.1kW以下，这类小型全封闭式活塞制冷压缩机基本上配用单相电动机。单相电动机的效率低于三相电动机的效率，而且起动转

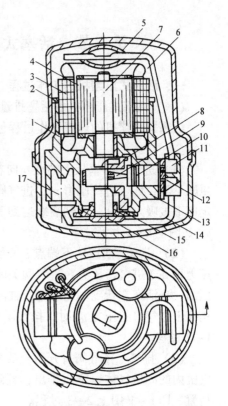

图4-9　全封闭式活塞制冷压缩机

1—壳体　2—垫圈　3—电动机定子
4—电动机转子　5—进气包
6—进气管　7—曲轴　8—平衡块
9—连杆　10—活塞　11—气缸盖
12—阀板　13—气缸　14—排气管
15—下轴承　16—端盖
17—稳压室

矩小，在电压降大的场所多数不能起动。因此，起动时要求压缩机进气、排气两侧的压力达到相互平衡，以减少起动荷载，这样，压缩机停止运行以后，高、低压力侧的压力迅速均一是设计使用这种制冷压缩机的制冷系统必须考虑的问题。

此外，全封闭式制冷压缩机的电动机绕组多靠吸入的低压气态制冷剂冷却，压缩机进气过热度大，排气温度高，耗能较大，特别是低温工况时；同时，当蒸发压力下降时，制冷剂流量减小，传热效果恶化，冷却作用降低，电动机绕组的温度上升。这样，全封闭式制冷压缩机与开启式制冷压缩机的情况相反，当吸气压力下降，电动机负荷减少时，绕组的温度不是降低，而是升高，故按高温工况设计的全封闭式制冷压缩机用于低温工况时，电动机有烧毁的危险。

第二节 活塞式制冷压缩机的选择计算

一、活塞式压缩机的工作过程

（一）活塞式压缩机的活塞排量

活塞式压缩机的理想工作过程包括进气、压缩、排气三个过程，如图 4－10 所示。

（1）进气 活塞从上端点 a 向右移动，气缸内压力急剧下降，低于进气压力 p_1，进气阀开启，低压气体在定压下被吸入气缸，直到活塞达到下端点 b 的位置，即 $p－V$ 图上 4→1 过程。

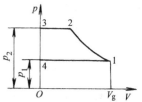

（2）压缩 活塞从下端点 b 开始向左移动，气缸内压力稍高于进气口压力，进气阀关闭，缸内气体被绝热压缩。当活塞左行到一定位置，缸内气体被压缩至压力稍高于排气口的压力 p_2 时，排气阀打开，即 $p－V$ 图上 1→2 过程。

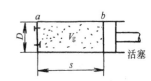

（3）排气 排气阀打开后，活塞继续向左移动，将气缸内的高压气体以定压排出，直到活塞达到上端点 a 位置，即 $p－V$ 图上 2→3 过程。

图 4－10 活塞式压缩机的理想工作过程

活塞进行往复运动，不断重复进气、压缩、排气这三个过程。这样，曲轴每旋转一圈，均有一定数量的低压气体被吸入，并被压缩为高压气体，排出气缸。在理想工作过程下，曲轴每旋转一圈，压缩机一个气缸所吸入的低压气体体积 V_g 称为气缸的工作容积，对于单级压缩机，有

$$V_g = \frac{\pi}{4}D^2 s \qquad (4-1)$$

式中 D ——气缸直径（m）；

s ——活塞行程（m）。

如果压缩机有 z 个气缸，转速为 n（r/min），压缩机吸入气体体积为

$$V_h = V_g nz/60 = \frac{\pi}{240}D^2 snz \qquad (4-2)$$

V_h（m^3/s）就是压缩机理论排气量，也称活塞排量。它只与压缩机的转数和气缸的结构尺寸、数目有关，与运行工况和制冷剂性质无关。

（二）活塞式压缩机的容积效率

压缩机实际工作过程比较复杂，有许多因素影响压缩机的实际排气量 V_R，因此，压缩机实际排气量永远小于其活塞排量，两者的比值称为压缩机的容积效

率，用 η_V 表示，即

$$\eta_V = \frac{V_R}{V_h} \qquad (4-3)$$

容积效率实际上表示压缩机气缸工作容积的有效利用率，它是评价压缩机性能的一个重要指标。

影响压缩机实际工作过程的因素主要是气缸余隙容积、吸排气阀阻力，吸气过程中气体被加热的程度以及漏气四个方面，这样，可认为容积效率等于四个系数的乘积，即

$$\eta_V = \lambda_V \lambda_p \lambda_t \lambda_L \qquad (4-4)$$

式中　λ_V——余隙系数；

　　　λ_p——节流系数；

　　　λ_t——预热系数；

　　　λ_L——泄漏系数。

1. 余隙系数 λ_V

活塞在气缸中进行往复运动时，活塞行程的上端点与气缸顶部，均需留有一定间隙，以保证运行安全可靠。由于此间隙的存在对压缩机排气量造成的影响，称余隙系数，它是造成实际排气量降低的主要因素。

如图 4-11 所示，活塞达到上端点 a，即排气结束时，缸内还保留有一小部分容积为 V_c，压力为 p_2 的高压气体。活塞再反向运动时，只有当这部分气体膨胀到一定程度，使缸内压力降到小于进气压力 p_1 时，进气阀方能开启，低压气体才开始进入气缸。这样，气缸每次吸入的气体量就不等于气缸工作容积 V_g，而减小为 V_1，V_1 与气缸工作容积的比值为余隙系数，即

$$\lambda_V = \frac{V_1}{V_g} = \frac{V_g - \Delta V_1}{V_g} \qquad (4-5)$$

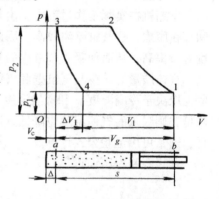

图 4-11　余隙容积的影响

λ_V 值的大小，反映了余隙容积对压缩机排气量的影响程度，由图 4-11 可知，气缸减少的吸气量 ΔV_1 不但与余隙容积 V_c 的大小有关，而且与压缩机运行时的压力比 p_2/p_1 有关。V_c 及 p_2/p_1 增大时，则 ΔV_1 也增大，余隙系数 λ_V 降低。

2. 节流系数 λ_p

当制冷剂气体通过进、排气阀时，断面缩小，气体进出气缸需要克服流动阻力。也就是说，进排气过程气缸内外有一定压力差 Δp_1 和 Δp_2，其中排气阀阻

力很小，主要是进气阀阻力影响容积效率。

由于气体通过进气阀进入气缸时有一定的压力损失，进入气缸的压力将低于进气压力 p_1，比体积增加，因此，虽然吸入的气体体积仍为 V_1，但吸入气体的质量有所减少。如图 4 – 12 所示，只有当活塞把吸入的气体由 1′点压缩到 1″点时，缸内气体的压力才等于吸气管压力。与理想情况相比，仅相当于吸收了体积为 V_2 的气体，体积 V_2 与 V_1 的比值称为节流系数。

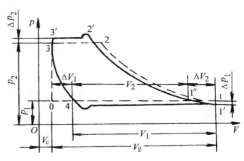

图 4 – 12　活塞式压缩机实际工作过程

$$\lambda_p = \frac{V_2}{V_1} = \frac{V_1 - \Delta V_2}{V_1} \qquad (4-6)$$

λ_p 值的大小，反映了压缩机吸、排气阀阻力所造成的吸气量损失。损失的吸气量 ΔV_2 主要与 p_1 和 Δp_1 有关，吸气压力 p_1 降低，阻力 Δp_1 越大，则 ΔV_2 越大，节流系数 λ_p 也就越小。

3. 预热系数 λ_t

压缩机在实际工作过程中，由于气体被压缩后温度升高以及活塞与气缸壁之间存在摩擦，故气缸壁温较高。因此，进入气缸的低压气体从缸壁吸收热量，温度有所提高，从而使吸入气缸内的气体比体积增大，进入缸内气体的质量减少。

气体质量的减少与气缸壁和气体的温度有关。在正常情况下，这两个温度实际上取决于冷凝温度 t_k 和蒸发温度 t_0。冷凝温度 t_k 升高，气缸壁温也升高，而 t_0 降低，则吸入的气体温度也降低。进入气缸的制冷剂热交换量越大，预热系数越低，通常可用经验公式计算。

开启式制冷压缩机：

$$\lambda_t = \frac{T_0}{T_k} = \frac{273 + t_0}{273 + t_k} \qquad (4-7)$$

对于封闭式制冷压缩机，由于制冷剂先进入电动机腔，然后再进入吸气腔和气缸，因此，封闭式压缩机吸入的制冷剂蒸气不但被气缸壁预热，而且被电动机预热，制冷剂蒸气的比体积增加更大，所以在相同工况下，封闭式制冷压缩机的预热系数 λ_t 通常总小于开启式压缩机，这是封闭式制冷压缩机在运行时的一个缺点。

4. 泄漏系数 λ_L

由于制冷压缩机进、排气阀以及活塞与气缸壁之间并非绝对严密，压缩机工作时，少量气体将从高压部分向低压部分渗漏，从而造成压缩机实际排气量减少。泄漏系数 λ_L 就是考虑这种渗漏对压缩机实际排气量的影响。

泄漏系数与压缩机的构造、加工质量、部件磨损程度等因素有关，此外，还随着排气压力的增加和进气压力的降低而减小，λ_L 一般约为 0.95~0.98。

通过上述分析可以得知，余隙系数、节流系数、预热系数及泄漏系数除与压缩机的结构、加工质量等因素有关以外，还有一个共同的规律，就是均随排气压力的增高和进气压力的降低而减小。我国中小型活塞式制冷压缩机系列产品的相对余隙容积约为 0.04，转速等于或大于 720r/min，容积效率按以下经验公式计算。

$$\eta_V = 0.94 - 0.085\left[\left(\frac{P_2}{P_1}\right)^{\frac{1}{m}} - 1\right] \tag{4-8}$$

式中 m——多变指数，R717，$m=1.28$；R12，$m=1.13$；R22，$m=1.18$。

用经验公式 (4-8) 计算出的容积效率与实际值稍有出入，特别是对于空气调节用的制冷压缩机，其压缩比一般均小于4，此式计算值比实际约大 0.03~0.05。此外，从式 (4-8) 还可以看出，使用活塞式压缩机时，其压缩比不应太高，过高则 η_V 很低，一般压缩比不大于 8~10。

二、活塞式压缩机的制冷量和耗功率

制冷量和耗功率是压缩机的两个重要特性参数，这两个重要特性参数除了与压缩机的类型、结构等因素有关外，主要取决于运行工况。

（一）活塞式制冷压缩机的制冷量

活塞式压缩机的实际排气量为

$$V_R = \eta_V V_h$$

如果制冷剂的单位容积制冷能力为 q_v（kJ/m³），则活塞式压缩机制冷量应为

$$\phi_0 = V_R q_v = \eta_V V_h q_v = \eta_V V_h \frac{q_0}{v_1} \tag{4-9}$$

也就是说，活塞式制冷压缩机的制冷量等于理论制冷量 $V_h q_v$ 与容积效率 η_V 的乘积。

（二）活塞式制冷压缩机的耗功率

压缩机的耗功率是指由电动机传至压缩机轴上的功率，也称为压缩机的轴功率 P_e。压缩机的轴功率消耗在两方面，一部分直接用于压缩气体，称为指示功率 P_i；另一部分用于克服运动机构的摩擦阻力，称为摩擦功率 P_m。因此，压缩机的轴功率 P_e 为

$$P_e = P_i + P_m \tag{4-10}$$

1. 指示功率 P_i

在理论循环热力计算中已经求得理论功率为

$$P_{th} = M_R w_{th}$$

式中　w_{th}——制冷压缩机的单位质量理论耗功量（kJ/kg）。

压缩机实际工作过程中存在各种内部损耗（图 4 - 12），例如气体的压缩过程并不是绝热过程，吸、排气阀存在着阻力损失，而且与容积效率也有关。压缩机的内部损失可用其指示效率 η_i 表示。当理论耗功率为 P_{th} 时，其指示效率可用下式计算。

$$\eta_i = \frac{P_{th}}{P_i} = \frac{w_{th}}{w_i}$$

$$P_i = \frac{P_{th}}{\eta_i} \qquad\qquad (4-11)$$

图 4 - 13 给出了指示效率与压缩比之间的变化关系。从图中可以看出，压缩比越大，指示效率越低；而且，低中速顺流式活塞压缩机的指示效率高于高速多缸逆流式活塞压缩机的指示效率。这样，活塞式压缩机的指示功率可按下式计算。

$$P_i = M_R w_i = M_R \frac{w_{th}}{\eta_i} = \frac{\eta_V V_h}{v_1} \frac{h_2 - h_1}{\eta_i} \qquad\qquad (4-12)$$

式中　M_R——制冷剂质量流量（kg/s）。

2. 摩擦功率

压缩机的摩擦功率是克服压缩机各运动部件的摩擦阻力所消耗的功率，此外，润滑油泵的耗功率也包括在内。

活塞式制冷压缩机的摩擦功率与运行工况和制冷剂性质有关，一般可通过摩擦效率 η_m 计算。摩擦效率是指示功率与轴功率之比，即

$$\eta_m = \frac{P_i}{P_e} \qquad\qquad (4-13)$$

图 4 - 14 给出活塞式制冷压缩机的摩擦效率与压缩比之间的变化关系。从图中可以看出，摩擦效率的变化也和指示效率的变化相仿，低中速活塞式制冷压缩机的摩擦效率较高，而且，随着压缩比的减小，摩擦效率将提高。

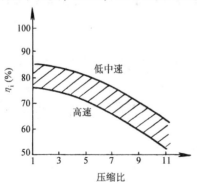

图 4 - 13　活塞式制冷压缩机的指示效率
与压缩比之间的变化关系

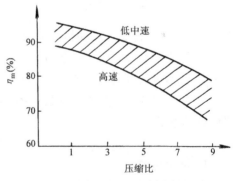

图 4 - 14　活塞式制冷压缩机的摩擦效率
与压缩比之间的变化关系

3. 制冷压缩机配用电动机的功率

制冷压缩机的轴功率可按下式计算。

$$P_e = P_i + P_m = \frac{P_i}{\eta_m} = \frac{\eta_V V_h}{v_1} \frac{h_2 - h_1}{\eta_i \eta_m} \qquad (4-14)$$

式中，指示效率与摩擦效率的乘积称为压缩机的总效率。活塞式制冷压缩机的总效率约为 0. 65 ~ 0. 75。

在确定制冷压缩机配用电动机的功率时，除应考虑该制冷压缩机的运行工况状态以外，还应考虑到压缩机与电动机之间的连接方式，并有一定的裕量。因此，制冷压缩机配用电动机的功率 P 应为

$$P = (1.10 \sim 1.15) \frac{P_e}{\eta_d} = (1.10 \sim 1.15) \frac{\eta_V V_h}{v_1} \frac{h_2 - h_1}{\eta_i \eta_m \eta_d} \qquad (4-15)$$

式中　　η_d——传动效率，压缩机与电动机直接连接时为 1，采用 V 带连接时为 0. 90 ~ 0. 95；

1. 10 ~ 1. 15——裕量附加系数。

三、活塞式制冷压缩机的选择计算

（一）制冷工况对压缩机制冷量的影响

对于同一台制冷压缩机来说，当转速不变时，其制冷量与所消耗的功率大小直接取决于蒸发温度和冷凝温度。通常将这两个主要工作温度称为制冷工况。下面我们利用 $\lg p - h$ 图来加以分析。

1. 冷凝温度的影响

当制冷剂的蒸发温度不变时，改变冷凝温度，可以得出冷凝温度对活塞式制冷压缩机性能的影响，见图 4 - 15。从图中可以看出，T_0 为常数，冷凝温度由 T_k 升高到 T_k' 时，蒸气压缩式制冷理论循环由 1→2→3→4→1 循环过程转变为 1→2′→3′→4′→1 循环过程。其性能指标发生了以下变化：

1）制冷剂的单位质量制冷量由 q_0 减少为 q_0'。

2）制冷剂的单位质量理论耗功量由 w_c 增大为 w_c'。

3）压缩比增加，容积效率和指示效率、摩擦效率均有所降低。

4）进气比体积 v_1 不变，制冷剂单位容积制冷能力下降，压缩机的制冷量减少。

5）压缩机的轴功率上升，增加电动机的负荷。

6）制冷压缩机的排气温度由 T_2 升至 T_2'。

显然，降低冷凝温度 T_k 变化情况正好相反。因此，冷凝温度的升高对制冷压缩机以及制冷装置的运行是不利的。

2. 蒸发温度的影响

当制冷剂的冷凝温度不变时，改变蒸发温度，可以得出蒸发温度对活塞式制冷

冷压缩机性能的影响，见图 4 – 16。从图中可以看出，冷凝温度 T_k 为常数，蒸发温度由 T_0 降低至 T'_0，蒸气压缩式理论循环由 1→2→3→4→1 循环过程变为 1′→2′→3→4′→1′循环过程，其性能指标将发生以下变化：

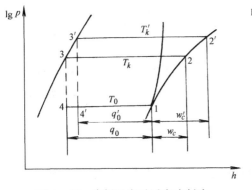

图 4 – 15　冷凝温度对活塞式制冷　　　　　图 4 – 16　蒸发温度对活塞式制冷
　　　　　压缩机性能的影响　　　　　　　　　　　　压缩机性能的影响

1）制冷剂的单位质量制冷量由 q_0 下降为 q'_0。

2）单位质量理论耗功量由 w_c 增加到 w'_c。

3）压缩比增加，容积效率和指示效率、摩擦效率均有所降低。

4）进气比体积 v_1 增大到 v'_1，制冷剂的单位容积制冷量下降，压缩机的制冷量也将下降。

5）压缩机的排气温度由 T_2 升至 T'_2。

综合上述，在压缩式制冷循环中，降低制冷剂的 T_k 和提高 T_0 对压缩机和制冷装置的运行是有利的。当然，在压缩机的实际运行中，T_k 受到冷却介质温度的影响，而 T_0 必须满足被冷却物体所需要的低温要求，不能任意改变，但是熟悉和掌握 T_k 和 T_0 的变化对压缩机和制冷装置的影响规律是十分重要的。

（二）活塞式制冷压缩机的规定工况

根据上述的分析可知，活塞式制冷压缩机的制冷量随着蒸发温度的升高或冷凝温度的降低而增大；反之，随着蒸发温度的降低、冷凝温度的升高而减少。因此，要说明同一台制冷压缩机的制冷量，只讲它的数值大小是不够的，还应同时指出是在什么工作温度（主要是指蒸发温度和冷凝温度）下的制冷量，这样才有进行比较的标准，否则是没有什么意义的。

为了能在一个共同标准下说明制冷压缩机的性能，根据我国制冷技术实际情况，对压缩机的制冷量规定了两个工况，即标准工况和空调工况，它们的工作温度列于表 4 –1 中。

由于空调工况下的蒸发温度高于标准工况下的蒸发温度，所以同一台压缩机，在空调工况下运行时制冷量要大于标准工况下的制冷量。在我国，目前冷藏库和冷饮食品制冷装置所要求的蒸发温度一般都低于标准工况下的蒸发温度，所以对于同一台制冷压缩机，若用于冷库时其制冷量要小于标准工况下的制冷量。

表4–1　标准工况和空调工况的工作温度

工作温度/℃	标准工况			空调工况		
	R717	R12	R22	R717	R12	R22
蒸发温度 t_0	−15	−15	−15	+5	+5	+5
冷凝温度 t_k	+30	+30	+30	+40	+40	+40
吸气温度 t_1	−10	+15	+15	+10	+15	+15
过冷温度 t_{rc}	+25	+25	+25	+35	+35	+35

（三）压缩机的制冷量换算

前面已经指出，对于同一台制冷压缩机在不同的工况下运行时其制冷量是不同的。在机器铭牌上标出的制冷量是指标准工况下的制冷量，如果用于空调工况或其他制冷工艺的工况，其制冷量按下式进行换算。

设标准工况下的制冷量为 ϕ_{0A}，则

$$\phi_{0A} = \eta_{VA} V_{hA} q_{vA} \qquad (4-16)$$

设实际工况下制冷量为 ϕ_{0B}，则

$$\phi_{0B} = \eta_{VB} V_{hB} q_{vB} \qquad (4-17)$$

对于同一台压缩机，当转速不变时理论排气量 V_h 总是不变的，$V_{hA} = V_{hB} = V_h$，即

$$\frac{\phi_{0A}}{\eta_{VA} q_{vA}} = \frac{\phi_{0B}}{\eta_{VB} q_{vB}}$$

于是实际工况下的制冷量为

$$\phi_{0B} = \phi_{0A} \frac{\eta_{VB} q_{vB}}{\eta_{VA} q_{vA}} \qquad (4-18)$$

式中　ϕ_{0A}、ϕ_{0B}——分别为标准工况和实际工况下的制冷量（kW）；

q_{vA}、q_{vB}——分别为标准工况和实际工况下的单位容积制冷量（kJ/m³）；

η_{VA}、η_{VB}——分别为标准工况和实际工况下的容积效率。

若令 $\dfrac{\eta_{VB} q_{vB}}{\eta_{VA} q_{vA}} = k_i$ 称为换算系数，则实际工况下的制冷量可按下式计算：

$$\phi_{0B} = k_i \phi_{0A} \qquad (4-19)$$

换算系数 k_i 主要取决于压缩机的形式、制冷剂的种类和主要工作温度，可从设计手册中查得。表4–2给出立式和V形氨压缩机制冷量换算系数 k_i。

表 4-2 立式和 V 形氨压缩机制冷量换算系数 k_i

蒸发温度/℃	冷凝温度/℃															
	25	26	27	28	29	30	31	32	33	34	35	36	37	38	39	40
-15	1.07	1.06	1.04	1.03	1.01	1.00	0.99	0.98	0.96	0.95	0.94	0.93	0.91	0.90	0.88	0.87
-14	1.13	1.12	1.10	1.09	1.07	1.06	1.05	1.04	1.02	1.01	1.00	0.98	0.97	0.95	0.94	0.92
-13	1.19	1.18	1.16	1.15	1.13	1.12	1.11	1.09	1.08	1.06	1.05	1.03	1.02	1.00	0.99	0.97
-12	1.26	1.24	1.23	1.21	1.20	1.18	1.17	1.15	1.14	1.12	1.11	1.09	1.08	1.06	1.05	1.03
-11	1.32	1.30	1.29	1.27	1.26	1.24	1.22	1.21	1.19	1.18	1.16	1.14	1.13	1.11	1.10	1.08
-10	1.38	1.36	1.35	1.33	1.32	1.30	1.28	1.27	1.25	1.24	1.22	1.20	1.18	1.17	1.15	1.13
-9	1.46	1.44	1.42	1.41	1.39	1.37	1.35	1.34	1.32	1.31	1.29	1.27	1.25	1.24	1.22	1.20
-8	1.53	1.51	1.49	1.48	1.46	1.44	1.42	1.41	1.39	1.38	1.36	1.34	1.32	1.30	1.28	1.26
-7	1.61	1.59	1.57	1.56	1.54	1.52	1.50	1.48	1.46	1.44	1.42	1.40	1.38	1.37	1.35	1.33
-6	1.68	1.66	1.64	1.63	1.61	1.59	1.57	1.55	1.53	1.51	1.49	1.47	1.45	1.43	1.41	1.39
-5	1.76	1.74	1.72	1.70	1.68	1.66	1.64	1.62	1.60	1.58	1.56	1.54	1.52	1.50	1.48	1.46
-4	1.85	1.83	1.81	1.79	1.77	1.75	1.73	1.71	1.68	1.66	1.64	1.62	1.60	1.58	1.56	1.54
-3	1.94	1.92	1.90	1.88	1.86	1.84	1.82	1.80	1.77	1.75	1.73	1.71	1.68	1.66	1.63	1.61
-2	2.04	2.02	1.99	1.97	1.94	1.95	1.90	1.88	1.85	1.83	1.81	1.79	1.76	1.74	1.71	1.69
-1	2.13	2.11	2.08	2.06	2.03	2.01	1.99	1.97	1.94	1.92	1.90	1.87	1.84	1.82	1.79	1.76
0	2.22	2.20	2.17	2.15	2.12	2.10	2.08	2.05	2.03	2.00	1.98	1.95	1.92	1.90	1.87	1.84
+1	2.33	2.31	2.28	2.26	2.23	2.21	2.18	2.16	2.13	2.11	2.08	2.05	2.02	2.00	1.97	1.94
+2	2.44	2.41	2.39	2.36	2.34	2.31	2.28	2.26	2.23	2.21	2.18	2.15	2.12	2.10	2.07	2.04
+3	2.56	2.53	2.50	2.48	2.45	2.42	2.39	2.36	2.34	2.31	2.28	2.25	2.22	2.19	2.16	2.13
+4	2.67	2.61	2.61	2.58	2.55	2.52	2.49	2.46	2.44	2.41	2.38	2.35	2.32	2.29	2.26	2.23
+5	2.78	2.75	2.72	2.69	2.66	2.63	2.60	2.57	2.54	2.51	2.48	2.45	2.42	2.39	2.36	2.33
+6	2.91	2.88	2.85	2.82	2.79	2.76	2.73	2.70	2.66	2.63	2.60	2.57	2.54	2.50	2.47	2.44
+7	3.05	3.02	2.93	2.95	2.91	2.88	2.85	2.82	2.78	2.75	2.72	2.69	2.66	2.62	2.59	2.56
+8	3.18	3.15	3.11	3.08	3.04	3.01	2.98	2.94	2.91	2.87	2.84	2.81	2.77	2.74	2.70	2.67
+9	3.32	3.28	3.24	3.21	3.11	3.13	3.10	3.06	3.03	2.99	2.96	2.93	2.89	2.86	2.82	2.79
+10	3.45	3.41	3.37	3.34	3.30	3.26	3.22	3.19	3.15	3.12	3.08	3.04	3.04	2.97	2.94	2.90

[例 4-1] 有一台 8 缸压缩机，气缸直径 $D = 100\mathrm{mm}$，活塞行程 $s = 70\mathrm{mm}$，转速 $n = 960\mathrm{r/min}$，其实际工况为 $t_k = 30℃$，$t_0 = -15℃$，按饱和循环工作，氨制冷剂。试计算压缩机实际制冷量，并确定压缩机配用电动机的功率。

[解] 1）计算压缩机的理论排气量 V_h。

$$V_h = \left(\frac{\pi}{240} \times 0.1^2 \times 0.07 \times 8 \times 960\right)\mathrm{m^3/s} = 0.0704\mathrm{m^3/s}$$

2）将循环表示在 $\lg p - h$ 图（图 1-5）上，从氨的饱和状态热力性质图（或表）上查得下列参数 $h_1 = 1363.141\mathrm{kJ/kg}$；$h_2 = 1598.84\mathrm{kJ/kg}$；$h_3 = h_4 = 264.787\mathrm{kJ/kg}$；$p_k = 1.169\mathrm{MPa}$；$p_0 = 0.23636\mathrm{MPa}$；$v_1 = 0.50682\mathrm{m^3/kg}$；$t_2 = 102℃$。

3）计算单位容积制冷量 q_v。

$$q_v = \frac{q_0}{v_1} = \left(\frac{1363.141 - 264.787}{0.50682}\right) \text{kJ/m}^3 = 2167.15 \text{kJ/m}^3$$

4）计算容积效率 η_V。

$$\eta_v = 0.94 - 0.085\left[\left(\frac{P_2}{P_1}\right)^{\frac{1}{m}} - 1\right]$$

$$= 0.94 - 0.085\left[\left(\frac{1.169}{0.23636}\right)^{\frac{1}{1.28}} - 1\right] = 0.729$$

5）计算压缩机的实际制冷量 ϕ_0。

$$\phi_0 = \eta_V V_h q_v = (0.729 \times 0.0704 \times 2167.15) \text{kW} = 111.2 \text{kW}$$

6）计算压缩机的理论功率 P_{th}。

$$P_{\text{th}} = M_R(h_2 - h_1) = \frac{\eta_V V_h}{v_1}(h_2 - h_1)$$

$$= \left[\frac{0.729 \times 0.0704}{0.50682}(1595.84 - 1363.141)\right] \text{kW} = 23.56 \text{kW}$$

7）计算压缩机的轴功率 P_e。

$$P_e = \frac{P_{\text{th}}}{\eta_i \eta_m} = \left(\frac{23.56}{0.7}\right) \text{kW} = 33.66 \text{kW}$$

若电动机与压缩机直接连接时，$\eta_d = 1$。配用电机的功率应不小于

$$P = (1.10 \sim 1.15)\frac{P_e}{\eta_d} = \left(1.1 \times \frac{33.66}{1}\right) \text{kW} = 37.03 \text{kW}$$

[**例 4 - 2**]　已知 2AV12.5 压缩机的标准工况下的制冷量为 61.06kW，试求该压缩机在冷凝温度 $t_k = 40℃$，蒸发温度 $t_0 = 5℃$ 时的制冷量 ϕ_{0B}。

[**解**]　根据 $t_k = 40℃$ 和 $t_0 = 5℃$，查表 4 - 2 中得冷量换算系数 $k_i = 2.33$，则压缩机在该工况下的制冷量为

$$\phi_{0B} = k_i \phi_{0A} = (2.33 \times 61.06) \text{kW} = 142.27 \text{kW}$$

第三节　螺杆式制冷压缩机

螺杆式制冷压缩机是一种容积型回转式压缩机，它有单螺杆和双螺杆两种。图 4 - 17 为双螺杆式制冷压缩机构造图，这种压缩机的气缸体内装有一对互相啮合的螺旋形阴阳转子（即螺杆），阳转子有四个凸形齿，阴转子有六个凹形齿，两者相互反向旋转。转子的齿槽与气缸体之间形成 V 形密封空间，随着转子的旋转，空间的容积不断发生变化，周期地吸进并压缩一定数量的气体。

螺杆式制冷压缩机气缸体轴线方向的一侧面为进气口，另一侧为排气口，而没有像活塞式压缩机那样的进气阀和排气阀。阴阳转子之间以及转子与气缸壁之间一般靠喷油密封。

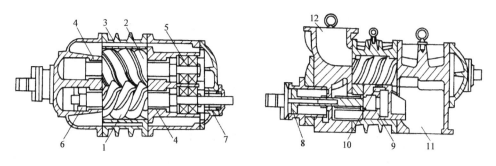

图 4-17　双螺杆式制冷压缩机的构造

1—阳转子　2—阴转子　3—机体　4—滑动轴承　5—止推轴承　6—平衡活塞　7—轴封

8—能量调节用卸载活塞　9—卸载滑阀　10—喷油孔　11—排气口　12—进气口

螺杆式制冷压缩机的优点是结构简单、体积小、易损件少、振动小、容积效率高、对湿压缩不敏感，同时，还可以实现无级能量调节。但是由于目前生产的螺杆式压缩机大都采用喷油进行冷却、润滑及密封，所以润滑油系统比较复杂而且庞大，此外还存在噪声、油耗、电耗都较大的缺点。

螺杆式制冷压缩机的工作分为进气、压缩和排气等三个过程，各工作过程的情况如图 4-18 所示。

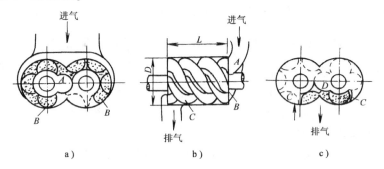

图 4-18　螺杆式压缩机的工作过程

a) 进气　b) 压缩　c) 排气

1. 进气过程

图 4-18a 中，转子旋转至位置 A 时，一个 V 形密封空间与进气口相通，开始进气，随着转子的旋转，V 形密封空间的容积不断增大，气体逐渐进入空间。当转子旋转到位置 B 时，此 V 形密封空间开始不与进气口相通，进气过程结束，此时，该空间容积达到最大，内容积等于 V_1，进气过程中进气压力为 p_1。

2. 压缩过程

图 4-18b 中，从 B 点起，转子继续旋转，密封线向排气侧移动，V 形密封空间的容积逐渐减小，空间中的气体被压缩。压缩过程一直进行到位置 C（V 形

密封空间与排气口相通时）为止。在此过程中 V 形密封空间的内容积减至 V_2，其中气体的压力由 p_1 增至 p_2。

3. 排气过程

图 4-18c 中，压力为 p_2 的气体从位置 C 开始与排气口相通，随着转子的继续旋转，V 形密封空间的气体被压入排气管，直到转子旋转至 D 点，V 形密封空间的气体完全被排出时，结束排气过程。因此，螺杆式制冷压缩机基本上没有余隙容积，容积效率高，在压缩比高的情况下仍可保持比较高的容积效率。

此外，螺杆式制冷压缩机与涡旋式制冷压缩机一样，在压缩终了时，气体的压力与排气管内气体的压力无关，而与旋转体的几何形状、排气口的位置、吸气压力和制冷剂的性质有关。这样，压缩终了的气体压力 p_2 不一定等于排气管中的压力 p，可有三种情况，即 $p_2 = p$、$p_2 < p$、$p_2 > p$，如图 4-19 所示。其中 p_2 等于 p 时，压缩过程的耗功量最小。因此，在设计此种回转压缩机时，应恰当地确定内容积比 v_1/v_2，以适应不同制冷工况的要求。

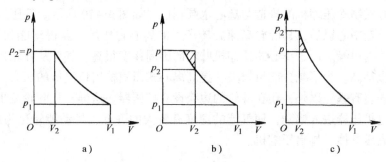

图 4-19 螺杆式制冷压缩机的 p-V 图
a) $p_2 = p$ b) $p_2 < p$ c) $p_2 > p$

第四节 离心式制冷压缩机

离心式制冷压缩机是一种速度型压缩机，通过高速旋转的叶轮对气体作功，使其流速增高。而后通过扩压器使气体减速，将气体的动能转换为压力能，气体的压力就得到相应的提高。

随着大型空气调节系统和石油化学工业的日益发展，迫切需要大型及低温制冷压缩机，离心式制冷压缩机能够很好地适应这种要求。

离心式制冷压缩机的主要优点是：

1）制冷量大，而且大型离心式压缩机的效率接近现代大型立式活塞压缩机。

2）结构紧凑、重量轻，比同等制冷量的活塞式压缩机轻 80%~88%，占地面积可以减少一半左右。

3）没有磨损部件，因而工作可靠，维护费用低。

4）运行平稳、振动小、噪声小。运行时制冷剂中不混有润滑油，故蒸发器和冷凝器的传热性能好。

5）能够经济地进行无级调节。当采用进气口导叶阀时，可使机组的负荷在30%～100%范围内进行高效率的能量调节。

6）能够合理地使用能源。大型离心式制冷压缩机耗电量非常大，为了减少发电设备、电动机以及能量转换过程的各种损失，大型离心式压缩机（制冷量在3500～4500kW以上）可用蒸气轮机或燃气轮机直接拖动，甚至再配以吸收式制冷机，达到经济合理的利用能源。

但是，由于离心式压缩机的转数很高，所以对于材料强度、加工精度和制造质量均要求严格，否则易于损坏，且不安全。此外，小型离心式压缩机的总效率低于活塞式压缩机，故适用于大型或特殊用途的场所。

一、离心式制冷压缩机结构简述

离心式制冷压缩机的构造与离心水泵相似，如图4－20所示。低压气体从侧面进入叶轮中心以后，靠叶轮高速旋转产生的离心力作用，获得动能和压力能，流向叶轮的边缘。由于离心式压缩机叶轮的圆周速度很高，气体从叶轮边缘流出的速度也很高。为了减少能量损失，提高离心式压缩机出口气体的压力，除了像水泵那样装有蜗壳以外，还在叶轮的边缘设有扩压器。这样，从叶轮流出的气体首先通过扩压器进入蜗壳，使气流的速度有较大的降低，将动能转化为压力能，以获得高压气体，排出压缩机。

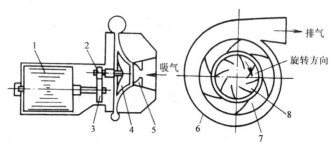

图4－20　离心式制冷压缩机的构造
1—电动机　2—增速齿轮　3—主动齿轮　4、8—叶轮
5—导叶调节阀　6—蜗壳　7—扩压器

由于对离心式制冷压缩机的制冷温度和制冷量有不同要求，需要采用不同种类的制冷剂。而且，压缩机要在不同的蒸发压力（蒸发温度）和冷凝压力下工作，这样要求离心压缩机能够产生不同的能量头。因此，离心式制冷压缩机也像离心水泵那样有单级和多级之分，也就是说，主轴上的工作叶轮可以是一个，也可以有几个。显然，工作叶轮的转数越高，级数越多，离心式压缩机产生的能量

也越高。

空调用离心式压缩机中应用得最广泛的制冷剂是 R11 和 R12，只有制冷量特别大的离心式压缩机才用 R114 和 R22 作为制冷剂。由于 R11、R12 对大气环境的影响，近期被禁止使用，目前空调用离心式压缩机应选用 R134a、R123 和 R22 作为制冷剂。

二、离心式制冷压缩机的特性

（一）喘振现象

图 4-21 所示为离心式压缩机的特性曲线，即排气量与有效能量头的关系。

图中 D 为设计点。离心式压缩机在此工况点运行时，效率最高，偏离此点效率均要降低，偏离得越远，效率降低得越多。

E 点为最大排气量点。排气量增加到此点时，压缩机叶轮进口流速达到音速 a_1，排气量不可能再继续增加。

S 点为喘振点。当压缩机的流量减少至 S 点以下时，由于制冷剂通过叶轮流道的能量损失

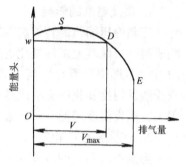

图 4-21　离心式压缩机的
特性曲线

增加较大，离心式压缩机的有效能量头将不断下降，这时，压缩机出口以外的气体就会倒流返回叶轮。例如，蒸发压力不变，由于某些原因冷凝压力上升，压缩气体所需要的能量头将有所增加，压缩机的排气量就要减少。当冷凝压力增加，排气量减少至 S 点时，离心式压缩机产生的有效能量达到最高，如果冷凝压力再增加，压缩机能够产生的能量头不敷需要，气体就要从冷凝器倒流回至压缩机。气体发生倒流后，冷凝压力降低，压缩机又可以将气体压出，送至冷凝器，冷凝压力又要不断上升，再次出现倒流。离心式压缩机运转时出现的这种气体来回倒流撞击现象称为喘振现象。产生喘振现象后，不仅造成周期性地增大噪声和振动，而且由于高温气体倒流充入压缩机，还要引起壳体和轴承温度升高，若不及时采取措施，就会损坏压缩机甚至损坏整套制冷装置，因此运转过程中应极力避免喘振现象的发生。

离心式制冷压缩机发生喘振现象的原因主要是冷凝压力过高或吸气压力过低，所以运转过程中保持冷凝压力和蒸发压力稳定，可以防止喘振的发生。但是当调节压缩机制冷能力，其负荷过小时，机器也会发生喘振，这就需要进行保护性的反喘振调节。旁通调节法是反喘振的一种措施。当要求压缩机的制冷量减少到喘振点以下时，从压缩机出口引出一部分气态制冷剂，不经冷凝直接旁通至压缩机吸气管，这样既可减少通入蒸发器的制冷剂流量，以减少该制冷系统的制冷量，又不至使压缩机的排气量过小，从而可以防止喘振现象。

（二）影响离心式压缩机制冷量的因素

从图 4 - 21 可以看出，离心式压缩机在工作范围（ $S \sim E$ 之间）运行时，排气量越小，有效能量头越高。由于冷凝温度与蒸发温度之差越大，气态制冷剂被压缩时所需的能量头就越大，所以，离心式制冷压缩机与活塞式制冷压缩机一样，都是随着冷凝温度的升高和蒸发温度的降低而实际排气量减少，从而减少了压缩机的制冷量。但是蒸发温度和冷凝温度变化对制冷量影响的程度，这两种压缩机有所区别。

1. 蒸发温度的影响

当制冷压缩机的转数和冷凝温度一定时，压缩机制冷量随蒸发温度变化的百分比示于图 4 - 22 中。从图中可看出，离心式制冷压缩机制冷量受蒸发温度变化的影响比活塞式制冷压缩机来得大，蒸发温度越低，制冷量下降得越剧烈。

2. 冷凝温度的影响

当制冷压缩机的转数和蒸发温度一定时，冷凝温度对压缩机制冷量的影响可参看图 4 - 23。从图中可以看出，冷凝温度低于设计值时，冷凝温度对离心式制冷压缩机的制冷量影响不大；但

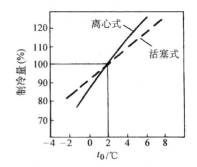

图 4 - 22　压缩机制冷量随蒸发温度变化的的百分比

是当冷凝温度高于设计值时，随冷凝温度的升高，离心式制冷压缩机的制冷量将急剧下降，这点，必须给予足够的注意。

3. 转数的影响

对于活塞式制冷压缩机来说，当蒸发温度和冷凝温度一定时，压缩机的制冷量与转数成正比关系，即转数变化的百分数也就是活塞式制冷压缩机制冷量变化的百分数。

但是离心式制冷压缩机则不然。由于压缩机产生的能量头与叶轮外缘圆周速度（或压缩机的转数）的平方成正比，所以随着转数的降低，离心式制冷压缩机产生的能量头急剧下降，故制冷量也必将急剧降低，如图 4 - 24 所示。

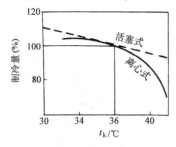

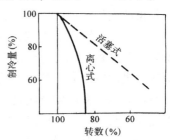

图 4 - 23　冷凝温度对压缩机制冷量的影响　　图 4 - 24　离心式制冷压缩机转数变化的影响

第五节　回转式制冷压缩机

为了提高制冷压缩机的效率，降低能耗，同时向小型化、轻型化迈进，采用回转式制冷压缩机是改革制冷压缩机的需要。

回转式制冷压缩机也属于容积式压缩机，它是靠回转体的旋转运动替代活塞式压缩机中活塞的往复运动，以改变气缸的工作容积，从而将一定数量的低压气态制冷剂进行压缩。

回转式压缩机主要有旋转式及涡旋式两种，其中旋转式制冷压缩机已商品化，分别替代着制冷量在 8～12kW 以下和制冷量为 100～1200kW 的往复式活塞制冷压缩机。涡旋式压缩机是近年来正在研制的一种回转容积式压缩机，用以替代制冷量为 8～150kW 的往复活塞制冷压缩机。回转式压缩机构造简单、容积效率高、运转平稳，能够实现高速和小型化，但由于回转式压缩机主要依靠滑动进行密封，故对精度要求较高。

一、滚动转子式制冷压缩机

滚动转子式制冷压缩机有多种，其中有一种构造如图 4-25 所示。它具有一个圆筒形气缸，其上部有进、排气孔，排气孔上装的排气阀，以防止排出的气体倒流。

气缸中心是具有偏心轮的主轴，偏心轮上套装一个可以转动的套筒。主轴旋转时，套筒沿气缸内表面滚动，从而形成一个月牙形的工作腔，该工作腔的位置随主轴旋转而变动，但该腔总容积为一定值。

气缸上部的纵向槽内装有滑板，靠弹簧作用力使其下端与转子套筒严密接触，将工作腔隔成两部分，具有进气口部分为进气腔，具有排气口部分为压缩腔或称排气腔，这两个工作腔的容积随主轴旋转而改变。

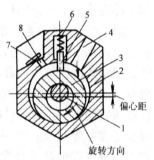

图 4-25　滚动转子式
制冷压缩机示意图
1—带偏心轮的主轴　2—气
缸　3—套筒　4—进气口
5—滑板　6—弹簧　7—排气
阀　8—排气口

图 4-26 给出了滚动转子压缩机的工作过程与主轴转角之间的关系。

主轴转角为 0 时，进气腔的容积达到最大值，腔内吸满了低压气态制冷剂。

主轴转角为 α 时，开始压缩吸满的低压气体，同时又开始了下一个进气过程。

主轴转角为 π 时，进气腔与压缩腔的容积相等。

主轴再进一步旋转，压缩腔内的气体压力则进一步增高。当主轴转角为 φ，腔内气体压力等于排气管中的压力时，排气阀开启，开始排出被压缩的气态制冷剂，而下一个进气过程仍在继续进行。

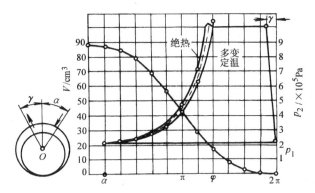

图 4-26　滚动转子式压缩机的工作过程与主轴转角之间的关系

主轴转角达到（$2\pi - \gamma$）时，排气过程结束，下一个进气过程也接近完成。从这里可以看出，滚动转子式压缩机的工作过程有两个特点：

1）一定数量的进气、压缩和排气三个过程是在转子旋转两圈中完成的，但是转子和滑板两者却同时进行着进气与压缩（或排气）过程，因而主轴每转一周平均完成一个工作循环。

2）由于构造关系，滑板与排气口、进气口之间需要空档角 γ 和 α。γ 角使气缸具有余隙容积，当排气过程结束后，其中的高压气体将膨胀进入进气腔，降低了压缩机的实际排气量。而 α 角的存在，一方面在压缩前把一小部分已吸入的气体从进气孔推出，减少了实际吸气量；另一方面又在下一个进气过程前，使进气腔中造成过度的低压，增大压缩机的耗功量，引起效率降低。因此，空档角 α 和 γ 越小越好，但是 α 或 γ 为 30° 时，其间包括的容积还不到工作腔容积的 0.5%，故滚动转子式压缩机的容积效率比较高，适用于压缩比较大的工况。

二、涡旋式制冷压缩机

涡旋式制冷压缩机的主要构造如图 4-27 所示，它主要由固定螺旋槽板和旋回的螺旋槽板组成。气态制冷剂从固定的螺旋槽板的外部被吸入，在固定螺旋槽板与旋回的螺旋槽板所形成的空间中被压缩，

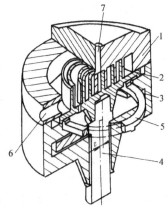

图 4-27　涡旋式制冷压缩机构造简图
1—固定螺旋槽板　2—旋回的螺旋槽板　3—壳体　4—偏心轴
5—防自转环　6—进气口
7—排气口

被压缩后的高压气态制冷剂从固定螺旋槽板中心排出。旋回的螺旋槽板绕偏心轴进行公转，如图 4-27 所示，其回转半径为 ε。为了防止旋回的螺旋槽板自转，设有防自转环，该环上部和下部的突肋分别嵌在旋回的螺旋槽板下面的和壳体的键槽内。

涡旋式制冷压缩机的工作原理如图 4 – 28 所示。其中图 4 – 28a，旋回的螺旋槽板中心位于固定螺旋槽板中心右侧，槽板密封啮合线在左右两侧，此时完成吸气过程，靠螺旋槽板间的四条啮合线组成两个封闭空间（即压缩室），从而开始了压缩过程。当旋回的螺旋槽板顺时针方向公转 90°时，如图 4 – 28b 所示，槽板间的密封啮合线也顺时针移动 90°，处于上下位置，两个密封空间内的气态制冷剂被压缩，同时，螺旋槽板外侧进行吸气过程，内侧进行排气过程。当旋回的螺旋槽板顺时针方向公转至 180°，如图 4 – 28c 所示，螺旋槽板的外、中、内三个部位分别继续进行吸气、压缩和排气过程。旋回的螺旋槽板进一步顺时针方向公转 90°，如图 4 – 28d 所示，内侧部位的排气结束；中间部位的两个封闭空间的气体压缩过程告终，即将进行排气过程，而外侧部位的吸气过程仍在继续进行。回旋的螺旋槽板再转动，则又回到图 4 – 28a 所示的位置，外侧部位的吸气过程结束，内侧部位仍在进行排气过程，如此反复。这样，从图 4 – 28 所示可以看出，涡旋式制冷压缩机的工作也分为进气、压缩和排气三个过程，但是在两个螺旋槽板所组成的不同空间进行着不同的过程，外侧空间与吸气口相通，始终处于吸气过程；中心部位与排气口相通，始终进行排气过程；上述两空间之间的两个半月形封闭空间内，则一直在进行压缩过程。因此，涡旋式制冷压缩机基本上是连续进气和排气，转矩均衡，振动小并有利于电动机在高效率点工作，而且封闭啮合线两侧的压力差较小，仅为进排气压力差的一部分。

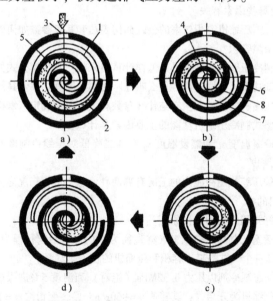

图 4 – 28　涡旋式制冷压缩机工作原理

1—旋回螺旋槽板　2—固定螺旋槽板　3—进气口　4—排气口

5—压缩室　6—吸气过程　7—压缩过程　8—排气过程

涡旋式制冷压缩机构造简单，不需要进排气阀组，在较大压缩比范围内可保持较高的容积效率，而且，允许气态制冷剂中带有液体，故很适合小型热泵系统使用。

习题与思考题

4-1 制冷压缩机的作用是什么？制冷系统中不装压缩机行不行？

4-2 制冷压缩机分为哪几类？

4-3 活塞式压缩机按所采用的制冷剂不同分为哪两类？它们之间有什么区别？

4-4 活塞式压缩机按气缸排列形式、进排气方向可分为哪几类？

4-5 开启式、半封闭式、全封闭式制冷压缩机的特点是什么？

4-6 我国中小型活塞式制冷压缩机系列型号是怎样表示的？各代号的含义是什么？

4-7 试写出压缩机 8AS12.5A、4FV12.5B 型号中各符号的意义。

4-8 试述活塞式压缩机的理想工作过程。

4-9 什么叫气缸的工作容积？什么叫压缩机的活塞排量（即理论排气量）？其计算公式如何表示？

4-10 影响活塞式压缩机实际工作过程的主要因素有哪些？

4-11 为什么压缩机的实际排气量总是小于活塞排量（即理论排气量）？实际排气量怎样计算？

4-12 什么叫压缩机的容积效率（即输气系数）？试分析影响压缩机容积效率的主要因素有哪些，各系数与哪些因素有关。

4-13 工程上计算压缩机容积效率的公式如何表达？其各参数如何确定？

4-14 什么是余隙容积？

4-15 活塞式制冷压缩机的制冷量是怎样计算出来的？其计算公式如何表达？

4-16 什么叫轴功率？怎样计算？什么叫指示功率、摩擦功率？其计算式各怎样表达？

4-17 什么叫压缩机的总效率？它与什么参数有关？怎样确定压缩机配用电动机功率？

4-18 影响活塞式制冷压缩机性能的主要因素是什么？

4-19 试分析冷凝温度 t_k 和蒸发温度 t_0 升高或降低对压缩机制冷量有什么影响？对压缩机耗功率有什么影响？

4-20 用来比较压缩机制冷能力的工况有哪两种？怎样进行工况之间的制冷量换算，其换算公式是如何导出的？

4-21 试述螺杆式压缩机的工作原理。

4-22 有一台活塞式制冷压缩机，气缸直径为 100mm，活塞行程为 70mm；四缸；转数 $n=960r/min$，试计算一个气缸的工作容积和压缩机的理论排气量。

4-23 R12 的气态制冷剂以压力 0.32MPa（绝对）和温度 5℃进入压缩机，排气压力为 1.02MPa（绝对），压缩机为开启式，其转速 $n=960r/min$，多变指数 $m=1.13$，试计算该压缩机的容积效率 η_v。

4-24 试计算 8AS-12.5 型压缩机在 $t_k=30℃$，$t_0=-15℃$，$t_{rc}=25℃$，$t_{吸}=-10℃$ 时的制冷量。已知该压缩机的气缸直径 $D=125mm$，活塞行程 $s=100mm$，转速 $n=960r/$

min，气缸数 $z=8$，制冷剂为 R717。

4-25 今有 R12 蒸气压缩式制冷系统，$t_k=30℃$，膨胀阀前液态制冷剂温度为 25℃，蒸发温度 $t_0=-15℃$，压缩机吸气温度为 -10℃，系统的制冷量为 17.5kW，若不考虑流动阻力和传热损失，试确定所需的压缩机的排气量 V_h。若指示效率 $\eta_i=0.9℃$，压缩机与电动机直联；机械效率（即摩擦效率）$\eta_m=0.9$，问压缩机配用的电动机功率为多少?

4-26 今有一台 6FW12.5 型压缩机，其气缸直径 $D=125mm$，活塞行程 $s=100mm$，转速 $n=960r/min$，采用 R22 作制冷剂，试估算该压缩机在空调工况下的制冷量。

4-27 有一台 2AV12.5 制冷压缩机，其标准工况下的制冷量为 11.63kW，试问在空调工况下它的制冷量为多少?

4-28 已知 4AV12.5 型氨压缩机在标准工况下的制冷量为 122.10kW，现在实际工况下的蒸发温度 $t_0=0℃$，冷凝温度 $t_k=30℃$，试换算在实际工况下的制冷量（k_i 值见表 4-2）。

第五章　压缩式制冷系统的设备和自控装置

在制冷系统中除了起心脏作用的压缩机外，还有冷凝器、蒸发器、节流机构三个主要设备以及其他辅助设备和自控装置。这些设备和控制装置的好坏，直接影响制冷装置运行的经济性和安全可靠性，因此在设备选择和运行操作管理中必须了解各个设备的性能、构造和工作原理。

第一节　冷凝器和蒸发器

冷凝器和蒸发器是制冷系统中的主要热交换设备，制冷系统的性能和运行的经济性在很大程度上取决于冷凝器与蒸发器的传热能力。因此，正确选择冷凝器和蒸发器对提高制冷装置的制冷性能有着十分重要的意义。本节主要介绍氨和氟利昂压缩式制冷系统中所用的冷凝器和蒸发器。

一、冷凝器的种类、构造和工作原理

冷凝器的作用是将压缩机排出的高温高压制冷剂蒸气的热量传递给冷却介质（空气或水）后冷凝为高压液体，以达到制冷循环的目的。

冷凝器按其冷却介质的不同，可分为水冷式、空冷式（风冷式）、水—空气冷却式三类。

（一）水冷式冷凝器

这一类冷凝器是以水作为冷却介质，常用的冷却水有江水、河水、自来水等。冷却水可以一次流过冷凝器，也可以经过冷却塔冷却后再循环使用。

常用的水冷式冷凝器有立式壳管式冷凝器、卧式壳管式冷凝器和套管式冷凝器等，现分别介绍如下。

1. 立式壳管式冷凝器

这种冷凝器的构造如图 5-1 所示，其外壳是由钢板卷焊而成的大圆筒，上下两端各焊一块多孔管板，板上用胀管法或焊接法固定着许多无缝钢管。冷凝器顶部装有配水箱，箱内设有均水板。冷却水自顶部进入水箱后，被均匀地分配到各个管口，每根钢管顶端装有一个带斜槽的导流管嘴，如图5-2所示。冷却水通过斜槽沿

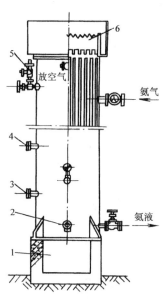

图 5-1　立式壳管式
冷凝器的构造
1—水池　2—放油阀
3—混合气体管　4—平衡管
5—安全阀　6—配水箱

切线方向流入管中，并以螺旋线状沿管内壁向下流动，在管内壁形成一层水膜，这样可使冷却水充分吸收制冷剂的热量而节省水量。沿管壁顺流而下的冷却水流入冷凝器下部的钢筋混凝土水池内。通常在冷凝器的一侧需装设扶梯，便于攀登到配水箱进行检查和清除污垢。

高温高压的氨气从冷凝器上部管接头进入管束外部空间，凝结成的高压液体从下部管接头排至贮液器。此外，在冷凝器的外壳上还设

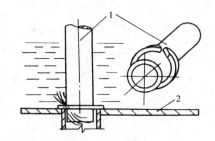

图 5-2 导流管嘴
1—导流管嘴 2—管板

有液面指示器、压力表、安全阀、放空气管、平衡管（即均压管）、放油管和放混合气（即不凝性气体）等管接头，以便与相应的设备和管路相连接。

立式壳管式冷凝器的优点是，垂直安装，占地面积小，可安装在室外，无冻结危险，便于清除水垢，而且清洗时不必停止制冷系统的运行，对冷却水的水质要求不高。其主要缺点是耗水量大、笨重、搬运不方便，制冷剂在里面泄漏不易发现。尽管如此，目前我国大中型氨制冷装置中多采用此种冷凝器。

2. 卧式壳管式冷凝器

图 5-3 为卧式壳管式冷凝器。卧式壳管式冷凝器用钢板焊成卧式圆筒形壳体，壳体内装有许多根无缝钢管，用焊接或胀接法固定在筒体两端的管板上，两端管板的外面用带有隔板的封盖封闭，使冷却水在筒内分成几个流程。冷却水在管内流动，从一端封盖的下部进入，按顺序通过每个管组，最后从同一端封盖上部流出。这样可以提高冷却水的流动速度，增强传热效果。

高压高温的氨气从上部进入冷凝器管间，与管内冷却水充分发生热量交换后，氨气冷凝为氨液从下部排至贮液器。

筒体上设有安全阀、平衡管、放空气管和压力表、冷却水进出口等管接头。此外，在封盖上还设有放空气阀和放水阀，在冷凝器开始运转时，可打开放空气阀，以排除冷却水管内的空气，冷凝器检修或停止运转时，可利用放水阀将其冷却水排出。

卧式壳管式冷凝器的主要优点是传热系数较高，耗水量较少，操作管理方便。但是要求冷却水的水质要好，清洗水垢时不太方便，需要停止冷凝器的工作。这种冷凝器一般应用在中、小型制冷装置中，特别是在压缩式冷凝机组中使用最为广泛。

氟利昂用卧式壳管式冷凝器与氨用卧式壳管式冷凝器不同之处在于用铜管代替无缝钢管。由于氟利昂侧放热系数较低，所以在铜管外表面轧成肋片状；此外，由于氟利昂能和润滑油相溶解，润滑油随氟利昂一起在整个系统内循环，所以不需要设放油管接头。

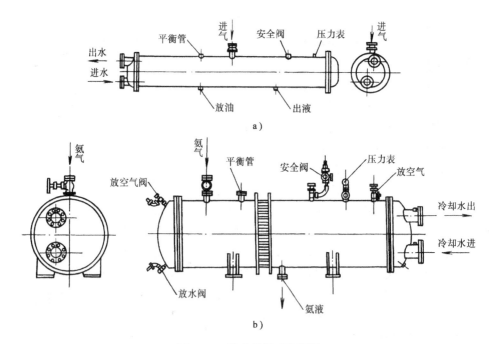

图 5-3 卧式壳管式冷凝器

冷凝器的下侧还设有一个安全塞，用易熔合金制成，当遇火灾或严重缺水时，熔塞自行熔化，氟利昂能自动地从冷凝器排出，避免发生爆炸。

3. 套管式冷凝器

套管式冷凝器一般用于小型氟利昂制冷机组，例如柜式空调机、恒温恒湿机组等，其构造见图 5-4。它的外管采用 φ50mm 的无缝钢管，内管套有一根或若干根纯铜管或低肋铜管，内外管套在一起后，用弯管机弯成圆螺旋形。

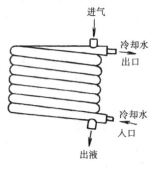

图 5-4 套管式冷凝器

冷却水在内管流动，流向为下进上出；制冷剂在大管内小管外的管间流动，制冷剂由上部进入，凝结后的制冷剂液体从下面流出。制冷剂与冷却水的流动方向相反，呈逆流换热，因此，它的传热效果好。

套管式冷凝器的优点是结构简单、制造方便、体积小、紧凑、占地少、传热效果好；缺点是冷却水流动阻力大、清洗水垢不方便、单位传热面积的金属消耗量大。

（二）空冷式冷凝器

空冷式冷凝器又称风冷式冷凝器，它是用空气作为冷却介质使制冷剂蒸气冷凝为液体。根据空气流动的方式可分为自然对流式和强迫对流式。自然对流冷却的空冷式冷凝器传热效果差，只用在电冰箱或微型制冷机中，强迫对流冷却的冷凝器广泛应用于中小型氟利昂制冷的空调装置。

图5-5所示为空冷式冷凝器。制冷剂蒸气从进气口进入各列传热管中，空气以2~3m/s的迎面流速横向掠过管束，带走制冷剂的冷凝热，制冷剂液体由下部排出冷凝器。

空冷式冷凝器由于空气侧的放热系数较小，其传热系数为：强迫对流式（以外表面积为准）约为24~28W/$(m^2 \cdot ℃)$，自然对流式约为7~9W/$(m^2 \cdot ℃)$。为了强化空气侧的传热，传热管均采用肋片管。肋片管分为铜管铝片、铜管铜片和钢管铜片。通常采用铜管铝片。

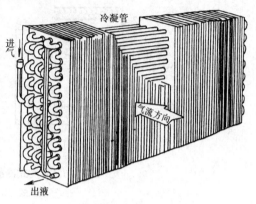

图5-5 空冷式冷凝器

空冷式冷凝器和水冷式冷凝器相比较，其优点是可以不用水，使冷却系统变得十分简单，因此它适宜于缺水地区或不适合用水的场所（如冰箱、冷藏车等）。一般情况下，它不受污染空气的影响（即一般不会产生腐蚀）；而水冷式冷凝器用冷却塔的循环水时，则水有被污染的可能，进而腐蚀设备。

这种冷凝器的冷凝温度受环境温度影响很大。夏季的冷凝温度可高达50℃左右，而冬季的冷凝温度就很低。太低的冷凝压力会导致膨胀阀的液体通过量减小，使蒸发器缺液而制冷量下降。因此，应注意防止空冷式冷凝器冬季运行时压力过低，也可采用减少风量或停止风机运行等措施弥补。

（三）蒸发式冷凝器

蒸发式冷凝器是以水和空气作为冷却介质。它是利用冷却水喷淋时蒸发吸热，吸收高压制冷剂蒸气的热量，同时利用轴流风机使空气由下而上通过蛇形管使管内制冷剂气体冷凝为液体。

蒸发冷凝器根据中轴流风机安装的位置不同可分为吸入式和压送式，其构造见图5-6a、b，它是由换热盘管、供水喷淋系统和风机三部分组成。

换热盘管部分是由光管或肋管组成的蛇形管组，每列蛇形管垂直布置，上端与进气集管相接，下端与出液集管相连。整个管组安装在一立式箱体内的上半部，制冷剂蒸气由上部的进气管分配给每一根蛇形管，与冷却介质换热后制冷剂冷凝为液体经出液集管流入贮液器。

供水系统包括水箱、循环水泵、喷淋器和挡水板以及水管。水泵将水箱中的冷却水打到管组的上方，经喷嘴喷淋到管组的表面，使其形成均匀的水膜向下流

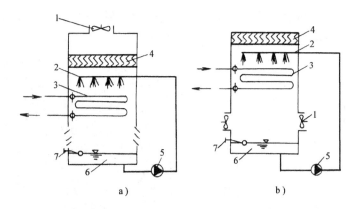

图 5 - 6　蒸发式冷凝器构造示意图

a）吸入式　b）压送式

1—风机　2—淋水装置　3—盘管

4—挡水板　5—水泵　6—水箱　7—浮球阀补水

动，最后落入箱体底部的水箱中，如此循环。上部挡水板的作用是降低冷却水随气流的飞散损耗。

吸入式和压送式蒸发冷凝器都是蛇形盘管的传热面，管内走制冷剂，管外喷淋循环水，水吸收高压高温制冷剂蒸气的热量而蒸发，而空气自下而上掠过盘管，并带走蒸发的水分，上部的挡水板可防止未蒸发的水滴被空气带走。风机安装在上部，冷凝盘管位于风机吸气端的是吸入式蒸发冷凝器。吸入式冷凝器由于空气均匀地通过冷凝盘管，所以传热效果好，但风机电动机的工作条件恶劣，在高温高湿条件下运行，易发生故障。风机安装在下部，冷凝盘管位于风机压出端的是压送式蒸发冷凝器，风机电动机的工作条件好，但空气通过冷凝盘管不太均匀。

蒸发式冷凝器的优点是：

1）与水冷式冷凝器相比，循环水量和耗水量减少。水冷式冷凝器靠水的温升带走制冷剂的热量，1kg 水大约带走 25 ~ 35kJ（温升 6 ~ 8℃）的热量，而 1kg 水蒸发带走 2450kJ 的热量，所以理论上蒸发式冷凝器耗水量只是水冷式耗水量的 1%（质量分数）。实际上，由于漏水和空气中夹带水滴等的耗水，补水量约为水冷式冷凝器耗水量的 5% ~ 10%（质量分数）。此外，蒸发式冷凝器中循环水量以能够形成管外水膜为度，水量不需要很大，所以，降低了水泵的耗功率。

2）与风冷式冷凝器相比，其冷凝温度低，尤其是在干燥地区更明显。

蒸发式冷凝器的缺点是：

1）蛇形盘管容易腐蚀，管外易结垢，且维修困维。

2）既消耗水泵功率，又消耗风机功率。但风机和水泵的电耗不是很大，对于每 1kW 的热负荷，循环水量为 0.014 ~ 0.019kg/s，空气流量为 0.024 ~ 0.048m³/s，而水泵和风机的耗电量为 0.02 ~ 0.03kW。

蒸发式冷凝器适用于缺水地区，可以露天安装，广泛应用于中小型氨制冷系统。

二、冷凝器的选择计算

冷凝器的选择计算主要是确定冷凝器的传热面积，选定适用型号的冷凝器，计算冷却介质（水或空气）的流量，以及冷却介质通过冷凝器时的流动阻力。

（一）冷凝器选择的原则

冷凝器形式的选择主要取决于当地的水温、水质、水源、气象条件以及制冷机房布置要求等因素。对于冷却水水质较差、水温较高、水量充足的地区宜采用立式壳管式冷凝器；水质较好，水温较低的地区宜采用卧式壳管式冷凝器；小型制冷装置可选用套管式冷凝器；在水源不足的地区或夏季室外空气湿度小、温度较低的地区可采用蒸发式冷凝器。如果冷却水采用循环使用时，应根据制冷装置的要求合理选择冷凝器。

（二）冷凝器传热面积的计算

1. 冷凝器传热面积的计算公式

冷凝器传热基本方程式为

$$\phi_k = KA\Delta\bar{t} \tag{5-1}$$

式中　ϕ_k——冷凝器的热负荷（kW）；

　　　K——冷凝器的传热系数 [W/（m²·℃）]；

　　　A——冷凝器的传热面积（m²）；

　　　$\Delta\bar{t}$——冷凝器的传热平均温差（℃）。

因此，冷凝器传热面积计算公式为

$$A = \frac{\phi_k}{K\Delta\bar{t}} = \frac{\phi_k}{\Psi} \tag{5-2}$$

式中　Ψ——冷凝器的热流密度（W/m²）。

下面分别讨论 ϕ_k、K 和 $\Delta\bar{t}$ 等参数的确定方法。

2. 冷凝器的热负荷 ϕ_k

冷凝器的热负荷是指制冷剂在冷凝器中放给冷却水（或空气）的热量。如果忽略掉压缩机和排气管表面散失的热量，那么，高压制冷剂蒸气在冷凝器中所放给冷却水（或空气）的热量应等于制冷剂在蒸发器中吸收被冷却物体的热量（制冷量 ϕ_0），再加上低压制冷剂蒸气在压缩机中压缩成高压制冷剂蒸气所消耗的功转化成热量。这样，冷凝器的热负荷为

$$\phi_k = \phi_0 + P_i \tag{5-3}$$

由于压缩机的指示功率 P_i 与制冷量有关，因此上式也可简化为

$$\phi_k = \varphi\phi_0 \tag{5-4}$$

式中　φ——冷凝负荷系数。它与冷凝温度 t_k、蒸发温度 t_0、制冷剂种类等因素有关。蒸发温度愈低，冷凝温度愈高，φ 值就愈大。φ 值可由图 5-7、图 5-8 和图 5-9 查得，也可由制冷工程设计手册中查得。

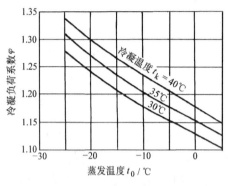

图 5-7　R717 制冷压缩机冷凝负荷系数

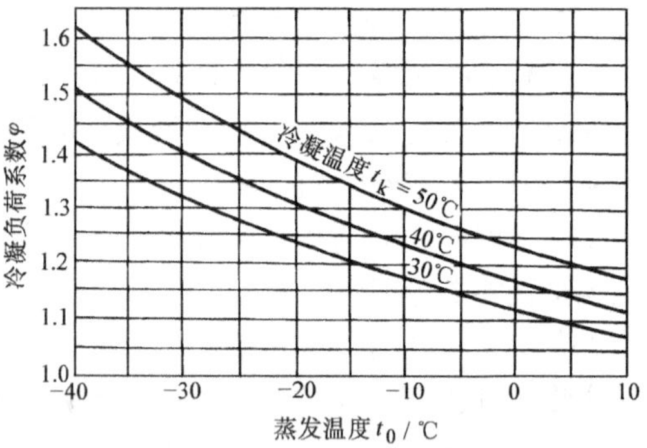

图 5-8　R12 制冷压缩机冷凝负荷系数

例如，某 R717 制冷系统，当蒸发温度为 -20℃，冷凝温度为 40℃时，查图 5-7 得 $\varphi = 1.3$。这就是说，该制冷系统在上述工况下运行时，每 kW 制冷量在冷凝器中要放出 1.3kW 热量。

3. 冷凝器的传热系数 K

1）对于水冷式（立式壳管式和卧式壳管式）冷凝器，按外表面计算。

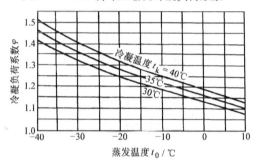

图 5-9　R22 制冷压缩机冷凝负荷系数

$$K = \left[\frac{1}{\alpha_0} + R_1 + \frac{d_0}{d_i}\left(R_2 + \frac{1}{\alpha_w}\right) \right]^{-1} \tag{5-5}$$

式中　α_0，α_w——分别为制冷剂的凝结放热系数和水侧的放热系数 [W/（$m^2 \cdot$℃）]；

R_1，R_2——分别为油膜热阻和水垢热阻 [（$m^2 \cdot$℃）/W]；

d_0，d_i——分别为传热管的外径和内径（m）。

2）采用肋片铜管的壳管式冷凝器，按外表面（包括肋片的面积）计算。

$$K = \left[\frac{1}{\eta\alpha_0} + \tau\left(R_2 + \frac{1}{\alpha_w}\right) \right]^{-1} \tag{5-6}$$

式中　η——肋干管总效率，对于低肋管 $\eta = 1$；

τ——外表面与内表面的面积比。

4. 传热平均温差 $\Delta\bar{t}$

制冷剂在冷凝器中冷却冷凝时是一个变温过程。进入冷凝器的制冷剂是过热蒸气，通过与冷却介质发生热量交换，由过热蒸气冷却冷凝为饱和蒸气→饱和液体→过冷液体。因此，在冷凝器内制冷剂的温度并不是定值，如图 5 - 10 所示。即分为过热区、饱和区和过冷区三个区。冷却水一侧则由进水温度升高到出水温度，空气也一样。这样计算两者之间的传热平均温差客很复杂。考虑到制冷剂的放热主要在中间的冷凝段，即由饱和蒸气凝结成饱和液体，而此时的温度是一定的，为了简化计算，把制冷剂的温度认定为冷凝温度，因此在计算传热平均温差时应用下面的公式。

$$\Delta \bar{t} = \frac{t_2 - t_1}{\ln \dfrac{t_k - t_1}{t_k - t_2}} \qquad (5-7)$$

式中　t_1、t_2——分别为冷却剂的进出口温度（℃）；

　　　　t_k——制冷剂的冷凝温度（℃）。

由此可见，只要确定制冷剂的冷凝温度 t_k 和冷却介质进出口温度 t_1、t_2，就可求得 $\Delta \bar{t}$。

知道了 ϕ_k、K 和 $\Delta \bar{t}$ 之后，即可利用式（5-2）计算传热面积。各种冷凝器的 K 值和 Ψ 值见表 5-1。

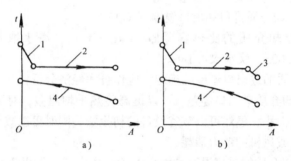

图 5 - 10　冷凝器中制冷剂和冷却剂温度变化示意图

a）无过冷　b）有过冷

1—过热蒸气冷却　2—凝结　3—液态制冷剂过冷　4—冷却剂温度

表 5 - 1　各种冷凝器的 K 和 Ψ 值表

形　式		传热系数 K/[W/（m²·K）]	热流密度 Ψ/（W/m²）	使用条件
氨冷凝器	立式壳管冷凝器	700~800	3500~4500	单位面积冷却水量 1~1.7m³/（m²·h）
	卧式壳管冷凝器	700~900	3500~4600	单位面积冷却水量 0.5~0.9m³/（m²·h）
	蒸发式冷凝器	580~700		单位面积循环水量 0.12~0.16m³/（m²·h），单位面积通风量 300~340m³/（m²·h），补充水按循环水量 5%~10% 计

（续）

形　式		传热系数 $K/$ [W/（m²·K）]	热流密度 $\Psi/$ （W/m²）	使用条件
R12 R22 冷凝 器	卧式管壳冷凝器 （肋管）	870~930	4650~5230	水流速为 1.7~2.5m/s，平均传热温差 5~7℃
	套管式冷凝器	1100	3500~4000	水流速为 1~2m/s
	风冷式冷凝器	24~30	230~290	空气迎面风速为 2~3m/s，平均传热温 差 8~12℃

（三）冷却介质流量的计算

冷却介质（水或空气）流量的计算是基于热量平衡原理，即冷凝器中制冷剂放出的热量等于冷却介质所带走的热量，即

$$\phi_k = M c_p (t_2 - t_1)$$

$$M = \frac{\phi_k}{c_p (t_2 - t_1)} \qquad (5-8)$$

式中　ϕ_k ——冷凝器的热负荷（kW）；

　　　M ——冷却介质的质量流量（kg/s）；

t_1、t_2 ——冷却介质进口和出口温度（℃）；

　　　c_p ——冷却介质的比热容 [kJ/（kg·℃）]，海水取 4.312，空气取
　　　　　　1.005，淡水取 4.186。

对于冷却介质的进出口温差的确定，应作技术经济分析：

1）提高冷却介质进出口温差，可以提高传热平均温差，对于一定的冷凝负荷，可减少传热面积，显然可以节省设备的初投资，同时可以减少冷却介质的流量，又可减少泵或风机的动力消耗。

2）一般冷却介质的进口温度是由自然条件决定的，所以提高进出口温差实际上是提高出口温度，其结果必然是提高了冷凝温度，因为冷凝温度要比冷却介质的出口温度高 3~5℃。而冷凝温度升高会使压缩机的耗功率增加，同时还会使压缩机的容积效率降低，排气温度升高。所以在选择冷却介质的进出口温差时必须综合考虑，合理地选择。

① 水冷式冷凝器进出口温差一般为：立式壳管式冷凝器 2~4℃；卧式壳管式和套管式冷凝器 4~6℃。

② 空冷式冷凝器进出口温差不宜超过 8℃。

③ 传热平均温差 Δt 可按下列数据选取。

水冷式冷凝器：5~7℃；

空冷式冷凝器：8~12℃。

对于蒸发式冷凝器，它是靠水的蒸发带走冷凝热量，管外侧的水温基本不变

的，而管外掠过的空气主要是把蒸发的水蒸气带走，空气的温升较小，其传热平均温差可按下式计算。

$$\Delta \bar{t} = t_k - t_{pj}$$

式中 t_{pj}——空气的平均温度，其取值为进口温度加1℃。而冷凝温度为

$$t_k = t_s + (8 \sim 15℃)$$

t_s——夏季空调室外计算湿球温度（℃）。

[**例 5 - 1**] 某氨制冷系统，冷凝器用循环水，进水温度 $t_1 = 31℃$，当蒸发温度 $t_0 = -15℃$ 时，压缩机制冷量 $\phi_0 = 93100W$；试计算卧式冷凝器的传热面积和冷却水量。

[**解**] 1. 冷凝器的热负荷 ϕ_k

冷却水为循环水，取冷却水温升 $\Delta t = 5℃$，出水温度 $t_2 = t_1 + 5℃ = (31 + 5)℃$

$= 36℃$，冷凝温度 t_k 比冷却水平均温度高5℃，则冷凝温度 $t_k = \dfrac{t_1 + t_2}{2} + 5℃ =$

$\left(\dfrac{31 + 36}{2} + 5\right)℃$，可取 39℃，根据图 5 - 7 查得 $\varphi = 1.245$，则

$$\phi_k = (1.245 \times 93100) \; W = 115910W$$

2. 传热系数 K

查表 5 - 1，取 $K = 820 \; [W/(m^2 \cdot K)]$。

3. 传热平均温差 $\Delta \bar{t}$

$$\Delta \bar{t} = \frac{t_2 - t_1}{\ln \dfrac{t_k - t_1}{t_k - t_2}} = \left(\frac{36 - 31}{\ln \dfrac{39 - 31}{39 - 36}}\right)℃ = 5.1℃$$

4. 冷凝器的传热面积 A

$$A = \frac{\phi_k}{K \Delta t} = \left(\frac{115910}{820 \times 5.1}\right) m^2 = 27.72 m^2$$

考虑 10% 的裕量，则

$$A = (1.1 \times 27.72) \; m^2 = 30.49 m^2$$

根据产品样本或设备手册，选 DWN—32 卧式壳管式冷凝器一台，其传热面积 $A = 33.65 m^2$。

5. 冷却水流量 M

$$M = \frac{\phi_k}{c_p (t_2 - t_1)} = \left(\frac{115910}{4.186 \times (36 - 31)}\right) kg/s = 5.54 kg/s \; (19.93 t/h)$$

（四）提高冷凝器换热效率的途径

提高冷凝器换热效率有两个方面，其一是设备制作的优化设计，在设备结构上有利于提高换热效率；其二是设备用户在运行管理中应当排除各种不利因素，使得设备总是处于高效的换热状态。要想达到上述目标，应采取以下措施：

（1）改变传热表面的几何特征　例如在垂直管的外表面上开槽构成纵向肋片管。某厂曾经进行过氨在纵向肋片管的管外冷凝试验，证明这种措施能使氨侧放热系数有所提高。对于横管采用低肋管在氟利昂冷凝器中已被广泛采用。采取这些措施不仅增大了传热面积，而且大大提高了传热效率。

（2）及时排除制冷系统中的混合气体（又称不凝性气体）　在系统中会存在一些空气和制冷剂及润滑油在高温下分解出来的氮气、氢气等，这些气体的存在会影响制冷剂蒸气的凝结，从而影响其传热效率，所以在制冷系统中要及时排除不凝性气体。

（3）要及时将系统中的润滑油分离出去　在制冷系统中，压缩机中的润滑油雾化后随高压制冷剂蒸气排出。为了防止润滑油进入冷凝器，在冷凝器前设置了油分离器，将系统中大部分油分离出去，防止冷凝器中形成较厚油膜，影响冷凝器的换热效率。

（4）要及时清洗水垢　在运行过程中要注意水质情况，水垢层达到一定程度时应及时清洗冷凝器。

三、蒸发器的种类、构造和工作原理

蒸发器也是一种热交换设备，它的作用是低压低温的制冷剂液体在其中蒸发吸热，吸收被冷却物体的热量，以达到制冷的目的。

（一）蒸发器的种类

1. 按供液方式不同分类

按供液方式的不同，蒸发器可分为满液式、非满液式、循环式和喷淋式四种，如图5-11所示。

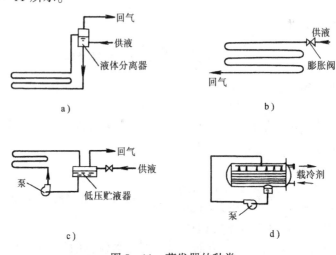

图5-11　蒸发器的种类

a）满液式　b）非满液式　c）循环式　d）喷淋式

（1）满液式蒸发器（图5—11a） 该蒸发器的特点是设气液分离器，它是利用制冷剂重力来向蒸发器供液，蒸发器内充满了液态制冷剂。由于蒸发器的传热表面与制冷剂接触，因此，沸腾放热系数较高，但是它需要充入大量的制冷剂。另外，如果采用与润滑油溶解的制冷剂（如R12），润滑油将难以返回压缩机。属于这类蒸发器的有立管式、螺旋管式和卧式壳管式蒸发器等。

（2）非满液式蒸发器（图5—11b） 该蒸发器的特点是制冷剂液体经膨胀阀节流降压后直接进入蒸发器，在蒸发器内制冷剂处于气、液共存的状态。由于有一部分传热面与气态制冷剂相接触，所以其传热效果不及满液式。其优点是充液量少，只需满液式的1/2～1/3或更少。润滑油容易返回压缩机。属于这类蒸发器的有干式壳管式蒸发器、直接蒸发式空气冷却器和冷却排管等。

（3）循环式蒸发器（图5—11c） 它的特点是设低压循环贮液器，用泵向蒸发器强迫循环供液，因此沸腾放热系数较高，并且润滑油不易在蒸发器中积存。由于它的设备费较高，所以目前只在大、中型冷藏库中使用。

（4）喷淋式蒸发器（图5—11d） 其特点是用泵将制冷剂液体喷淋在传热面上，这样可减少制冷剂的充液量，又能消除静液高度对蒸发温度的影响。由于设备费用较高，故适用于蒸发温度很低、制冷剂价格较高的制冷装置。

2. 按被冷却介质的种类不同分类

（1）冷却液体（水或盐）的蒸发器 属于这类蒸发器的有直立管式蒸发器、螺旋管式蒸发器、卧式壳管式蒸发器、盘管式蒸发器。

（2）冷却空气的蒸发器 属于此类蒸发器的有冷却排管、冷风机、直接蒸发式空气冷却器。

（二）蒸发器的构造及工作原理

1. 冷却液体的蒸发器

（1）直立管式蒸发器 这种蒸发器如图5—12所示。蒸发管组装在一个长方形的水箱内，水箱由钢板焊接而成，其中装有二排或多排蒸发管组，每排蒸发管组由上集管、下集管和许多焊在两集管之间的末端微弯的立管所组成。上集管的一端焊有气液分离器（即粗竖管），分离器下面有一根立管与下集管相通，使分离出来的液滴流回下集管。下集管的一端与集油器相连，集油器的上端接有均压管与吸气管相通。

每组蒸发管组的中部有一根穿过上集管通向下集管的竖管，如图中剖面1—1，这样，保证液体直接进入下集管，并能均匀地分配到各根立管。立管内充满液态制冷剂，其液面几乎达到上集管。制冷剂液体在管内吸收冷冻水的热量后不断气化，气化后的制冷剂通过上集管经气液分离器分离后，液体返回下集管，蒸气从上部引出被压缩机吸走。

冷冻水从上部进入水箱，被冷却后由下部流出。水箱中装有搅拌器和纵向隔

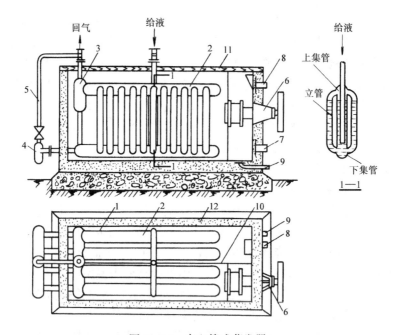

图 5－12　直立管式蒸发器

1—水箱　2—管组　3—气液分离器　4—集油罐　5—均压管　6—螺旋搅拌器
7—出水口　8—溢流口　9—泄水口　10—隔板　11—盖板　12—保温层

板，使水箱中的冷冻水按一定的方向和速度循环流动，通常水流速度为 0.5 ～
0.7m/s。水箱上部装有溢流口，当冷冻水（或盐水）过多时可从溢流口排出。
底部又装有泄水口，以备检查清洗时将水放空。

直立管式蒸发器传热效果良好，当用于冷却淡水时，其传热系数约为 500 ～
550W/（m² · K）；冷却盐水时，传热系数约为 400 ～ 450W/（m² · K），广泛地
用于氨制冷系统。

为减少冷量损失，水箱底部和四周外表面应作隔热层。

这种蒸发器属于敞开式设备，其优点是便于观察、运行和检修；缺点是用盐
水作为载冷剂时，与大气接触容易吸收空气中水分降低了盐水浓度，需经常加入
固体盐，同时会使腐蚀加快。

（2）螺旋管式蒸发器　为了降低直立管式蒸发器的高度和提高传热效果，
我国一些冷冻机厂生产了螺旋管式蒸发器，并在氨制冷系统中获得广泛的应用。
这种蒸发器与直立管式蒸发器的主要区别在于用许多双圈螺旋管代替两集管之间
的直立管，因此，当传热面积相同时，其外形尺寸比直立管小，结构紧凑，又可
减少焊接的工作量，传热系数比直立管式要大。

（3）卧式壳管式蒸发器　这种蒸发器的构造如图 5－13。它的构造与卧式冷
凝器相似，其外壳是用钢板焊成圆筒体，在筒体的两端焊有管板，钢管用焊接或

胀接在管板上。制冷剂在管外空间气化，载冷剂（冷冻水或盐水）在管内流动。为了保证载冷剂在管内具有一定的流速，在两端盖内铸有隔板，使载冷剂多流程通过蒸发器。

制冷剂液体通过浮球阀节流降压后，由壳体下部进入蒸发器内吸收冷冻水或盐水的热量而气化，气化后的制冷剂蒸气上升至干气室（起气液分离作用），分离出的液滴流回蒸发器内，蒸气被压缩机吸走。氨蒸发器壳体底部焊有集油器，沉积下来的润滑油可从放油管放出。

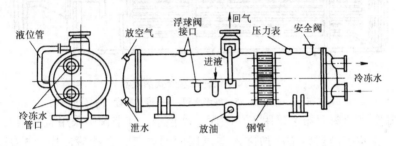

图 5 – 13　卧式壳管式蒸发器

为了能观察到蒸发器内的液位，在顶部干气室和壳体之间装设一根旁通管，旁通管上的结霜处即表示蒸发器内的液位。

为了避免未气化的液体被带出蒸发器，其充液量应该不浸没全部传热表面，一般氨制冷系统，其充液高度约为筒径的 70% ~ 80%；氟利昂制冷系统，其充液量为筒径的 55% ~ 65%。

卧式壳管式蒸发器传热性能好，结构紧凑，制冷剂为氨时，平均传热温差 $\Delta \bar{t}$ 为 5 ~ 6℃，蒸发温度在 +5 ~ -15℃ 的范围内，管内水流速 $v = 1.0 - 1.5 \mathrm{m/s}$ 时，其传热系数约为 450 ~ 500W/（$\mathrm{m}^2 \cdot \mathrm{K}$）。但是，当用来冷却普通淡水时，其出水温度应控制在 2℃ 以上，否则易发生冻结现象，致使传热管冻裂。

在氟利昂系统中，目前也使用卧式壳管式蒸发器，所不同的是采用低肋铜管代替光滑钢管，这样可以提高制冷剂的沸腾放热系数。为了使润滑油随制冷剂蒸气返回压缩机，采用干式壳管式蒸发器（属非满液式蒸发器），即制冷剂在管内蒸发吸热，冷冻水在管间流动。

（4）盘管式蒸发器　盘管式蒸发器是小型氟利昂开式循环制冷装置中常用的一种水冷却器，其结构如图 5 – 14 所示，它是由若干组铜管盘绕成蛇形管组成。蛇形管用纯铜管弯制，氟利昂液体经分液器从蛇形管的上部进入，气化产生的蒸气由下部导出，蛇形管组沉浸在水（或盐水）箱中，水在搅拌器的作用下，在箱内循环流动

2. 冷却空气的蒸发器

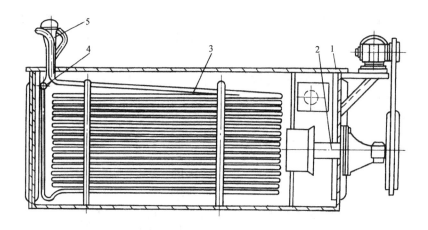

图 5 – 14 氟利昂盘管式蒸发器

1—水箱 2—搅拌器 3—蛇形管组 4—蒸气集管 5—分液器

冷却空气的蒸发器主要用于冷藏库、冰柜中，在空调中采用直接蒸发式空气冷却器（又称表冷器）来冷却进入空调房间的空气。在冷藏库中，根据库房采用的冷却方式不同可采用冷却排管或冷风机。一般在自然对流式冷却的库房中设置冷却排管；强制循环式冷却的库房中设置冷风机；混合冷却式库房中则同时采用冷却排管和冷风机。

（1）冷却排管 根据冷却排管的安装位置不同，可分为墙排管、顶排管、搁架式排管，按传热管表面形式分有光滑排管和肋片排管。

1）盘管式墙排管。这种冷却排管多采用直径为 38mm × 2.2mm 的无缝钢管制成，管组中每根管子总长度一般不超过 12m，管子中心之间的距离为 110 ~ 220mm，角钢支架的距离为 3m。管子根数为双数，以便进液和回气在同一侧，有利于管道的安装连接。

在重力供液系统中，氨液从下部进入，氨气则从上部引出。在氨泵供液系统中也可采用上进下出。氨制冷系统中采用的盘管式墙排管有两种类型，一种是光滑盘管，另一种是肋片盘管。图 5 – 15 所示为光滑盘管式墙排管，它的结构简单，制作方便。

在氟利昂制冷系统中采用盘管式墙排管，液体从上部进入，气体从下部排出，从而保证了润滑油在系统中的正常循环。

2）立管式墙排管。这种墙排管如图 5 – 16 所示。一般采用直径 38mm × 2.2mm 或 57mm × 3.5mm 的无缝钢管，高度为 2.5 ~ 3.5m 的竖管组成，管间的中心距离为 110 ~ 130mm，竖管焊接在 76mm × 3.5mm 或 89mm × 3.5mm 的上、下横管上。

氨液从下横管进入，氨气由上横管排出。

它的优点是制冷剂气体容易排出，保证了传热效果；缺点是当墙排管高度较

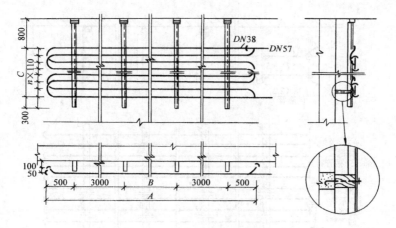

图 5-15 光滑盘管式墙排管

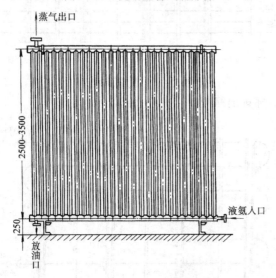

图 5-16 立管式墙排管

高时，由于液柱静压的作用，从而使下部制冷剂的蒸发温度提高。

3）顶排管。如图 5-17 所示，顶排管吊装在冷藏或冷冻间的顶棚或楼板下面。光滑顶排管是用直径 38mm×2.2mm 的无缝钢管制作，每组排管上各有上下两根集管，下集管进液，上集管回气。

4）搁架式排管。这种排管主要用于冻结盘装食品，其构造如图 5-18 所示。排管一般采用直径 38mm×2.2mm 或 57mm×3.5mm 无缝钢管制作，宽度为 800～1200mm，管子水平间距为 100～200mm，最低一层排管离地面不小于 250mm，根据装放食品盒的高度，每层管子的垂直中心距为 200～400mm。需要冷冻加工的食品装在冻盘内直接放在搁架上。通常用来冷冻鱼类、禽类等小块食品。氨液

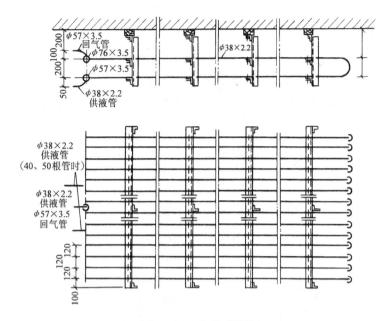

图 5-17　光滑顶排管

从下部进入，从上部排出氨气。

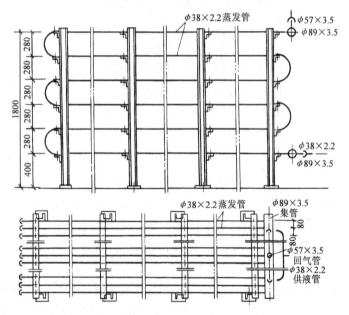

图 5-18　搁架式排管

　　这种排管的优点是容易制作，结构紧凑，不需要维修。但是钢材耗量较大，货物进出劳动强度大。

（2）冷风机　冷风机是由蒸发管组和通风机所组成，依靠通风机强制作用，把蒸发管组制冷剂所产生的冷量吹向被冷却物体，从而达到降低库温的目的。

冷风机按其安装位置的不同可分为落地式冷风机和吊顶式冷风机两种。

图 5-19 为落地式 GN—250 干式冷风机构造图。在箱体下部装有两组翅片蒸发管组，冷却面积为 250m²，配有一个双面进风的离心式通风机。整个冷风机坐落在水盘上。在通风机的作用下，空气从下部回风口进入，通过蒸发管组冷却后送出。这种冷风机用于 ±0℃ 的冷藏间和预冻间，当用于贮存鲜蛋、水果等食品时，可根据工艺要求，在冷风机出口上增设送风管道，借助于送风口将冷风均匀地送到冷藏间各处。吊顶式冷风机与落地式冷风机工作原理基本相同，前者是吊装在屋顶，这里不再讲述，参见有关设备手册。

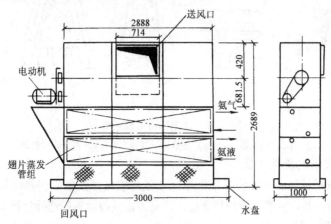

图 5-19　落地式 GN—250 干式冷风机

（3）直接蒸发式空气冷却器　图 5-20 所示为空调用直接蒸发式空气冷却器，它一般由 4 排、6 排或 8 排肋片管组成，肋片管一般采用 $\phi(10 \sim 18)$ mm 的铜管，外套约 $0.2 \sim 0.3$mm 厚的铝片，片距为 $2 \sim 4$mm。

其优点是不用载冷剂，冷损失小，结构紧凑，易于实现自动化控制。但传热系数较低。

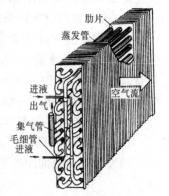

图 5-20　空调用直接蒸发式空气冷却器

3. 分液器

分液器的作用是保证各管路制冷剂液体分配均匀，平衡各组蒸发排管的压力。图 5-21 是目前常用的五种分液器结构形式。其中图 5-21a 所示是离心式分液器。来自节流阀的制冷剂沿切线方向进入小室，得到充分混合的气液混合物从小室顶部沿径向分送到各路肋片管。图 5-21b、c

为碰撞式分液器。来自节流阀的制冷剂以高速进入分液器后，首先与壁面碰撞使之成为均匀的气液混合物，然后再进入各路肋片管。图5－21d、e为降压式分液器，其中图5－21d是文氏管型，其压力损失较小。这种类型的分液器是使制冷剂首先通过缩口，增大流速以达到气液充分混合，克服重力影响，从而保证制冷剂均匀地分配给各个蒸发管组。这些分液器可以垂直安装，也可水平安装，一般多为垂直安装。

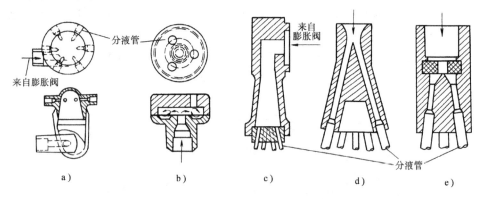

图5－21　常用的分液器示意图

a）离心式分液器　b）、c）碰撞式分液器　d）、e）降压式分液器

四、蒸发器的选择计算

蒸发器选择计算的主要任务是根据已知条件确定蒸发器的传热面积，选择定型结构的蒸发器，并计算载冷剂循环量等。计算方法与冷凝器的选择计算基本相似。

（一）蒸发器的选型

蒸发器形式的选择应根据载冷剂及制冷剂的种类和供冷方式而定。

1）空气处理设备采用水冷式表面冷却器，并以氨为制冷剂时，可采用卧式壳管式蒸发器。如以R12为制冷剂时，宜采用干式蒸发器。

2）如空气处理设备采用淋水室时，宜采用水箱式蒸发器（即直立管、螺旋管、盘管式蒸发器）。在大型的乳制品厂用盐水作载冷剂时，也采用水箱式蒸发器。

3）在冷藏库中，一般采用冷却排管和冷风机。

（二）蒸发器的选择计算

1. 蒸发器的传热面积 A

蒸发器的传热面积按下式计算：

$$A = \frac{\phi_0}{K\Delta t} = \frac{\phi_0}{\Psi} \tag{5-9}$$

式中　ϕ_0——制冷装置的制冷量（kW），即蒸发器的热负荷，它等于用户的耗冷量与制冷系统本身（即供冷系统）冷量损失之和。用户实际的耗冷量一般由工艺或空调设计给定的，也可根据冷库工艺和空调负荷进行计算，而供冷系统的冷量损失一般用附加值计算，对于直接供冷系统一般附加 5% ~ 7%，对于间接供冷系统一般附加 7% ~ 15%；

K——蒸发器的传热系数 [W/（m² · ℃）]；

$\Delta \bar{t}$——传热平均温差（℃）；

Ψ——蒸发器的热流密度（W/m²）。

2. 蒸发器的传热系数 K

按传热面的外表面为基准的蒸发器传热系数可用下式计算：

$$K = \left(\frac{1}{\alpha_0} + \Sigma \frac{\delta}{\lambda} + \frac{\tau}{\alpha_w} \right)^{-1} \qquad (5-10)$$

式中 α_0、α_w——分别是管外和管内的放热系数，即一侧为制冷剂的沸腾放热系数，另一侧为水、盐水或空气的放热系数 [W/（m² · K）]；

$\Sigma \frac{\delta}{\lambda}$——管壁及管壁附着物热阻 [（m² · K）/W]；

τ——肋片系数，管外表面积（含肋片）与管内表面积之比。

对于氨蒸发器，一般都采用光管，τ 可取管外径与管内径之比（即 $\frac{d_0}{d_i}$）。通常 K 值按生产厂家提供的资料选取，也可采用经实际验证的推荐数值。各种蒸发器的传热系数值见表 5 - 2。

表 5 - 2 各种蒸发器的 K 和 Ψ 值

蒸发器型式			传热系数 K/ [W/（m² · K）]	热流密度 Ψ/ （W/m²）	备 注
满液式	卧式壳管式	氨 – 水	450 ~ 500	2200 ~ 3000	$\Delta \bar{t} = 5 \sim 6℃$ $v = 1 \sim 1.5\text{m/s}$
		氟利昂 – 水	350 ~ 450	1800 ~ 2500	$\Delta \bar{t} = 5 \sim 6℃$ $v = 1 \sim 1.5\text{m/s}$
	水箱式	氨 – 水	500 ~ 550	2500 ~ 3000	$\Delta \bar{t} = 5 \sim 6℃$
		氨 – 盐水	400 ~ 450	2000 ~ 2500	$v = 0.5 \sim 0.7\text{m/s}$
非满液式	干式壳管	氟利昂 – 水	500 ~ 550	2500 ~ 3000	$\Delta \bar{t} = 5 \sim 6℃$
	直接蒸发式空气冷却器	氟利昂 – 空气	30 ~ 40	450 ~ 500	以外肋表面为准 $\Delta \bar{t} = 15 \sim 17℃$
	冷排管（自然对流）	氟利昂 – 空气	8 ~ 12	~	光管 $\Delta \bar{t} = 8 \sim 10℃$
			4 ~ 7	~	以外肋表面积计 $\Delta \bar{t} = 8 \sim 10℃$
	冷风机（供冷库用）	氟利昂 – 空气	17 ~ 35	~	

3. 传热平均温差 $\Delta \bar{t}$

传热平均温差可按表 5 - 2 选取，也可按下式进行计算：

$$\Delta \bar{t} = \frac{t_1 - t_2}{\ln \dfrac{t_1 - t_0}{t_2 - t_0}} \tag{5 - 11}$$

式中　t_1——载冷剂进入蒸发器的温度（℃）；

　　　t_2——载冷剂出蒸发器的温度（℃）；

　　　t_0——制冷剂的蒸发温度（℃）。

t_1 和 t_2 往往是由空调和冷库工艺确定的，t_0 是制冷工艺设计中选定的。

4. 载冷剂的循环量 M_1

$$M_1 = \frac{\phi_0}{c_p \ (t_1 - t_2)} \tag{5 - 12}$$

式中　c_p——载冷剂（水、盐水或空气）的比热容 [kJ/（kg·K）]；

　　　t_1、t_2——载冷剂（水、盐水或空气）进、出蒸发器的温度（℃）。

[例 5 - 2]　有一台 8AS12、5 型制冷压缩机，在 $t_0 = 5℃$，$t_k = 40℃$ 的工况下运行，其制冷量为 558kW。选配一台卧式壳管式蒸发器或直立管式蒸发器（即水箱式蒸发器），试计算它们需要多少传热面积。

[解]　蒸发器的传热面积按下式计算：

$$A = \frac{\phi_0}{K\Delta t} = \frac{\phi_0}{\Psi}$$

1. 卧式壳管式蒸发器（$\Psi = 2600 \text{W/m}^2$）

$$A = \left(\frac{558}{2600} \times 1000 \right) \text{m}^2 = 215 \text{m}^2$$

2. 直立管式蒸发器（$\Psi = 2800 \text{W/m}^2$）

$$A = \left(\frac{558}{2800} \times 1000 \right) \text{m}^2 = 156 \text{m}^2$$

（三）提高蒸发器传热效率的途径

影响蒸发器换热的因素除了制冷剂本身的物理性质及传热表面的几何特征外，在实际设计和运行中也有一些需要考虑的问题。为强化蒸发器中的传热，应采取以下措施：

1）在氨制冷系统中的蒸发器，要定期排放油污，否则传热面上油膜太厚，会影响其传热效果。

2）适当提高载冷剂的流速，这样可以提高载冷剂一侧的放热系数。

3）及时清除载冷剂侧水垢。

4）要防止蒸发温度过低，避免在传热面上结冰。

5）在冷藏库中，冷却排管和冷风机要定期除霜，以免霜层结厚增加传热热阻，影响其传热效果。

第二节　节流机构和辅助设备

一、节流机构

节流机构是制冷装置的重要部件，是制冷系统的四大部件之一。它的作用是：

1）对高压制冷剂液体进行节流降压，保证冷凝器与蒸发器之间的压力差，以使蒸发器中的制冷剂液体在低压下蒸发吸热，从而达到制冷的目的。

2）调节进入蒸发器的制冷剂流量，以适应蒸发器热负荷的变化，使制冷装置更加有效地运行。

节流机构的形式很多，结构也各不相同，常用的节流机构有手动膨胀阀、浮球膨胀阀、热力膨胀阀及毛细管等。

在大、中型制冷装置中常用的节流机构有手动膨胀阀、浮球膨胀阀和热力膨胀阀。在小型制冷装置（如电冰箱）中节流机构采用毛细管。

（一）手动膨胀阀

手动膨胀阀又称节流阀或调节阀。手动膨胀阀的结构与普通截止阀相似，与截止阀的主要区别是阀芯为针形锥体或带 V 形缺口的锥形，如图 5 - 22 所示。阀杆采用细牙螺纹，便于微量启闭阀芯。当转动阀杆上面的手轮时，就能保证阀门的开启度缓慢地增大或关小，以适应制冷量的调节变化。手动膨胀阀要求管理人员根据蒸发器负荷变化随时调节阀门的开启度，管理麻烦，而且凭经验操作，因此近年来大多采用自动膨胀阀，只将手动膨胀阀装在旁通管道上，以备应急或检修自动膨胀阀时使用。手动膨胀阀的开启度为手轮旋转的 1/8 ~ 1/4 周，不能超过一周。如果开启过大，起不到节流降压的作用。

（二）浮球膨胀阀

浮球膨胀阀是一种自动膨胀阀，它的作用是根据满液式蒸发器液面的变化来控制蒸发器的供液量，同时进行节流降压，也可控制蒸发器的液面高度。

浮球膨胀阀根据节流后的液体制冷剂是否通过浮球室而分为直通式和非直通式两种，如图 5 - 23 和图 5 - 24 所示。

这两种浮球膨胀阀的工作原理都是依靠浮球室中的浮球受液面的作用而降低或升高，去控制一个阀门的开启或关闭。浮球室置于液满式蒸发器一侧，上、下用平衡管与蒸发器相通，所以浮球室的液面与蒸发器的液面高度是相一致的。当蒸发器的负荷增加时，蒸发量增加、液面下降，浮球室中的液面也相应下降，于是浮球下降，依靠杠杆作用使阀开启度增加，加大供液量；当蒸发器负荷减少时，制冷剂蒸发量减少，其蒸发器液面与浮球室内液面同时升高，浮球升高，阀门的开启度减小，使制冷剂供液量减少。

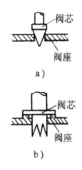

图 5 - 22　手动膨胀阀阀芯

a) 针形阀芯　b) 具有 V 形缺口的阀芯

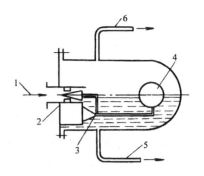

图 5 - 23　直通式浮球膨胀阀

1—液体进口　2—阀针　3—支点
4—浮球　5—液体连通管　6—气体连通管

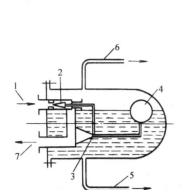

图 5 - 24　非直通式浮球膨胀阀

1—液体进口　2—阀针　3—支点　4—浮球
5—液体连通管　6—气体连通管　7—节流后的液体出口

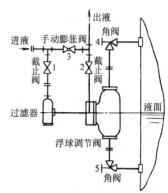

图 5 - 25　氨浮球阀接管示意图

这两种浮球膨胀阀的主要区别是：直通式浮球阀节流后的制冷剂液体通过浮球室，然后由液体平衡管进入蒸发器。其优点是构造简单；缺点是浮球室液面波动和冲击很大，容易使浮球阀失灵，其次是需较大口径的平衡管。非直通式浮球阀节流后的制冷剂液体不通过浮球室，而是通过管道直接进入蒸发器。其优点是浮球室液面平稳，但构造和安装比较复杂。

浮球膨胀阀一般安装在蒸发器、气液分离器、中间冷却器前液体管路上。图 5 - 25 为氨浮球阀接管示意图。

（三）热力膨胀阀

热力膨胀阀与浮球膨胀阀不同的是：它是靠控制蒸发器出口处制冷剂蒸气的过热度来控制蒸发器的供液量，同时起节流降压作用。

热力膨胀阀用于氟利昂制冷系统（即非满液式蒸发器中），主要由热力膨胀阀、毛细管、感温包组成。

热力膨胀阀根据膜片下部的气体压力不同可分为内平衡式热力膨胀阀和外平衡式热力膨胀阀。若膜片下部的气体压力为膨胀阀节流后的制冷剂压力称为内平衡式热力膨胀阀；若膜片下部的气体压力为蒸发器出口的制冷剂压力称为外平衡式热力膨胀阀。

1. 内平衡式热力膨胀阀

图5-26是内平衡式热力膨胀阀的工作原理图。从图中可以看出，它是由阀芯、阀座、弹簧金属膜片、弹簧、感温包和调整螺钉等组成。阀体装在蒸发器的供液管路上，感温包紧扎在蒸发器的回气管路上，感温包内充有与制冷系统相同的液态制冷剂。

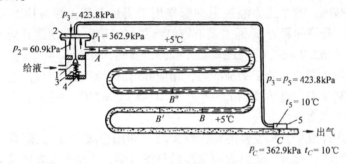

图5-26 内平衡式热膨胀阀工作原理

1—阀芯 2—弹簧金属膜片 3—弹簧 4—调整螺钉 5—感温包

通过弹簧金属膜片受力分析可以看出，作用在弹簧金属膜片上的力主要有三个：

p_1——阀后制冷剂的蒸发压力，作用在膜片下部，其作用方向向上，使阀门向关闭方向移动。

p_2——弹簧力，它也作用在膜片下部，其作用方向向上，使阀门向关闭方向移动。弹簧力的大小可以通过调整螺钉予以调整。

p_3——感温包内制冷剂的压力，它随蒸发器出口回气过热度的变化而变化，作用在膜片的上部，其作用方向向下，其趋势是使阀门开大，它的大小决定于感温包内充注制冷剂的性质以及感受温度的高低。

当膨胀阀调整结束并保持一定的开启度稳定工作时，作用在膜片上、下部的三个力处于平衡状态，即 $p_3 = p_1 + p_2$，这时膜片不动，即阀门的开启度不变。而当其中一个力发生变化，就会破坏原有平衡，此时 $p_3 \neq p_1 + p_2$，膜片开始位移，阀门开启度也随之变化，直到建立新的平衡为止。

当蒸发器负荷增加时，显得供液量不足，蒸发器出口的制冷剂蒸气过热度增大，感温包内制冷剂温度升高，这时则感温包的压力 $p_3 > p_1 + p_2$，阀针向下移动，阀门开大。

当蒸发器负荷减小时，显得供液量过大，过热度减小，这时 $p_3 < p_1 + p_2$，弹簧力推动传动杆向上移动，阀门关小。

假定感温包内充注与制冷系统相同的制冷剂 R12，若进入蒸发器的液态制冷剂为 5℃，其相应的压力 $p_1 = 362.9\text{kPa}$，液体在非满液式蒸发器中吸热气化，如果不考虑制冷剂在蒸发器内的压力损失，蒸发器各部位的压力均为 362.9kPa，直到 B 点液体全部气化为饱和蒸气。从 B 点开始再向前流动，则制冷剂继续蒸发吸热变成过热蒸气，气体温度升高了，压力却仍然保持不变。假定由 B 点至装设感温包 C 点（蒸发器出口处）气态温度升高 5℃，即达到 10℃，由于感温包紧贴管壁，包内液态制冷剂温度也接近 10℃，即 $t_5 = 10$℃，其相应的饱和压力 $p_5 = 423.8\text{kPa}$，这个压力经过毛细管作用于膜片上部，则膜片上部的压力 $p_3 = 423.8\text{kPa}$。若将弹簧力 p_2 通过调节螺钉调到 60.9kPa，则使膜片向上移动的力为 $p_1 + p_2 = (362.9 + 60.9) \text{kPa} = 423.8\text{kPa}$。显然，此时 $p_1 + p_2 = p_3$，膜片上下压力相等，膜片不动，处于平衡状态，相应阀门有一定的开启度。这时，蒸发器出口处气态制冷剂的过热度为 $t_C - t_0 = (10 - 5)$℃ $= 5$℃。相应于这个过热度的压力恰好等于弹簧作用力 p_2。

当外界条件改变，蒸发器的负荷减少时（即用冷减少时），蒸发器内的液态制冷剂沸腾减弱，此时，蒸发器的供液量显得过多，于是蒸发器的液态制冷剂达到全部气化的终点不是 B 点，而是 B' 点。蒸发器出口 C 点的温度将低于 10℃，即过热度也小于 5℃，致使感温包内制冷剂的压力也低于 423.8kPa，则 $p_1 + p_2 > p_3$，使阀门稍微关小，使供液量减小，从而达到另一平衡状态。反之，蒸发器的负荷增加，吸热量增大，则蒸发器出口 C 点气态制冷剂的过热度增加，大于 5℃，感温包内的压力也将大于 423.8kPa，即 $p_1 + p_2 < p_3$，则阀门稍微开大，加大供液量，使膜片达到另一平衡状态。

内平衡式热力膨胀阀只适用于蒸发器内部阻力较小的场合，广泛应用于小型制冷机和空调机。

对于大型的制冷装置及蒸发器阻力较大的场合，由于蒸发器出口处的压力比进口处下降较大，若使用内平衡式热力膨胀阀，将增加阀门的静装配过热度，相应减少了阀门的工作过热度，导致热力膨胀阀供液不足或根本不能开启，影响蒸发器的工作。对于蒸发器管路较长，或是多组蒸发器装有分液器时，应采用外平衡式热力膨胀阀。

2. 外平衡式热力膨胀阀

外平衡式热力膨胀阀如图 5 – 27 所示。它与内平衡式热力膨胀阀基本相同，其不同之处是金属膜片下部空间与膨胀阀出口互不相通，而是通过一根小口径的平衡管与蒸发器出口相连。这样，膜片下部制冷剂的压力 p_1 不是膨胀阀出口压力（即蒸发器进口压力）p_A，而是等于蒸发器的出口压力 p_C，此时，热力膨胀

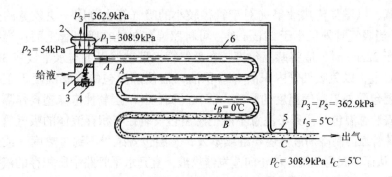

图 5 - 27　外平衡式热力膨胀阀

1—阀芯　2—弹簧金属膜片　3—弹簧　4—调节螺钉　5—感温包　6—平衡管

阀的工作不受蒸发排管流动阻力的影响。当蒸发器流动阻力 $\Delta p = 54\text{kPa}$ 时，蒸发器出口的压力 $p_C = p_A - \Delta p = (362.9 - 54)\text{kPa} = 308.9\text{kPa}$，再加上相当于5℃工作过热度的弹簧力 $p_2 = 54\text{kPa}$，这时膜片下部的压力为 $p = p_1 + p_2 = (308.9 + 54)\text{kPa} = 362.9\text{kPa}$，膜片上部（即感温包内）的压力 $p_3 = 362.9\text{kPa}$，此时膜片处于平衡状态，阀门的开启度不变。若供液量多时，蒸发器出口处 C 点的温度降低，感温包内的温度也降低，感温包内压力 p_3 减小，而膜片下部压力 $p_1 + p_2$ 不变，这时 $p_1 + p_2$ 推动阀杆向上移动，阀门关小，减小其供液量。相反供液量不足时（即蒸发器负荷增大时），蒸发器出口 C 点的过热度增大，感温包内温度升高，p_3 增大，而 $p_1 + p_2$ 不变，阀门开大，增大其供液量。所以说阀门的开启度可使蒸发器出口的温度基本上等于5℃，即只有5℃的过热度，从而消除了蒸发器流动阻力的影响。

外平衡式热力膨胀阀可以改善蒸发器的工作条件，但结构比较复杂，安装与调试比较麻烦，因此，只有蒸发器的压力损失较大时才采用此种膨胀阀。

3. 热力膨胀阀的安装

在氟利昂制冷系统中，热力膨胀阀是安装在蒸发器入口处的供液管路上，阀体应垂直安装，不能倾斜，更不能颠倒安装。蒸发器配有分液器时，气液分液器应直接装在膨胀阀的出口侧，这样使用效果较好。

热力膨胀阀的感温包应装设在蒸发器出口处的吸气管路上，要远离压缩机吸气口1.5m以上。膨胀阀安装得正确与否，很大程度上取决于感温包的布置、安装是否合理。因为膨胀阀的温度传感系统灵敏度比较低，传递信号时产生一个滞后时间，引起膨胀阀启用频繁，使系统的供液量波动，因此，感温包的安装对热力膨胀阀有很大影响。所以感温包安装必须认真对待，在实际工程中是将感温包包扎在吸气管道上的，如图 5 - 28 所示。其具体做法是，首先将包扎感温包的吸气管段上的氧化皮清除干净，以露出金属本色为宜，并涂上一层铝漆作保护层，以防生锈。然后用两块厚度为 0.5mm 的铜片将吸气管和感温包紧紧包住，并用螺钉拧紧，以增强传热效果（对于管径较小的吸气管也可用一块较宽的金属片固定）。当吸气管外径小于22mm时，可将感温包包扎在吸气管上面；当吸气管外径大于22mm时，应将感温包绑扎在吸气管水平轴线以下与水平线成30°角左右的位置上，以免吸气管内积液（或积油）而使感温包的传感温度不正确。为防止感温包受外界空气温度的影响，需在外面包扎一层软性泡沫塑料作隔热层。

在安装感温包时，务必注意不能把感温包安装在有积存液体的吸气管处。因为在这种管道内制冷剂液体还要继续蒸发，感温包就感受不到过热度（或过热度很小），从而使阀门关闭，停止向蒸发器供液，直到水平管路中所积存的液态制冷剂全部蒸发，感温包重新感受到过热度时，膨胀阀方可开启，重新向蒸发器供液。为了防止膨胀阀错误操作，蒸发器出口处吸气管需要垂直安装时，吸气管垂直安装处应有存液管，否则，只得将感温包装在出口处的立管上，如图5-29所示。

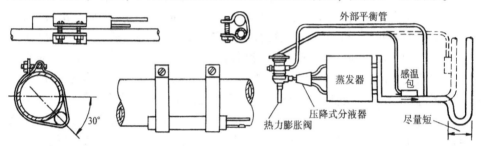

图5-28　感温包的安装方法　　　　图5-29　感温包的安装位置

4. 热力膨胀阀的调试

热力膨胀阀安装完毕后需要在制冷装置调试的同时也予以调试，使它在实际工况下执行自动调节。所谓调试，实际上就是调整阀芯下方的弹簧的压紧程度。拧下底部的帽罩，用扳手顺旋（由下往上看为顺时针方向）调节杆，使弹簧压紧而关小阀门，蒸发压力会下降。反旋调节杆，使弹簧放松，阀门开大，则蒸发压力上升。

调整热力膨胀阀时，必须在制冷装置正常运转状态下进行，最好在压缩机的吸气截止阀处装一块压力表，通过观察压力表来判断调整量是否合适。如果蒸发器离压缩机较远，也可根据回气管的结霜（中、低温制冷）或结露（空调用制冷）情况进行判别。对于中低温制冷装置，如果挂霜后用手摸上去有一种将手粘住的阴凉感觉，表明此时膨胀阀的开度适宜。在空调制冷装置中，蒸发温度一般在0℃以上，回气管应该结露滴水。但若结露直至压缩机附近，说明阀口过大，则应调小一些。在装有回热器的系统中，回热器的回气管出口处不应结露；相反，蒸发器出口处如果不结露，则说明阀口过小，供液不足，应调大一些。调试工作要细致认真，一般分粗调和细调两段进行。粗调每次可旋转调节螺钉（即调节螺杆）一周左右，当接近需要的调整状态时，再进行细调。细调时每次旋转

1/4 周，调整一次后观察 20min 左右，直到符合要求为止。调节螺钉转动的周数不宜过多（调节螺杆转动一周），过热度变化约改变 1 ~ 2℃。

（四）毛细管

毛细管作为制冷循环的流量控制和节流降压部件，已被广泛应用于小型全封闭式氟利昂制冷装置中，如家用冰箱、冰柜、空气调节器和小的制冷机组。它是一种便宜、有效、没有摩擦损失的节流机构。由于直径小，其通路容易阻塞，所以在毛细管的前面应固定一种性能良好的过滤器，以防止脏东西进入。

毛细管通常采用直径为 0.7 ~ 2.5mm，长度为 0.6 ~ 6m 细而长的纯铜管代替膨胀阀，连接在蒸发器与冷凝器之间。图 5 - 30 为制冷装置工作原理图。

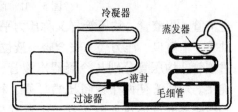

图 5 - 30　制冷装置工作原理图

使用毛细管时还应注意以下几点：

1）采用毛细管后制冷系统的制冷剂充注量一定要准确，若充注量过多则在停机时留在蒸发器的制冷剂液体过多，会导致重新启动时负荷过大，还易发生湿压缩，并且不易降温。反之，充液量过少，可能形成不了正常的液封导致制冷量下降，甚至降不到所需的温度。

2）毛细管的孔径和长度是根据一定的机组和一定的工况配置的，不能任意改变工况或更换任意规格的毛细管，否则会影响制冷设备的合理工作。

3）由于毛细管对制冷剂通过量的调节性能较差，因此它仅适用于运行工况比较稳定的制冷装置。

4）由于毛细管内径小、管路长，极易被污垢堵塞，因此，制冷系统内必须保持清洁、干燥，一般在毛细管入口部分装设 31 ~ 46 目/cm^2 的过滤器（网）。

5）当几根毛细管并联使用时，为使流量均匀，最好使用分液器。分液器要垂直向上安装。

二、辅助设备

在制冷系统中，除了必不可少的压缩机、冷凝器、膨胀阀和蒸发器等四大设备外，为了提高制冷装置运行的经济性和安全性，又增加了许多设备，这些设备称为辅助设备。

（一）贮液器

贮液器又称贮液桶。按其用途和所承受工作压力的不同，可分为高压贮液器、低压循环贮液器（桶）和排液桶；按其外形可分为立式和卧式贮液器。

1. 高压贮液器

高压贮液器在制冷系统中起稳定制冷剂循环量的作用，并可用来贮存液体制冷剂。图 5 - 31 为卧式高压贮液器示意图。筒体由钢板卷制焊成，贮液器上设有

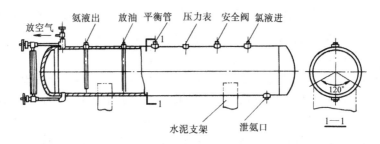

图 5－31　卧式高压贮液器

进液管、出液管、均压管（又称压力平衡管）、放油管、泄氨口、压力表、安全阀、液位计等接口。进液管、均压管分别与冷凝器出液管、均压管相连接。均压管使两个设备压力平衡，利用液位差将冷凝器的液体流入贮液器。出液管与各有关设备及总调节站连通。放空气和放油管分别与不凝性气体分离器和集油器连通。泄氨口与紧急泄氨器

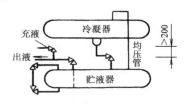

图 5－32　卧式贮液器与冷凝器重叠安装示意图

连通。图 5－32 为卧式贮液器与卧式冷凝器重叠安装示意图。

2. 低压循环贮液桶

低压循环贮液桶装设在氨泵供液制冷系统中，它的作用是保证充分供应氨泵所需的低压氨液，同时也起气液分离的作用。其结构如图 5－33 所示。贮液桶的进气管与回气调节站总管连接，而出气管与压缩机的吸气管相接，下部设有出液管与氨泵进液口连接。氨液是通过浮球调节阀进入桶内并保持一定的液面高度，当浮球阀损坏时，可用手动节流阀进行供液。

3. 排液桶

排液桶的作用是当冷库某些设备检修或冷库的冷却排管和冷风机冲霜时，将液体制冷剂排入其中。其构造如图 5－34 所示，它与高压贮液器的构造基本相同，但管路接头用途不同，桶上降压管用来降低桶内压力，它与气液分离器的进气管连接。

（二）油分离器

油分离器的作用是用来分离制冷系统所带的润滑油。在制冷装置中，制冷剂气体经压缩机压缩后成为高温高压的过热蒸气，气体排出时流速大、温度高，致使气缸壁的润滑油被雾化带出，进入冷凝器和蒸发器等热交换设备中。润滑油进入冷凝器、蒸发器，管壁上会形成一层油膜，这样会影响传热效率，降低制冷效果。

由于上述原因，所以在压缩机和冷凝器之间装设油分离器，以便将高压高温制冷剂蒸气中的润滑油分离出去。

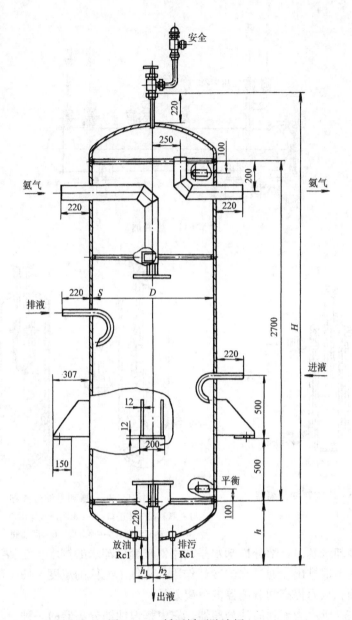

图 5 – 33　低压循环贮液桶

　　油分离器根据工作原理不同可分为惯性式、洗涤式、离心式、过滤式等四种。

1. 惯性式油分离器

　　惯性式油分离器的工作原理是采用降低流速，改变气流方向，使密度较大的油滴分离出来。图 5 – 35 所示为干式氨油分离器。它是用钢板或无缝钢管焊制而

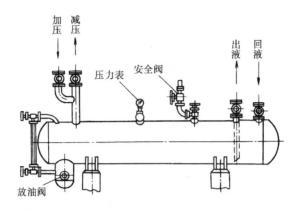

图 5 – 34　排液桶

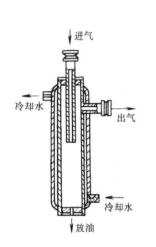

图 5 – 35　干式氨油分离器

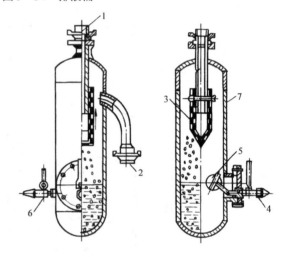

图 5 – 36　氟利昂油分离器

1—氟利昂气体进口　2—氟利昂气体出口　3—滤网
4—手动回油阀　5—浮球阀　6—回油阀　7—壳体

成，外加冷却水套，这部分冷却水是利用气缸套冷却水的排水，它从油分离器的下部进入，上部排出。通过水的冷却作用，降低了气体的温度，使一部分油蒸气凝结成油滴，从而提高油分离器的分离效果。

图 5 – 36 所示为氟利昂油分离器。它也是惯性油分离器的一种，其回油管和压缩机的曲轴箱连接，进气管的下端增设过滤层，并设有浮球阀自动回油装置。

当容器底部的油积聚到足够使浮球阀开启时，分离器中的油进入压缩机的曲轴箱中；当油位逐渐下降到使浮球阀下落时，阀就自动关闭。正常运行时，由于浮球阀的反复工作，因而回油管时冷时热。回油时管子就热，停止回油时管子就冷。如果回油管一直冷或一直热，说明阀已经失灵必须检修。检修时可使用手动回油阀进行回油。

2. 离心式油分离器

离心式油分离器的工作原理是带有油蒸气及油滴的氨气从切线方向进入分离器，自上而下作螺旋运动，在离心力的作用下将较重的油滴甩至内壁被分离出来，氨气则经多孔挡液板作再一次分离后从中部排气管排出。图 5 - 37 所示为离心式氨油分离器图，分离器内焊有螺旋状的隔板，并在氨气排出管的底部增设了多孔挡液板。

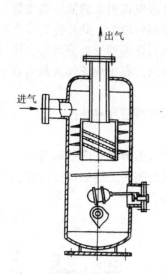

图 5 - 37　离心式氨油分离器

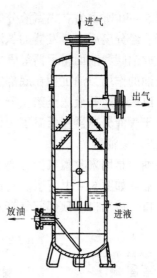

图 5 - 38　洗涤式油分离器

3. 洗涤式油分离器

图 5 - 38 所示为洗涤式油分离器，适用于氨制冷系统。它是由进气管、出气管、进液管、伞形挡液板和放油管等组成。进液管至少应比冷凝器出液管低 200 ~ 300mm，以便氨液可借重力流入油分离器，保证其中液面有一定的高度，其液面应高出进气管底端 120 ~ 150mm，并需保持稳定。

这种油分离器主要利用冷却、洗涤将油滴分离出来。高压过热氨气进入氨液中被氨液冷却、洗涤，温度降低，使油雾结成较大的油滴下沉到底部。另外，被洗涤氨气经挡液板阻挡作用，可使润滑油进一步分离出来。

4. 填料式油分离器（又称过滤式油分离器）

图 5 - 39 所示为填料式油分离器。它的工作原理是氨气通过填料过滤层把油滴分离出来。它是一种高效油分离器，内装有细钢丝网、小瓷环或金属切屑等填料，其中以编织的金属丝网为最佳。洗涤式油分离器为了提高分离效果，也可以在壳体加冷却水套。

（三）气液分离器

气液分离器又称氨液分离器，它是安装在大型的氨制冷系统中，它的作用是将氨气和氨液分离。氨液在蒸发器内气化时会产生少量泡沫，加之氨气在回气管内流速较高，因此部分未蒸发的氨液液滴容易被氨气带走，在被压缩机吸入之前，如果不将它分离出来，就会使压缩机冲缸；另一方面，送入蒸发器的氨液，在通过膨胀阀节流降压后，也会使部分氨液气化，如果将这部分气体与氨液一起送入蒸发器，则会影响蒸发器的传热效果。它装设在蒸发器与压缩机回气管之间。

图 5 - 40 所示为立式氨液分离器，筒体上有蒸发器引来的低压蒸气管、氨气出口管、经分离后去蒸发器的氨液管、膨胀阀来的氨液管，此外还有安全阀、压力表、放油阀和液面指示器等管接头。气液分离器除能使气液分离外，还具有分离润滑油的作用，油沉积在底部定期从放油阀放出。氨出液管伸入筒内有一定的长度，以便将纯氨液送至蒸发器中。

由于气液分离器在低温下工作，所以在筒体外部应作隔热层。

（四）集油器

集油器是用来收集氨油分离器、冷凝器、贮液器等设备内的润滑油。

集油器如图 5 - 41 所示。它是由钢板卷制成的圆筒及封头焊接而成，其上设有进油口、放油口、顶部回气管及压力表接头等。

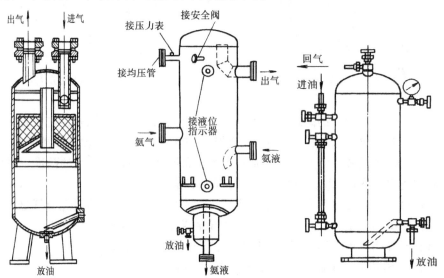

图 5 - 39　填料式油分离器　　图 5 - 40　立式氨液分离器　　图 5 - 41　集油器

手动放油最好在系统停止运行时进行，这样放油效率高、又安全。放油时，首先关闭进油阀和放油阀，开启回气阀，压力降至稍高于大气压时，关闭降压的回气阀，开启进油阀，将某个设备中的润滑油放在集油器内。当集油器中的集油量达到 60% ~ 70% 时，关闭进油阀，开启回气阀，待容器内压力降低后，关闭回气阀，开启放油阀，将集油器中的润滑油放出。这样，集油器在低压条件下放油，既减少了制冷剂的损耗，又保证了操作的安全可靠。

（五）空气分离器

空气分离器又称不凝性气体分离器。通常装设在低温氨制冷系统中，用来分离制冷系统内的空气及其他不凝性气体。这些气体主要来源有：

1）在第一次充灌制冷剂前系统中有残留空气。

2）补充润滑油、制冷剂或检修机器设备时，空气混入系统中。

3）当蒸发压力低于大气压力时，空气从不严密处渗入系统中。

4）制冷剂和润滑油分解时产生的不凝性气体。

系统中如果有空气和其他不凝性气体存在时，会使冷凝器的传热效果变差，压缩机的排气压力、温度升高、压缩机耗功增加。因此必须将它及时分离出去。

目前常用的空气分离器有两种，现分别介绍如下：

1. 立式空气分离器

立式空气分离器如图 5-42 所示。壳体是用无缝钢管制成，内有蛇形盘管，分离器上焊有混合气体进口、氨液出口、进液口、回气口、温度计、压力表等接头，同时，壳体外面用软木作隔热层。

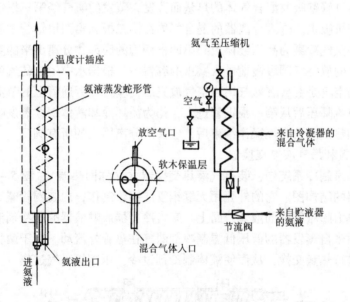

图 5-42　立式空气分离器

立式空气分离器是利用从贮液器来的高压氨液经节流后在蒸发盘管内蒸发吸热，吸收混合气体的热量，而使混合气体放出热量后，混合气体中的氨气凝结为氨液，高压氨液经手动膨胀阀节流降压后进入蒸发盘管内蒸发吸热，吸热气化的

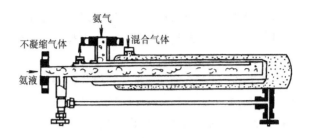

图5-43 套管式空气分离器

低压氨气被压缩机吸走，从而达到分离空气的目的。被分离出来的空气经过水槽再排入大气中。分离器顶端上的温度计，是用来检查和观察混合气体被冷却的实际温度，便于放空气时操作管理。

2. 套管式空气分离器

图5-43所示为套管式空气分离器构造图，它是由四根直径不同的无缝钢管套焊而成。由内管向外数起，第一根钢管和第三根钢管相连通，第二根钢管和第四根钢管相连通。在第二根钢管上装有空气管，在第三根钢管上装有氨回气管，在第四根钢管上装有混合气体进气管。

它的工作过程是来自高压贮液器的氨液经节流降压后，进入第一根和第三根钢管中，通过管壁吸收混合气体的热量而蒸发，蒸发的氨气经第三根钢管上的回气管被压缩机吸走。进入分离器的混合气体在第二根和第四根钢管中放出热量而冷却，其中氨气冷凝为高压液体流到第四根钢管的底部，分离出来的空气通过第二根钢管上的放空气阀缓慢地排入盛水的容器中，根据水中生成的气泡的形状来判断放出的空气是否含有氨气。当空气放完后，应打开旁通管上的节流阀，使冷凝的氨液节流降压后从第一根钢管进入，作为循环冷却液体继续蒸发吸热，吸收混合气体的热量。放空气操作结束后，应关闭分离器上的所有阀门。

（六）氟利昂气液热交换器

在氟利昂制冷系统中，装有气液热交换器（又称回热器）。图5-44为盘管式热交换器的结构图。它的外壳用无缝钢管或铜管制作，内装铜管螺旋盘管，通常装设在热力膨胀阀前的液体管路上。来自冷凝器或贮液器的制冷剂液体在盘管内流动，而来自蒸发器的低压低温制冷剂蒸气在盘管外流动。由于两种流体在热交换器中进行热量交换，从而使液体制冷剂过冷，压缩机吸气过热。

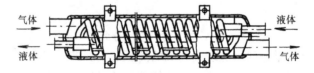

图5-44 氟利昂盘管式热交换器

（七）紧急泄氨器

图 5－45 所示为紧急泄氨器。用于当制冷设备或制冷机房发生意外事故或情况紧急时，将贮液器、蒸发器内的氨液迅速地排入下水道中。

紧急泄氨器是由钢管焊制而成，氨液泄出管从顶部伸入，管上钻有许多小孔，壳体侧面上部焊有进水管，下部为氨水混合物的泄出口。当情况紧急需要使用时，可将氨液泄出阀和自来水管阀门同时打开，让氨液经自来水稀释后再排入下水道。需要特别注意，在非紧急情况下严禁使用此设备，以免造成氨的无谓损失。

（八）过滤器和干燥器

1. 氨气过滤器

氨气过滤器装设在压缩机吸气管路上，用来过滤和清除氨气中的机械杂质及其他污物，以便保证气缸的正常工作。这种过滤器的构造如图 5－46 所示。过滤器的滤网一般是用 1～3 层，网孔为 0.4mm 的铁丝网组成。目前大多数压缩机的吸气腔或吸入口处均装设过滤器。

2. 氨液过滤器

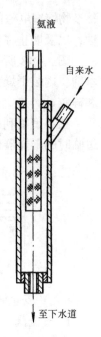

图 5－45 紧急泄氨器

氨液过滤器装设在浮球膨胀阀、电磁阀、氨泵前的液体管路上，用来过滤氨液中的固体杂质，以防止阀件内部损坏或阀内小孔堵塞，并保护氨泵，以免发生运转故障。这种过滤器的构造如图 5－47 所示。

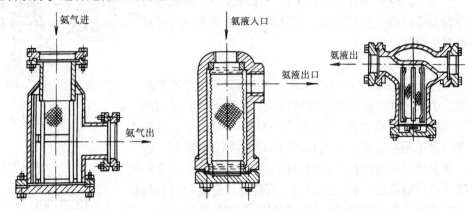

图 5－46 氨气过滤器   图 5－47 氨液过滤器

3. 干燥过滤器

干燥过滤器用于氟利昂制冷系统，用来过滤氟利昂液体中的固体杂质，并去除水分，通常是安装在冷凝器（或贮液器）与热力膨胀阀之间，这样可以避免固体杂物堵塞电磁阀、热力膨胀阀等阀件，同时可以减少对钢制设备和管道的腐蚀，以及防止在低温时可能产生的"冰塞"。

图5-48所示为干燥过滤器，其外壳由钢管制成，滤网采用镀锌铁丝网或铜丝网，内装干燥剂硅胶，以吸收氟利昂中的水分。这种过滤器也可定期更换滤网和硅胶。

在小型氟利昂制冷系统中，也可不设干燥过滤器，仅在充灌氟利昂时使其通过临时的干燥器即可。

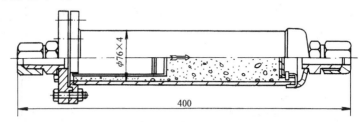

图5-48　氟利昂干燥过滤器

（九）安全装置

1. 安全阀

图5-49所示为微启式弹簧安全阀。当压力超过规定数值时，阀门自动开启，将制冷剂排出系统。

安全阀可装在制冷压缩机上，连通进、排气管。当压缩机排气压力超过允许值时，阀门开启，使高低压两侧串通，保证压缩机的安全。

安全阀除安装在压缩机上外，在冷凝器、贮液器和蒸发器等设备上也要安装，其目的是防止设备压力过高而发生爆炸。

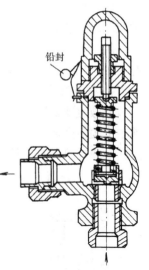

图5-49　微启式弹簧安全阀

2. 易熔塞

对于小型氟利昂制冷系统，常用易熔塞代替安全阀。图5-50所示为易熔塞的构造。在易熔塞的中间部分填满了低熔点合金，熔化温度一般在75℃以下。易熔塞只限于用在容积小于500L的冷凝器或贮液器上。易熔塞安装的位置应防止压缩机排气温度的影响，通常装在容器接近液面的气体空间部位。当容器的温度超过易熔塞的熔点时，低熔点合金熔化，制冷剂气体从孔中排出。

三、辅助设备的选择计算

（一）贮液器的选择计算

1. 高压贮液器的选择计算

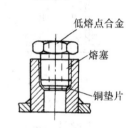

图5-50　易熔塞

高压贮液器的容量在设计选择时应满足下列条件:

1）其容量可以容纳系统中全部充液量。

2）贮液器贮存的制冷剂最大量按每小时制冷剂总循环量的 1/3 ~ 1/2 计算。

3）贮液器的贮液量不应超过贮液器本身容积的 80%。

贮液器的容积按下式计算:

$$V = (1/3 \sim 1/2)\frac{M_R v}{\beta} \tag{5-13}$$

式中　M_R——制冷系统的制冷剂循环总量（kg/h）;

　　　v——冷凝温度下的氨液比体积（m^3/kg）;

　　　β——液体的最大允许充满度，$\beta = 0.8$。

2. 低压循环贮液桶的选择计算

低压循环贮液桶的最大允许贮液量为筒体容积的 70%。其容积按下式计算:

$$V = \frac{0.4V_1 + 0.6V_2 + V_3}{0.7} \tag{5-14}$$

式中　V——低压循环贮液桶容积（m^3）;

　　　V_1——蒸发排管的容积（m^3）;

　　　V_2——吸入管路的容积（m^3）;

　　　V_3——供液管路的容积（m^3）。

3. 排液桶的选择计算

排液桶有效容积应能容纳系统中最大蒸发器或一个最大库房蒸发排管中的制冷剂液体。其容积按下式计算

$$V = \frac{LV_p\phi}{0.7} \tag{5-15}$$

式中　L——最大库房蒸发排管总长度（m）;

　　　V_p——每米管子的容积（m^3/m）;

　　　ϕ——蒸发排管灌氨量百分数（%）。

排液桶中存放的氨液量不得超过本身容积的 70%。

上述三种设备只要容积确定后，就可以根据容积查《制冷与空调设备手册》选择其型号。

（二）油分离器的选择计算

油分离器可根据筒体直径选择油分离器型号。过滤式油分离器气流通过过滤层的速度为 0.4 ~ 0.5m/s，其他形式的油分离器气流通过筒体的速度为 0.8 ~ 1.0m/s。

油分离器筒体直径按下列计算:

$$D = \sqrt{\frac{4V_h \eta_V}{3600\pi w}} \tag{5-16}$$

式中 D——油分离器的筒体直径（m）；

V_h——压缩机的理论排气量（m³/h）；

η_V——压缩机的容积效率（或称输气系数）；

w——所推荐的气流速度（m/s）。

（三）气液分离器的选择计算

选择气液分离器时筒体横截面上的气流速度不超过0.5m/s。

气液分离器也是根据计算出的筒体直径来选择其型号。筒体直径按下式计算：

$$D = \sqrt{\frac{4V_h\eta_V}{3600\pi w}} \qquad\qquad (5-17)$$

式中 D——气液分离器的筒体直径（m）；

V_h——压缩机的理论排气量（m³/h）；

η_V——压缩机的容积效率（或称输气系数），按表5-3选取；

w——所推荐的气流速度，一般取0.5（m/s）。

表5-3 单级氨制冷压缩机的容积效率

蒸发温度/℃	冷凝温度/℃				
	20	25	30	35	40
5	0.90	0.88	0.86	0.84	0.82
0	0.88	0.86	0.84	0.82	0.79
-5	0.85	0.83	0.81	0.78	0.75
-10	0.83	0.80	0.77	0.74	0.71
-15	0.79	0.76	0.73	0.69	0.65
-20	0.75	0.71	0.67	0.63	0.59
-25	0.70	0.65	0.60	0.55	—
-28	0.66	0.61	0.56	—	—

（四）集油器的选择

目前生产的集油器有三种规格，直径分别为150mm、200mm和300mm。

制冷量小于250~300kW，采用直径150mm的集油器；制冷量大于600~700kW，采用直径300mm的集油器。

（五）空气分离器的选择

空气分离器的选型不需要计算，可根据冷库规格和使用要求进行选型，每个机房不论压缩机台数多少，只需装设一台空气分离器即可。一般宜选用立式空气分离器。如选用套管式空气分离器，总制冷量大于1100kW时，可以选用KF—50型，总制冷量小于1100kW时，可选用KF—32型。

第三节　制冷系统的自控装置与自动调节

制冷系统是由压缩机、蒸发器、冷凝器和节流机构等设备组成。这些基本设备的容量是按设计负荷选定的。在实际运行中，负荷是不断变化的，自动调节的任务就是自动调节基本设备的实际输出量，首先是使蒸发器的制冷量与冷负荷相适应，而节流机构、压缩机等设备运行也必须与蒸发器相适应，以保证控制参数（温度、湿度、压力……）的要求；同时，要满足节能与安全生产的需求。

一、制冷系统的自控装置

为了达到自动控制的目的，由相互制约的各个部分，按一定规律组成的具有一定功能的整体称为自动控制系统。它是由被控对象、传感器（或送变器）、控制器和执行器等组成。执行器是控制系统中的末端单元，例如电磁阀、压力调节阀、水量调节阀、温度控制器、压力控制器等。

1. 电磁阀

电磁阀是制冷系统中广泛使用的一种二位式自动阀门，其启闭常由控制器发出的电器信号所控制，在系统中起截止阀的作用。图 5-51 所示为直动式电磁阀。

直动式电磁阀的工作原理是：当线圈通电后，线圈内产生磁场，将活动铁心吸到上面，使阀门开启，使流体通过；当线圈断电时，活动铁芯在自重和弹簧作用下，关闭阀门。直动式电磁阀只用在小型电磁阀中，一般通径小于 13mm 以下。当通径大于 13mm 以上，应采用先导式电磁阀，见图 5-52。先导式电磁阀

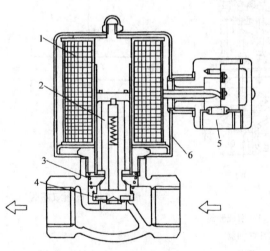

图 5-51　直动式电磁阀

1—线圈　2—柱塞阀芯　3—弹簧
4—圆盘　5—接线盒　6—外罩

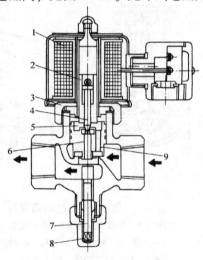

图 5-52　先导式电磁阀

1—线圈　2—柱塞阀芯　3—罩子
4—导阀　5—主阀室　6—主阀
7—手动开闭棒　8—盖　9—平衡孔

使用尺寸和重量都很小的铁芯，就能推动铁芯打开阀门，因此，不论电磁阀通径大小，其电磁部分包括线圈都可做成一个通用尺寸，使先导式电磁阀具有重量轻、尺寸小和便于系列化生产的特点。

2. 电动调节阀

电动调节阀是由电动机和调节阀组成，如图5-53所示。当电动机通电旋转，带动阀芯上下移动，随着电动机转向不同，使阀芯朝着开启或关闭方向移动。

当阀芯达到极限位置时，通过轴上的凸轮，使相应的限位开关断开，自动停机，同时可发出灯光信号。阀全行程时间（由全关到全开所需时间）在2min左右，如果全行程时间过短，则利用三位PI控制装置时，将不能发挥PI作用。

电动调节阀中的阀门按结构可分为直通双座阀、直通单座阀和三通阀。

直通双座阀如图5-54所示。直通双座阀是流体从左侧进入，通过上下阀座再汇合在一起由右侧流出。流体作用在上、下阀芯的推力，其方向相反而大小接近相等，所以阀芯所受的不平衡力很少，因而允许使用在阀前、后压差较大的场合。双座阀的流通能力比同口径的单座阀大。

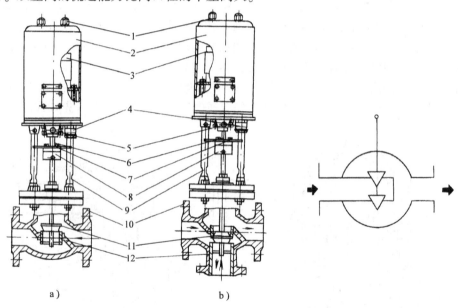

图5-53　电动调节阀　　　　　　　　图5-54　直通双座阀

1—螺母　2—外罩　3—两相可逆电动机　4—引线套筒

5—油罩　6—丝杠　7—导板　8—弹性联轴器

9—支架　10—阀体　11—阀芯　12—阀座

直通单座阀如图5-55所示，阀体内只有一个阀芯和一个阀座。由于单座阀只有一个阀芯，流体对阀芯推力是单面作用的，不平衡力大，所以单座阀仅适用于低压差场合。

三通调节阀有三个出入口与管道相连，按作用方式可分为合流阀和分流阀两种。图5-56所示为合流阀。两种流体 A 和 B 混合为 A + B 流体，它是两个进口，一个出口。当阀芯关小一个入口的同时，就开大另一个入口。

二、制冷系统的自动调节

（一）蒸发器的自动调节

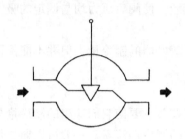

图5-55　直通单座阀

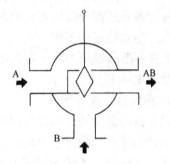

图5-56　三通调节阀（合流阀）

无论是冷却液体（水、盐水和溶液）的蒸发器还是冷却空气的蒸发器，要使它们输出的制冷量与所需负荷相适应，就要不断地调节进入蒸发器的制冷剂流量或多台并联蒸发器的台数。

1. 双位调节

双位调节是制冷系统自动调节的一种方法。双位调节是指系统中的执行机构只有两个位置（全开或全关）的调节。蒸发器的双位调节主要是对蒸发器的供液阀进行控制，适用于小型制冷装置，如冰箱、冷藏柜、房间空调器等，常常是一机一蒸发器。图5-57所示为蒸发器双位调节的原理图。

2. 阶梯式分级调节

对于多台蒸发器为同一对象服务的制冷系统，可以控制蒸发器工作的台数来调节能量，其方法之一是对蒸发器实行阶梯式分阶调节。

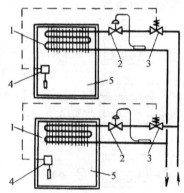

图5-57　蒸发器双
位调节的原理图
1—蒸发器　2—恒温膨胀阀　3—电
磁阀　4—温度控制器　5—冷室

如冷冻水由三台蒸发器共同制备，三台蒸发器都投入运行时的制冷量为100%，若蒸发器的负荷下降，可两台工作，提供66.7%的制冷量；当负荷继续下降时，可只一台工作，提供33.3%的制冷量。

3. 蒸发压力的调节

为了减少冷库制冷量的波动，保证冷藏物品质量和减少干耗以及一机多库条件下正常运行，都需要进行蒸发压力的调节，以保持各蒸发器有各自的蒸发温度。图 5 - 58 所示为伙食冷库一机三用控制原理示意图，三库中冷藏温度不同，鱼肉库 - 10℃，乳品库 2℃，菜库 5℃，因此各蒸发温度、蒸发压力不同。显然，菜库蒸发压力最高，乳品库次之，鱼肉库最低。由于压缩机运行时的吸气压力是按低温库蒸发压力调定的，为了实现三库的蒸发器能处于三个不同的蒸发温度下工作，则需在温度较高的菜库、乳品库的蒸发器出口处安装压力调节阀，使阀前压力保持各自所需蒸发压力，经阀门节流降压后，使阀后压力均与调定的吸气压力相同，达到稳定的工作。

虽然调节蒸发压力在一定程度上也调节了蒸发器的制冷量，但并不能保证被冷却物温度一定。

4. 蒸发器供液量调节

蒸发器的供液量是随着负荷的变化而进行调节。要使它们输出的制冷量与所需要负荷相适应，就要不断地调节进入蒸发器的制冷剂流量。一般可以通过热力膨胀阀、电磁阀、浮球阀等进行控制。对于多台蒸发器可以采用阶梯式分级调节。双位调节只适用于负荷变化不大也不频繁、调节滞后不大的制冷装置中。

图 5 - 59 所示为用浮球液位控制器自动调节满液式蒸发器的供液量。浮球液位控制器根据设定的最低液位与最高液位自动控制电磁阀的启或闭，从而调节蒸发器的供液量。

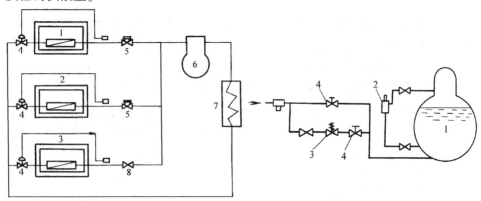

图 5 - 58　伙食冷库一机三用控制原理图
1—菜库　2—乳品库　3—鱼肉库
4—热力膨胀阀　5—蒸发压力调节阀
6—压缩机　7—冷凝器　8—止回阀

图 5 - 59　满液式蒸发器的
供液量自动调节原理图
1—蒸发器　2—浮球液位控制器
3—电磁阀　4—手动膨胀阀

（二）压缩机的自动调节

压缩机能量是与蒸发器的负荷相匹配，根据蒸发器的负荷进行调节。压缩机的调节有双位调节、台数调节和缸数调节等。

1. 台数调节

若一个制冷系统的负荷由数台压缩机所承担，可利用改变压缩机运行台数来达到能量控制。图 5-60 所示为三台压缩机的台数控制原理图，在 1~3 号压缩机的吸气管上，分别装有压力控制器 1P~3P，其压力值整定在不同的数值上，由各自的压力控制器分别控制相应的压缩机。

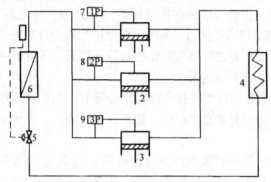

图 5-60　三台压缩机的台数控制原理图

1、2、3—压缩机　4—冷凝器　5—热力膨胀阀　6—蒸发器

7、8、9—压力控制器（1P、2P、3P）

2. 缸数的调节

如图 5-61、图 5-62 所示，每台压缩机上有 2~8 个缸，每个气缸受油路的控制，由一个卸载油缸控制。当向油缸供有压油时，则气缸工作；反之，气缸卸载。卸载油缸的供油受三通电磁阀控制。当三通电磁阀失电，则阀的直通（a-b）成通路，油泵的有压油供给卸载油缸，气缸工作；当三通电磁阀得电，则阀的旁通（b-c）成通路，油缸内的油返回曲轴箱，气缸卸载。

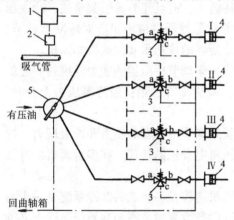

图 5-61　多缸压缩机能量调节原理图

1—压力变送气　2—分级步进调节器

3—三通电磁阀　4—卸载油缸　5—油分配阀

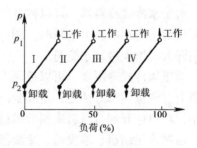

图 5-62　压缩机的吸气压力与负荷的关系

3. 压缩机的安全保护控制

压缩机是制冷系统的"心脏"，压缩机的安全保护控制在压缩机的控制系统中占有相当重要的地位，是保证压缩机安全运行的必要条件。目前，有以下安全保护控制：

（1）高压保护 保护压缩机的排气压力（即高压）不超压。通常 R12 不超过 1.2MPa，R22 和 R17 不超过 1.5MPa。产生排气压力过高的原因可能是冷凝器断水或水量不足；或者启动时排气管路的阀门未打开；还有制冷剂灌注过多；或者因系统不凝性气体过多等原因。

保护控制的方法是在压缩机排气阀前引一导管，接到高压控制器上。当排气压力超过给定值时，控制器立即动作，切断压缩机电源，使压缩机停机，并发出声光报警信号。

（2）低压保护 压缩机吸气压力（即低压）过低（不低于设计蒸发温度减5°C 所对应的饱和压力）和油压差不过小（有卸载机构压缩机不低于 0.15MPa；无卸载机构不应低于 0.05MPa）都是不允许的。如果吸气压力低于要求值时，一方面由于吸气压力过低，蒸发压力过低，会使贮存的食品干耗加大，并易引起食品的变质；另一方面会因低压侧压力过低，引起大量空气渗入系统。因此，压缩机的吸气压力也必须加以控制。

保护控制的方法是在压缩机吸气阀前引出一导压管，接到低压控制器上。当吸气压力低于给定值时，控制器动作，切断压缩机电源，停机。

（三）冷凝器的自动调节

冷凝器调节的目的是在制冷系统内保持相应的冷凝能力，并维持一定的冷凝压力。冷凝压力太高时，会导致压缩机功耗增大，而且还容易引起事故；冷凝压力过低时，膨胀阀的通过能力下降，从而导致蒸发器供液不足。对冷凝器调节，通常是随着压缩机的启闭而同时启闭相应冷凝器的冷却水阀门或冷却风机。

对于水冷式冷凝器，可以控制冷却水流量来调节冷凝器的能力及维持一定的冷凝压力。当冷凝压力下降时，阀门关小，减少冷却水量；当冷凝压力上升时，阀门开大，增大冷却水流量。

对于风冷式冷凝器，可以控制冷却风量来调节冷凝器的能力和冷凝压力。冷凝器通过风量调节方法之一是改变冷凝器风机电动机的转速。在多台风机的冷凝器中，可以停开部分风机来调节风量。

由制冷压缩机、蒸发器、冷凝器、节流机构等设备组成的制冷系统是一个有机的整体，这些设备必须互相匹配，当制冷参数改变时，在制冷系统运行中必须对各个设备或整个系统进行调节与控制。

以上简单介绍了制冷系统常用的一些自控设备和自控方案。随着自控仪表和设备的不断开发，制冷系统的自控和调节会更加完善，同时也会给制冷系统带来更大的发展。

习题与思考题

5-1 冷凝器的作用是什么？根据所采用的冷却剂不同可分为哪几类？

5-2 水冷式冷凝器有哪几种形式？试比较它们的优缺点和使用场合。

5-3 风冷式冷凝器有何特点？宜用在何处？

5-4 蒸发式冷凝器有哪两种形式？试比较之。

5-5 造成冷凝器传热系数降低的原因有哪些？

5-6 蒸发器的作用是什么？根据供液方式不同可分为哪几种形式？各有什么特点？

5-7 满液式蒸发器和非满液式蒸发器各有什么优缺点？

5-8 用于冷却盐水或水的蒸发器有哪几种？各有什么优缺点？

5-9 在氟利昂系统中用立管式或螺旋管式蒸发器行吗？为什么？

5-10 用于冷却空气的蒸发器有哪几种？各用于什么场合？

5-11 如何选择冷凝器和蒸发器？

5-12 分液器有何作用？有哪几种类型？

5-13 节流机构在制冷装置中起什么作用？常用的节流机构有哪几种？它们各用于什么场合？

5-14 手动膨胀阀（即手动调节阀）与截止阀的主要区别有哪两点？说明其安装位置及应用场合。

5-15 浮球膨胀阀的作用是什么？有几种？试说明其工作原理以及它们之间的区别。

5-16 说明热力膨胀阀的分类、组成、工作原理、安装位置。在什么情况下采用外平衡式热力膨胀阀？

5-17 电冰箱和空气调节器的制冷系统中采用什么节流装置？

5-18 浮球膨胀阀用在干式蒸发器中行吗？

5-19 试画一浮球膨胀阀与蒸发器的管路连接图。

5-20 试比较内平衡式和外平衡式热力膨胀阀有何不同，各适用于什么场合？

5-21 试述毛细管的工作原理及使用中应注意的问题。

5-22 试述贮液器的种类和用途。

5-23 高压贮液器在制冷系统中起什么作用？它的容积如何计算？它与冷凝器的相对位置如何？冷凝器与贮液器之间为什么要装有压力平衡管？不装行不行？

5-24 油分离器分离润滑油的原理有哪几种？

5-25 油分离器有哪几种类型？

5-26 绘出氨制冷系统的放油系统，并说明放油的操作步骤。

5-27 系统中为什么有不凝性气体？有何危害？

5-28 试述空气分离器的工作原理。

5-29 在氨制冷系统中过滤器应安装在什么部位？它起什么作用？氟利昂制冷系统中为什么要安装干燥过滤器？

5-30 试分述回热器、安全阀、易熔塞、气液分离器、紧急泄氨器的作用，它们各应用于什么场合？装在什么部位？

5-31 试判断氨液分离器和蒸发器哪个设备相对位置较高？

5-32 已知冷凝器负荷 290kW，冷凝温度 $t_k = 30°C$，冷却水入口温度为 22°C，出口温度为 27°C，试求氨卧式壳管式冷凝器的传热面积。

5-33 已知冷凝器的热负荷 279.12kW，冷却水初温为 26°C，终温为 30°C，试确定立式壳管式冷凝器所需的传热面积。

5-34 已知空调用氨制冷装置的制冷量为 241.784kW，空调冷冻水温度为 5°C，回水温度 10°C，蒸发温度 $t_0 = 0°C$，现选用立管式冷水箱，试求所需的传热面积。

5-35 氨制冷系统的制冷剂流量为 0.4kg/s，冷凝温度为 30°C，试确定高压贮液器的容积。

第六章 双级和复叠式蒸气压缩制冷

在制冷技术中，有时要求蒸发温度很低，对于单级压缩式制冷循环能获得的最低蒸发温度约为 $-25 \sim -30°C$，当用冷场合需要更低温度时，单级制冷循环难以实现，必须采用双级和复叠式蒸气压缩制冷循环。

第一节 双级蒸气压缩制冷循环

一、概述

空调用的制冷技术，单级压缩制冷就可满足，但在冷库制冷中，当结冻间的库房温度要求保持 $-23°C$ 时，其蒸发温度必须达到 $-33°C$ 左右。而单级压缩制冷其蒸发温度只能达到 $-25 \sim -30°C$ 左右，这是因为对活塞式压缩机来说，其压缩机的压力比 p_k/p_0 不能太大。对 R717 其压力比 $p_k/p_0 \leqslant 8$，对 R12 或 R22 其压力比 $p_k/p_0 \leqslant 10$。以 R717 为例，压力比以 8 为限，冷凝温度为 30°C，氨的冷凝压力 $p_k = 1.167MPa$，单级压缩制冷的最低允许蒸发压力 $p_0 = （1.167/8）MPa = 0.146MPa$，其相应的蒸发温度约为 $-25°C$，这就是说，制冷剂为 R717 时，t_0 低于 $-25°C$ 时将采用双级压缩制冷。对于 R12 和 R22，其蒸发温度低于 $-30°C$ 时将采用双级压缩制冷。

双级压缩有双机双级压缩和单机双级压缩之分。所谓双机压缩是由两台不同的压缩机（即低压压缩机和高压压缩机）来完成双级压缩；而单机双级压缩是由一台压缩机上设有低压缸和高压缸来完成双级压缩的。

二、一次节流、完全中间冷却的双级压缩制冷循环

（一）制冷循环过程

双级压缩根据中间冷却器的工作原理不同，分为完全中间冷却的双级压缩和不完全中间冷却的双级压缩。氨系统一般用完全中间冷却的双级压缩，氟利昂系统一般用不完全中间冷却的双级压缩。氨系统完全中间冷却的双级压缩基本原理如图 6-1 所示。

它的工作原理是：质量流量为 M_{R1} 的氨液在蒸发器中吸热，制取冷量 ϕ_0 以后，以状态 1 吸入低压级压缩机（或单机双级压缩的低压缸）压缩到状态 2，进入中间冷却器。状态 2 的过热蒸气被来自膨胀阀的液体制冷剂在中间冷却器内冷却，冷却至饱和状态 3，又进入了高压级压缩机（或单机双级压缩的高压缸）压缩至状态 4，然后进入冷凝器，冷凝至饱和液态 5。状态 5 的高压液体制冷剂分

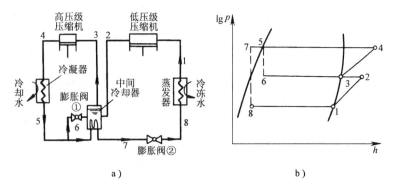

图 6-1 一次节流、完全中间冷却的双级压缩制冷循环

a) 工作流程 b) 理论循环

两路, 一路流量为 M_{R2} 经膨胀阀①节流至状态 6, 进入中间冷却器; 另一路流量 M_{R1} 经中间冷却器的盘管过冷至状态 7, 状态 7 的液体经膨胀阀②节流至状态 8, 然后进入蒸发器中蒸发吸热, 吸收被冷却物体的热量, 达到制冷目的。

（二）热力计算

这里需要指出的是, 上述这种双级压缩制冷循环与单级压缩制冷循环有一点不同, 就是流经各设备的制冷剂质量流量并不相等。流经膨胀阀②、蒸发器和低压压缩机的制冷剂流量为 M_{R1}, 流经高压级压缩机和冷凝器的制冷剂质量流量为 M_R, 也就是说, 高压压缩机的质量流量为 M_R, 低压压缩机的质量流量为 M_{R1}, 它们的差值: $M_R - M_{R1} = M_{R2}$。M_{R2} 就是通过膨胀阀①进入中间冷却器的质量流量。对于中间冷却器来说, 流进的流量为 $M_{R1} + M_{R2}$, 流出的流量为 M_R, 即

$$M_R = M_{R1} + M_{R2} \tag{6-1}$$

因此, 进行热力计算时必须首先计算出流经各设备的制冷剂质量流量, 才能计算各级压缩机的耗功率、循环的制冷系数以及冷却器的热负荷等。

当已知需要的制冷量为 ϕ_0, 通过蒸发器的制冷剂质量流量 M_{R1} 为

$$M_{R1} = \frac{\phi_0}{h_1 - h_8} \tag{6-2}$$

根据工作流程图 6-1a 可以看出, 通过低压级压缩机的制冷剂流量, 与通过膨胀阀②的流量相同, 都是 M_{R1}。

通过膨胀阀①的制冷剂流量 M_{R2} 根据中间冷却器的热平衡方程来确定。一方面是来自低压级压缩机的排气完全冷却至饱和状态; 另一方面从冷凝器出来的制冷剂通过中间冷却器盘管, 液态制冷剂由状态 5 再冷至状态 7, 因此, 中间冷却器的热平衡方程为

$$M_{R1}(h_2 - h_3) + M_{R1}(h_5 - h_7) = M_{R2}(h_3 - h_6)$$

$$M_{R2} = \frac{(h_2 - h_3) + (h_5 - h_7)}{h_3 - h_6} M_{R1} \qquad (6-3)$$

由于 $h_5 = h_6$，$h_7 = h_8$，所以高压级压缩机吸入的饱和蒸气量为

$$M_R = M_{R1} + M_{R2} = \left[1 + \frac{(h_2 - h_3) + (h_5 - h_7)}{h_3 - h_6} \right] M_{R1}$$

$$= \frac{h_2 - h_7}{h_3 - h_6} M_{R1} = \frac{h_2 - h_7}{(h_3 - h_6)(h_1 - h_7)} \phi_0 \qquad (6-4)$$

则低压级压缩机的理论耗功率 P_{th1} 为

$$P_{th1} = M_{R1}(h_2 - h_1) = \frac{h_2 - h_1}{h_1 - h_7} \phi_0 \qquad (6-5)$$

高压级压缩机的理论耗功率 P_{th2} 为

$$P_{th2} = M_R(h_4 - h_3) = \frac{(h_2 - h_7)(h_4 - h_3)}{(h_3 - h_6)(h_1 - h_7)} \phi_0 \qquad (6-6)$$

双级蒸气压缩制冷循环的理论总耗功率为

$$P_{th} = P_{th1} + P_{th2} = \frac{h_2 - h_1}{h_1 - h_7} \phi_0 + \frac{(h_2 - h_7)(h_4 - h_3)}{(h_3 - h_6)(h_1 - h_7)} \phi_0$$

$$= \frac{(h_3 - h_6)(h_2 - h_1) + (h_2 - h_7)(h_4 - h_3)}{(h_3 - h_6)(h_1 - h_7)} \phi_0 \qquad (6-7)$$

双级蒸气压缩制冷循环的理论制冷系数为

$$\varepsilon_{th} = \frac{\phi_0}{P_{th}} = \frac{(h_3 - h_6)(h_1 - h_7)}{(h_3 - h_6)(h_2 - h_1) + (h_2 - h_7)(h_4 - h_3)} \qquad (6-8)$$

[**例 6 - 1**] 双级氨压缩制冷循环如图 6 - 1 所示，蒸发温度为 $-40^\circ C$，p_0 =0.07171MPa，冷凝温度为 $30^\circ C$，$p_k = 1.16693$MPa，冷凝器出口为饱和液。中间压力 $p = \varphi \sqrt{p_0 p_k} = 0.28928$MPa，饱和温度为 $-10.1^\circ C$。如果蒸发器出口为饱和蒸气（一般制冷剂为氨时，压缩机吸入的蒸气应有 $5 \sim 8^\circ C$ 的过热度，但希望不低于 $-40^\circ C$），$t_7 = -5^\circ C$（一般 t_7 比 t_6 高 $5 \sim 8^\circ C$），求该循环的理论制冷系数。

[**解**] 利用 R717 $\lg p - h$ 图可查出：

$h_1 = 1707.70$kJ/kg，$h_2 = 1889.41$kJ/kg，$h_3 = 1749.72$kJ/kg，$h_4 = 1948.12$kJ/kg（$t_4 = 90.29^\circ C$），$h_5 = h_6 = 639.01$kJ/kg，$h_7 = h_8 = 477.22$kJ/kg。

其理论制冷系数，根据式（6 - 8）计算如下：

$$\varepsilon_{th} = \frac{(h_3 - h_6)(h_1 - h_7)}{(h_3 - h_6)(h_2 - h_1) + (h_2 - h_7)(h_4 - h_3)}$$

$$= \frac{(1749.72 - 639.01)(1707.70 - 477.22)}{(1749.72 - 639.01)(1889.41 - 1707.70) + (1889.41 - 477.22)(1948.12 - 1749.72)}$$

$$= 2.835$$

（三）双级压缩氨制冷系统

图 6-2 所示为冷藏库中采用的双级压缩氨制冷系统图，其工艺流程为：低压级压缩机→中间冷却器→高压级压缩机→氨油分离器→冷凝器→高压贮液器→调节站→中间冷却器盘管→氨液过滤器→浮球膨胀阀→气液分离器→氨液过滤器→氨泵→供液调节站→蒸发排管→回气调节站→气液分离器→低压级压缩机。

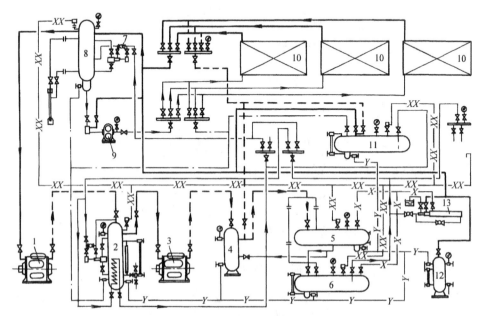

图 6-2 冷藏库用的双级压缩氨制冷系统图

1—低压级压缩机 2—中间冷却器 3—高压级压缩机 4—氨油分离器
5—冷凝器 6—高压贮液器 7—调节阀 8—气液分离器 9—氨泵
10—蒸发排管（或冷风机） 11—排液桶 12—集油器 13—空气分离器

三、一次节流、不完全中间冷却的双级压缩制冷循环

（一）制冷循环过程

氟利昂系统用不完全中间冷却的双级压缩，是希望压缩机吸气的过热度大一些，这样，既能改善压缩机的运行性能，又能改善制冷循环的热力性能。

氟利昂系统用的不完全中间冷却的双级压缩的基本原理如图 6-3 所示。

不完全中间冷却的双级压缩与完全中间冷却的双级压缩主要区别是：低压级压缩机的排气不在中间冷却器中冷却，而是与中间冷却器中产生的饱和蒸气在管路中混合后再进入高压级压缩机中。系统中还设有回热器，使低压蒸气与高压液体进行热交换，保证低压级压缩机吸气的过热度。一般低压级压缩机吸气过热度可取 20~50°C，能使循环系统中 t_7 比 t_6 高 5~8°C。

（二）热力计算

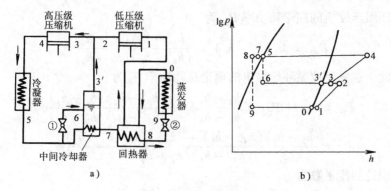

图 6-3　一次节流、不完全中间冷却的双级压缩制冷

a) 工作流程　b) 理论循环

这种循环在进行热力计算时，首先要确定高压级压缩机的吸气状态点 3，状态点 3 是由状态点 2 和状态点 3′这两种状态混合而成，因此热平衡方程为

$$M_{R1}h_2 + M_{R2}h_3{'} = (M_{R1} + M_{R2})h_3$$

$$h_3 = \frac{M_{R1}h_2 + M_{R2}h_3{'}}{M_{R1} + M_{R2}} = \frac{M_{R1}h_2 + M_{R2}h_3{'} + M_{R1}h_3{'} - M_{R1}h_3{'}}{M_{R1} + M_{R2}}$$

$$= h_3{'} + \frac{M_{R1}}{M_{R1} + M_{R2}}(h_2 - h_3{'}) \qquad (6-9)$$

低压级压缩机的制冷剂质量流量为

$$M_{R1} = \frac{\phi_0}{h_0 - h_9} \qquad (6-10)$$

通过膨胀阀①进入中间冷却器的制冷剂质量流量 M_{R2}，可根据中间冷却器热平衡方程式确定，即

$$M_{R2}(h_3{'} - h_6) = M_{R1}(h_5 - h_7)$$

$$M_{R2} = \frac{h_5 - h_7}{h_3{'} - h_6}M_{R1} = \frac{h_5 - h_7}{(h_3{'} - h_6)(h_0 - h_9)}\phi_0 \qquad (6-11)$$

通过高压级压缩机的制冷剂质量流量为

$$M_R = M_{R1} + M_{R2} = \frac{\phi_0}{h_0 - h_9} + \frac{h_5 - h_7}{(h_3{'} - h_6)(h_0 - h_9)}\phi_0 \qquad (6-12)$$

$$M_R = \frac{(h_3{'} - h_6) + (h_5 - h_7)}{(h_3{'} - h_6)(h_0 - h_9)}\phi_0 = \frac{h_3{'} - h_7}{(h_3{'} - h_6)(h_0 - h_9)}\phi_0 \qquad (6-13)$$

将式 (6-10)、式 (6-13) 代入式 (6-9) 可得

$$h_3 = h_3{'} + \frac{(h_3{'} - h_6)(h_2 - h_3{'})}{h_3{'} - h_7} \qquad (6-14)$$

则低压级压缩机的理论耗功率 P_{th1} 为

$$P_{th1} = M_{R1}(h_2 - h_1) = \frac{h_2 - h_1}{h_0 - h_9}\phi_0 \qquad (6-15)$$

高压级压缩机的理论耗功率 P_{th2} 为

$$P_{th2} = M_R(h_4 - h_3) = \frac{(h_3{}' - h_7)(h_4 - h_3)}{(h_3{}' - h_6)(h_0 - h_9)}\phi_0 \qquad (6-16)$$

因此，这种制冷循环压缩机的理论总耗功率 P_{th} 为

$$P_{th} = P_{th1} + P_{th2} = \frac{h_2 - h_1}{h_0 - h_9}\phi_0 + \frac{(h_3{}' - h_7)(h_4 - h_3)}{(h_3{}' - h_6)(h_0 - h_9)}\phi_0$$

$$= \frac{(h_2 - h_1)(h_3{}' - h_6) + (h_3{}' - h_7)(h_4 - h_3)}{(h_3{}' - h_6)(h_0 - h_9)}\phi_0 \qquad (6-17)$$

而理论制冷系数为

$$\varepsilon_{th} = \frac{\phi_0}{p_{th}} = \frac{(h_3{}' - h_6)(h_0 - h_9)}{(h_2 - h_1)(h_3{}' - h_6) + (h_4 - h_3)(h_3{}' - h_7)} \qquad (6-18)$$

（三）双级压缩氟利昂制冷系统

图 6-4 为双级压缩氟利昂制冷系统图。由高、低压压缩机组成双机双级系统，主要设备由低压级压缩机、高压级压缩机、KL—40 型空气冷却器（即蒸发器）、气液交换器、中间冷却器、电磁阀和热力膨胀阀等组成。

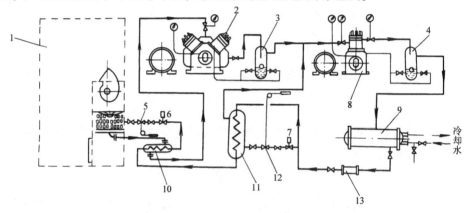

图 6-4　对级压缩氟利昂制冷系统图

1—KL—40 型空气冷却器　2—低压级压缩机　3、4—分油器　5、12—热力膨胀阀
6、7—电磁阀　8—高压级压缩机　9—冷凝器　10—热交换器　11—中间冷却器　13—过滤干燥器

四、选择压缩机时中间压力的确定

在设计双级压缩制冷系统时，选定适宜的中间压力，可以获得最佳的运行经济性，所以，应按运行经济性来确定中间压力，这个中间压力称为最佳中间压力。此时，中间压力的计算公式为

$$p = \sqrt{p_0 p_k} \qquad (6-19)$$

式中　p_0——蒸发压力（MPa）；

　　　p_k——冷凝压力（MPa）。

此中间压力值使双级压缩机所消耗的总功最小，但是制冷剂气体不是理想气

体，而且高低压级压缩机吸气温度不同和吸入气体的重量也不相等，所以应对式（6-19）进行修正。

$$p = \varphi \sqrt{p_0 p_k} \tag{6-20}$$

式中　φ——与制冷剂性质有关的修正系数。

从实际试验结果得出：在相同压力比时，低压级压缩机的容积效率要比高压级小，而且当蒸发温度愈低，吸气压力愈小时，容积效率降低愈大。所以为了提高低压级压缩机的容积效率以获得较大的制冷量，通常对低压级压缩机的压力比取得小些。实际情况表明，最佳中间压力值的确定与许多因素有关，不仅希望双级压缩机的气缸总容积为最小值，而且应使双级压缩机的实际制冷系数为最大值，这样可缩小压缩机的结构尺寸，提高经济性，同时还要求高压级压缩机的排气温度适当低些，以改善压缩机的润滑性能。

综合以上的要求，修正系数 φ 推荐取下列数值。

R22：$\varphi = 0.9 \sim 0.95$；

R717：$\varphi = 0.95 \sim 1.0$。

五、中间冷却器

中间冷却器可分完全中间冷却和不完全中间冷却两种，如图6-5所示，中

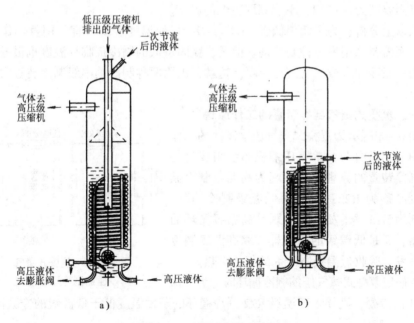

图6-5　中间冷却器示意图

a) 完全中间冷却器　b) 不完全中间冷却器

间冷却器的壳体断面应保证气流速度不超过 0.5m/s，盘管中液态制冷剂的流速为 0.4 ~ 0.7m/s。氨中间冷却器的传热系数为 600 ~ 700W/（m² · K），氟利昂中间冷却器为 350 ~ 400W/（m² · K）。

第二节　复叠式蒸气压缩制冷循环

由于受到制冷剂本身物理性质的限制，两级压缩制冷装置所能达到最低的蒸发温度也是有一定限度的。所以，R12 或 R22 以及 R717 作为制冷制，能够达到的最低蒸发温度有一定限度，这是因为：

1）蒸发温度降低必须有较低的蒸气压力，随着蒸发温度的降低制冷剂的比体积要增大，单位容积制冷能力大为降低，则低压气缸的尺寸也就大大增加。

2）蒸发温度太低，相应的蒸发压力也很低。例如，$R717 t_0 = -65℃$，$p_0 = 0.01564MPa$；$R12 t_0 = -67°C$，$p_0 = 0.0149MPa$；$R22 t_0 = -75°C$，$p_0 = 0.0149MPa$。实际上在活塞式压缩机达到上述蒸发压力时，致使压缩机气缸的吸气阀不能正常工作，同时不可避免地会有空气渗入制冷系统内。

3）蒸发温度必须高于制冷剂的凝固点，否则制冷剂无法进行循环，例如，氨的凝固温度为 -77℃，不能制取更低的温度。

从以上分析，为了获得低于 -60 ~ -70℃ 的温度，就不宜采用氨等作为制冷剂，而需要采用另一种制冷剂。但是，凝固点低的制冷剂临界温度也很低，不利于用一般冷却水或空气进行冷凝。这就引出用两种制冷剂串级制冷装置的复叠式制冷。

一、复叠式蒸气制冷装置的工作原理

图 6-6 所示为复叠式蒸气压缩制冷的工作流程图。它是由两个单级压缩机系统组成的复叠式制冷装置的原理图，左端为高温级制冷循环，制冷剂为 R22；右端为低温级制冷循环，制冷剂为 R13。蒸发冷凝器既是高温级循环的蒸发器，又是低温级的冷凝器。靠高温级制冷剂的蒸发，吸收低温级制冷剂的气化潜热。

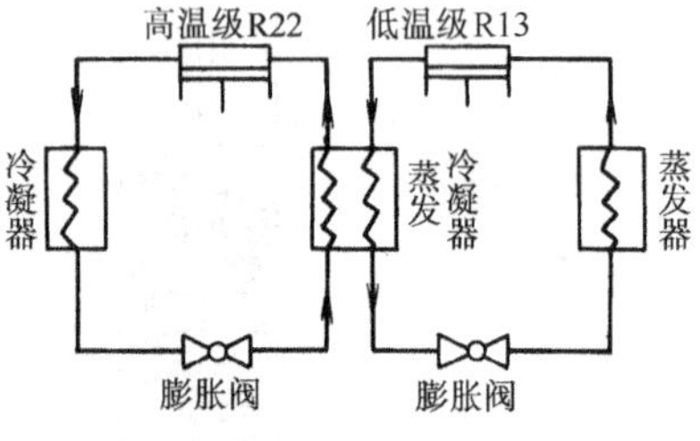

图 6-6　复叠式蒸气压缩制冷原理图

在确定复叠式蒸气压缩制冷循环时，为了保证 R13 的冷凝，则要求高温级 R22 制冷循环的蒸发温度低于低温级的冷凝温度，一般低 3 ~ 5℃。

采用复叠式蒸气压缩式制冷系统是为了获取比较低的蒸发温度，制冷温度范围见表 6-1。当蒸发温度为 -80 ~ -100℃ 时，高温级应采用双级制冷，低温级采用单级来复叠；如果是蒸发温度为 -100℃，低温级应采用双级、高温级采用单级来复叠；只有蒸发温度在 –60°C ~ –80°C，高温级与低温级都采用单级来复叠。

表 6 – 1　复叠式蒸气压缩制冷系统的使用温度范围

温度范围/°C	采用的制冷剂与制冷循环
–60 ~ 80	R22 与 R13 复叠
–80 ~ –100	R22 双级与 R13 复叠
–100 ~ –130	R22 单级与双级 R13 或 R14 复叠

二、复叠式制冷系统图

图 6 – 7 所示为低温 D – 8 型低温箱的复叠式压缩制冷系统图。在低温部分的高压段低压段之间有一膨胀容器，它的作用是防止在制冷机停止工作后低温系统内 R13 的压力过度升高，以保证安全。

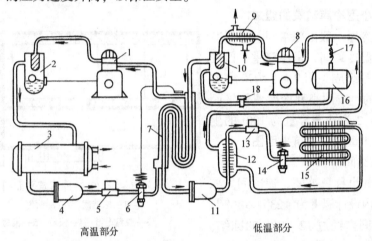

高温部分　　　　　　　　低温部分

图 6 – 7　低温 D—8 型低温箱复叠式压缩制冷系统图

1—R22 压缩机　2、10—油分离器　3—冷凝器　4、11—过滤器　5、13—电磁阀
6、14—热力膨胀阀　7—蒸发冷凝器　8—R13 压缩机　9—预冷器　12—回热器
15—蒸发器　16—膨胀容器　17—毛细管　18—单向阀

习题与思考题

6 – 1　如果低压排气不进中间冷却器冷却，而是与中间冷却器出来的气体混合后进入高压压缩机，这种形式中间冷却器属于哪一种中间冷却？

6 – 2　如果蒸发温度为 –120°C，用复叠式制冷时，是低温级采用双级还是高温级采用双级？

6 – 3　复叠式制冷系统为什么要在低温级附设膨胀容器？

6 – 4　某双级压缩制冷系统，制冷剂采用 R717，当 $p_0 = 0.0717\text{MPa}$，$p_k = 1.167\text{MPa}$，试确定中间压力。

6 – 5　试述氨制冷系统、氟利昂制冷系统的工作过程。

第七章　小型冷库制冷工艺设计

冷库是在特定的温度和相对湿度条件下加工和贮存食品、工业原料、生物制品以及医药等物资的专用建筑物。本章主要介绍库容量在1000m³以内，贮量200t以下的食品冷库工艺设计有关方面的内容。

第一节　冷藏库概述

一、小型冷库建筑的组成

小型冷库一般由冻结间、高温冷藏间、低温冷藏间、常温穿堂、值班室、机房等组成。图7-1为冷藏容量为30t的生产性小型冷库建筑平面图；图7-2为冷藏容量为100t的生活供应性小型冷库建筑平面图。

1. 冻结间

冻结间也称急冻间、速冻间。冻结间的室内设计温度为-23～-30℃，肉在冻结间内经过12～20h的冻结，肉内温度从35℃降到-15℃以下。

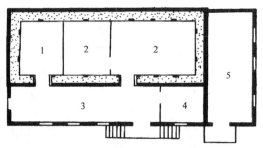

图7-1　30t冷库建筑平面图

1—冻结间　2—冷藏库
3—脱盘走道　4—值班　5—机房

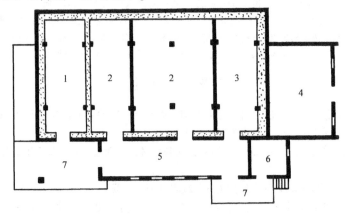

图7-2　100t冷库建筑平面图

1—高温冷藏间　2—冻结物冷藏间　3—冻结间　4—机房　5—常温穿堂　6—休息间　7—站台

2. 高温冷藏间

高温冷藏间的室内设计温度一般为 0～2°C，其功能是存放蔬菜、水果、蛋、豆制品等，也可用于肉类、家禽的解冻和保鲜。

3. 低温冷藏间

低温冷藏间也称冻结物冷藏间，其功能是贮存肉类、鱼肉、家禽等冻结物，室内温度一般在 -12°C 以下，贮存肉类时室温为 -18～-20°C。低温冷藏间由于库温低，因此保存食品的质量好，保存的周期长。

4. 穿堂

穿堂是食品进出库的通道，并起到沟通各冷间、便于装卸周转的作用。目前冷库设计中较多采用库外常温穿堂，将穿堂布置在冷库主体建筑之外。

5. 机房

通常把包括压缩机间、设备间、水泵房、配电间、工人值班室组合在一起的部分称为机房。

二、冷库容量的确定

1. 冻结间冻结量的计算

小型冷库的冻结间一般以搁架式排管作为冷分配设备兼货架，肉、家禽及水产品一般装在盘内直接放在搁架式排管上冻结。搁架式排管冻结间的每昼夜冻结量按下式计算：

$$G = \frac{\eta A}{a} \frac{g}{1000} \frac{24}{T} \qquad (7-1)$$

式中　G——冻结间每昼夜冻结能力（t）；

η——搁架利用系数，盘装食品 $\eta = 0.85～0.90$，听装食品 $\eta = 0.7～0.85$，箱装食品 $\eta = 0.7～0.85$；

A——搁架各层有效载货面积之和（不包括弯头部分）（m²）；

a——每件冻结食品容器所占面积（m²）；

g——每件食品净重（kg）；

T——冻结一次周转的时间（h）；

24——每昼夜小时数（h）。

2. 冷库冷藏间的容量计算

冷库冷藏间的容量以冷藏间的公称容积为计算标准，其贮藏吨位 G 可按下式求得。

$$G = \frac{\Sigma V \rho \eta}{1000} \qquad (7-2)$$

式中　G——冷藏间贮藏吨位（t）；

V——冷藏间公称容积（m³）；

ρ——食品的计算密度（kg/m³），见表7－1；

η——冷藏间容积利用系数，见表7－2。

表7－1　食品的计算密度表

序号	食品名称	密度/（kg/m³）	序号	食品名称	密度/（kg/m³）
1	冻猪白条肉	400	15	纸箱冻蛇	450
2	冻牛白条肉	330	16	木箱鲜鸡蛋	300
3	冻羊腔	250	17	篓装鲜鸡蛋	230
4	块装冻剔骨肉或副产品	600	18	篓装鸭蛋	250
5	块装冻鱼	470	19	篓装蔬菜	250（170～340）
6	块装冻冰蛋	630	20	筐装新鲜水果	200（200～230）
7	听装冻冰蛋	600	21	箱装新鲜水果	300（270～330）
8	冻猪油（冻动物油）	650	22	托板式活动货担存菜	250
9	盘冻鸡	350	23	木杆塔固定货架存蔬菜（不包括架间距离）	220
10	盘冻鸭	450			
11	盘冻蛇	700	24	机制冰	750
12	纸箱冻家禽	550	25	食品罐头	600
13	纸箱冻兔（带骨）	500	26	其他	按实际密度采用
14	纸箱冻兔（去骨）	650			

注：同一座冷藏库如同时存放猪、牛、羊肉、禽类、水产品等，其密度均按400kg/m³计。当只存羊腔时，密度按250kg/m³计算；只存冻牛、羊肉时，密度按330kg/m³计算。

表7－2　小型冷库容积利用系数

公称容积/m³	501～1000	101～500	51～100	≤50
容积利用系数	0.41	0.35	0.30	0.25

注：蔬菜冷库的容积利用系数应按表7－2数值乘以0.8的修正系数。

第二节　冷藏库耗冷量计算

冷藏库耗冷量计算是计算组成冷藏库各冻结间、高低温冷藏间的耗冷量，其目的在于正确合理地确定各库房的冷分配、设备负荷及制冷机机器负荷。冷库的耗冷量在一年四季中并不是恒定不变的，其大小受室外气温、冷冻或冷却货物的进货量、操作管理方式等因素的影响。因此，在一般条件下，先计算各种耗冷量的最大值，然后在确定库房冷分配、设备负荷及制冷机机器负荷时，再根据不同情况对某些耗冷量乘以不同的修正系数。

冷藏库耗冷量计算包括下列五个方面：

1）围护结构耗冷量 ϕ_1。

2）货物耗冷量 ϕ_2。

3）通风换气耗冷量 ϕ_3。

4）连续运行的电动设备耗冷量 ϕ_4。

5）操作管理耗冷量 ϕ_5。

一、围护结构耗冷量的计算

冷库是一个低温环境的仓库，尽管在冷库的围护结构中做有隔热层，根据传热学理论，只要有温差存在，或多或少总要有热量从围护结构由外向内传入而影响到库房温度。围护结构耗冷量按稳定传热公式计算：

$$\phi_1 = KA(t_w - t_n)a \tag{7-3}$$

式中　K——围护结构的传热系数 $[W/(m^2 \cdot ℃)]$；

　　　A——围护结构传热面积 (m^2)；

　　　t_w——围护结构外侧计算温度 $(℃)$；

　　　t_n——围护结构内侧计算温度 $(℃)$；

　　　a——围护结构两侧温差修正系数。

（一）围护结构传热面积 A 的尺寸计算

1. 地面、屋面的面积

按内墙的中到中或外墙的外表面到内墙中计算。

2. 墙高度

（1）中间层　按该层楼板面至上层楼板面计算。

（2）最高层　按该层楼板面至屋盖外表面或阁楼绝热层的上表面计算。

（3）首层

1）土壤上无绝热层的地坪，按该层地坪表面至上层楼板面计算。

2）土壤上有绝热层的地坪，按绝热层下表面至上层楼板面计算。

3）有架空通风的地坪，按架空板的下表面至上层楼板面计算。

4）埋设通风管的地坪，按通风管顶表面至上层楼板面计算。

3. 外墙长度

（1）有拐角的外墙　按端部外表面至内隔墙中线计算。

（2）没有拐角的外墙：按内隔墙的中到中计算。

4. 内墙长度

（1）两端连接外墙的　按两外墙内表面的距离计算。

（2）一端连接外墙的　按外墙内表面至内隔墙中计算。

（3）两端内墙　按两内墙中到中计算。

（二）围护结构传热系数 K 的确定

在计算耗冷量时，围护结构已经确定，故传热系数可根据围护结构的材料和具体构造按下式进行计算：

$$K = \frac{1}{\dfrac{1}{\alpha_w} + \dfrac{\delta_1}{\lambda_1} + \dfrac{\delta_2}{\lambda_2} + \cdots + \dfrac{1}{\alpha_n}} \qquad (7-4)$$

式中　α_w、α_n——围护结构外、内表面的放热系数 [W/ ($m^2 \cdot$ °C)]，见表7-3；

　　　　δ_1、δ_2——围护结构各构造层厚度 (m)；

　　　　λ_1、λ_2——围护结构各构造层的导热系数 [W/ (m·°C)]，查有关设计手册。

地面的传热系数可查表7-4和表7-5。

表7-3　冷藏库围护结构外表面和内表面放热系数

围护结构部位及环境条件	α_w/[W/($m^2 \cdot$°C)]	α_n/[W/($m^2 \cdot$°C)]
无防风设施的屋面、外墙的外表面	23	
顶棚上为阁楼或有房屋和外墙外部紧邻其他建筑物的外表面	12	
外墙和顶棚的内表面、内墙和楼板的表面、地面的上表面：		
1）冻结间、冷却间设有强力鼓风装置时	—	29
2）冷却物冷藏间设有强力鼓风装置时	—	18
3）冻结物冷藏间设有鼓风的冷却设备时	—	12
4）冷间无机械鼓风装置时	—	8
地面下为通风架空层	8	—

注：地面下为通风加热管道和直接铺设于土壤上的地面以及半地下室外墙埋入地下的部位，外表面传热系数均可不计。

表7-4　直接铺设在土壤上的地面传热系数 K

库房设计温度/°C	0 ~ -2	-5 ~ -10	-15 ~ -20	-23 ~ -28	-35
K/ [W/ ($m^2 \cdot$°C)]	0.58	0.39	0.31	0.26	0.21

表7-5　铺设在架空层上的地面传热系数 K

冷间设计温度/°C	0 ~ -2	-5 ~ -10	-15 ~ -20	-23 ~ -28	-35
K/ [W/$m^2 \cdot$°C)]	0.47	0.37	0.29	0.24	0.21

（三）围护结构内外侧计算温度的确定

1. 围护结构外侧计算温度

围护结构外侧的计算温度应按下列规定取值：

1）计算外墙、屋面、顶棚时，t_w 应采用夏季空气调节室外计算日平均温度。

2）计算内墙和楼面时，t_w 应取其邻室的室温。当邻室为冷却间或冷冻间时，应取该类冷间空库保温温度。空库保温温度，冷却间应按10°C计算，冷冻

间应按 –10°C 计算。

3）冷间地面隔热层下设有通风加热装置时，其外侧温度按 1~2°C 计算；如地面下部无通风等加热装置或地面隔热层下为通风架空层时，其外侧的计算温度应采用夏季空气调节日平均温度。

2. 围护结构内侧计算温度

围护结构内侧计算温度即库房室内设计温度，见表 7–6。

表 7–6　库房室内设计温度和相对湿度

序号	库房名称	室温/°C	相对湿度/%	贮藏食品种类
1	冷却间	0		肉、蛋等
2	冻结间	–18 ~ –23		肉、禽、兔、冰蛋、蔬菜等
		–23 ~ –30		鱼、虾等
3	冷却物冷藏间	0	85~90	冷却后的肉、禽
		–2~0	80~85	鲜蛋
		–1~1	90~95	冰鲜鱼
		0~2	85~90	苹果、鸭梨等
		–1~1	90~95	大白菜、蒜苔、葱头、菠菜、胡罗卜、甘蓝、芹菜、莴苣等
		2~4	85~90	大豆、桔子、荔枝等
		7~13	85~95	柿子椒、菜豆、黄瓜、蕃茄、菠萝、柑等
		11~16	85~90	香蕉等
4	冻结物冷藏间	–15 ~ –20	85~90	冻肉、禽、兔和副产品、冻蛋、冻蔬菜等
		–18 ~ –23	90~95	冻鱼、虾等
5	储冰间	–4 ~ –6		盐水制冰的冰块

（四）围护结构两侧温差修正系数 a 值

围护结构两侧温差修正系数 a 值见表 7–7。

表 7–7　围护结构两侧温差修正系数 a 值

序号	围护结构部分	a
1	$D>4$ 的外墙：冻结间、冻结物冷藏间	1.05
	冷却间、冷却物冷藏间、储冰间	1.10
2	$D>4$ 相邻有常温房间的外墙：冻结间、冻结物冷藏间	1.00
	冷却间、冷却物冷藏间、储冰间	1.00
3	$D>4$ 的冷间顶棚，其上为通风阁楼，屋面有隔热层或通风层：	
	冻结间、冻结物冷藏间	1.15
	冷却间、冷却物冷藏间、储冰间	1.20
4	$D>4$ 的冷间顶棚，其上为不通风阁楼，屋面有隔热层或通风层：	
	冻结间、冻结物冷藏间	1.20
	冷却间、冷却物冷藏间、储冰间	1.30
5	$D>4$ 的无阁楼屋面，屋面有通风层：冻结间、冻结物冷藏间	1.20
	冷却间、冷却物冷藏间、储冰间	1.30

（续）

序号	围护结构部分	a
6	$D \leqslant 4$ 的外墙：冻结物冷藏间	1.30
7	$D \leqslant 4$ 的无阁楼屋面：冻结物冷藏间	1.60
8	半地下室外墙外侧为土壤时	0.20
9	冷间地面下部无通风等加热设备时	0.20
10	冷间地面隔热层下有通风等加热设备时	0.60
11	冷间地面隔热层下为通风架空层时	0.70
12	两侧均为冷间时	1.00

注：1. D 为围护结构热惰性指标，材料层热绝缘系数 M（传热阻 R）与蓄热系数 S 的乘积，即 $D = MS$；重型结构的外围护结构总热惰性指标 $D > 6$（不常用）；中型结构的外围护结构总热惰性指标 $D \geqslant 4$（不常用）；轻型结构的外围护结构总热惰性指标 $D \leqslant 4$（常用）。

2. 负温穿堂可参照冻结物冷藏间选用 a 值。

3. 表内未列的其他库温等于或高于 0°C 的库房可参照各项中冷却间的 a 值选用。

二、货物耗冷量的计算

一般食品进库时的温度都高于库房温度，食品温度与库房温度之差会导致食品向库内放热。生鲜食品当其为活体时，还要进行呼吸，吸进氧气与体内糖类进行氧化分解，这种生理作用也是放热反应；带包装的食品，由于进出库温差的存在，包装材料还会有显热放出等，这些放出的热量就构成了一项货物耗冷量 ϕ_2。

货物耗冷量按下式计算：

$$\phi_2 = \phi_{2a} + \phi_{2b} + \phi_{2c} + \phi_{2d}$$

$$= \frac{1}{3.6}\left(\frac{G(h_1 - h_2)}{T} + GB\frac{(t_1 - t_2)C_b}{T} \right) + \frac{G(q_1 + q_2)}{2} + (G_n - G)q_2 \quad (7-5)$$

式中　ϕ_{2a}——食品热量（W）；

ϕ_{2b}——包装材料和运载工具热量（W）；

ϕ_{2c}——食品冷却时的呼吸热量（W）；

ϕ_{2d}——食品冷藏时的呼吸热量（W）；

$\dfrac{1}{3.6}$——1kJ/h 换算成 W 的数值；

G——库房的每日进货量（kg）；

h_1、h_2——食品进入库房初始温度和终止降温时的焓值（kJ/kg），见表 7-8；

T——货物冷却时间（h），对于冷藏间取 24h，对于冷却间、冻结间取设计冷加工时间；

表 7-8 食品焓值表 (kJ/kg)

食品温度/°C	牛肉各种禽类	羊肉	猪肉	肉类副产品	去骨牛肉	少脂肪鱼	多脂肪鱼	鱼片	鲜蛋	蛋黄	纯牛奶	奶油	炼制奶油	奶油冰淇淋	牛奶冰淇淋	葡萄杏子樱桃	水果及其他浆果	水果及糖浆浆果	加糖的浆果
-25	-10.9	-10.9	-10.5	-11.7	-11.3	-12.2	-12.2	-12.2	-8.8	-9.6	-12.6	-9.2	-8.8	-16.3	-14.7	-17.2	-14.2	-17.6	-22.2
-20	0.0	0.0	0.0	0.0	0.0	0.0	0.0	0.0	0.0	0.0	0.0	0.0	0.0	0.0	0.0	0.0	0.0	0.0	0.0
-19	2.1	2.1	2.1	2.5	2.5	2.5	2.5	2.5	2.1	2.1	2.9	1.7	1.7	3.4	2.9	3.8	3.4	3.8	5.0
-18	4.6	4.6	4.6	5.0	5.0	5.0	5.0	5.0	4.2	4.6	5.4	3.8	3.4	7.1	6.3	7.5	6.7	8.0	10.0
-17	7.1	7.1	7.1	8.0	8.0	8.0	8.0	8.0	6.3	6.7	8.4	5.9	5.0	11.3	9.6	11.7	10.0	12.0	15.5
-16	10.0	9.6	9.6	10.9	10.5	10.9	10.9	10.9	8.4	8.8	11.3	8.0	7.1	15.5	13.4	15.9	13.4	16.8	21.0
-15	13.0	12.6	12.2	13.8	13.4	14.2	14.2	14.7	10.5	11.3	14.2	10.1	9.2	19.7	17.6	20.5	17.2	21.4	26.8
-14	15.9	15.5	15.1	17.2	16.8	17.6	17.2	18.0	12.6	13.8	17.6	12.6	11.3	24.3	22.2	25.6	21.0	26.4	33.1
-13	18.9	18.4	18.0	20.5	20.1	21.0	20.5	21.8	15.1	15.9	21.4	15.1	13.4	29.3	27.2	31.0	25.1	31.4	39.8
-12	22.2	21.8	21.4	24.3	23.5	24.7	24.3	25.6	17.6	18.4	25.1	17.6	15.9	34.8	33.1	36.5	29.7	36.9	46.9
-11	26.0	25.6	25.1	28.5	27.2	28.9	28.1	29.7	20.1	21.4	28.9	20.5	18.0	40.6	39.8	42.7	34.4	43.2	54.9
-10	30.2	29.7	28.9	33.1	31.4	33.5	32.7	34.8	22.6	24.3	32.7	23.5	20.5	46.9	47.3	49.9	39.4	49.4	63.7
-9	34.8	33.9	33.1	38.1	36.0	38.5	37.3	40.2	25.6	28.5	37.3	26.4	23.5	54.1	55.7	57.8	44.8	56.6	73.7
-8	39.4	38.5	37.3	43.2	41.1	43.6	42.3	45.7	28.5	31.0	42.3	29.3	26.0	62.4	65.4	66.6	51.1	64.9	85.9
-7	44.4	43.6	41.9	48.6	46.1	49.4	47.8	51.5	31.8	34.4	48.2	32.7	28.5	72.9	72.1	78.8	58.7	75.8	101.0
-6	50.7	49.4	47.3	55.3	52.4	56.6	54.5	58.7	36.0	39.0	54.9	36.5	31.4	86.7	92.2	93.9	68.7	89.7	120.3

（续）

食品温度/°C	牛肉各种禽类	羊肉	猪肉	肉类副产品	去骨牛肉	少脂鱼	多脂鱼	鱼片	鲜蛋	蛋黄	纯牛奶	奶油	炼制奶油	奶油冰淇淋	牛奶冰淇淋	葡萄杏子樱桃	水果及其他浆果	水果及糖浆的浆果	加糖的浆果
−5	57.4	55.7	54.5	62.9	59.9	74.2	61.6	67.0	41.5	44.8	62.9	40.6	34.4	105.6	111.9	116.1	82.1	108.1	147.5
−4	66.2	64.5	62.0	72.9	69.1	80.9	71.2	77.5	47.8	52.0	73.7	44.8	36.9	132.0	138.7	150	104.3	135.3	169.7
−3	75.4	77.1	73.7	88.0	83.0	89.2	85.5	93.9	227.9/57.8*	63.3	88.8	50.7	39.8	178.9	181.4	202.8	139.1	180.6	173.5
−2	98.9	96.0	91.8	109.8	103.5	111.9	106.4	117.7	230.9/75.8*	83.4	111.5	60.3	43.2	221.2	230.0	229.2	211.2	240.1	176.4
−1	186.0	179.8	170.1	204.5	194.4	212.4	199.9	225.0	234.2/128.6*	142.0	184.4	91.8	49.0	224.6	233.4	233.0	268.2	243.9	179.8
0	232.5	224.2	212.0	261.5	243.0	266.0	249.3	282.0	237.6	264.4	319.3	95.1	52	227.9	236.7	236.3	271.9	247.2	182.7
1	235.9	227.5	214.9	264.8	246.4	269.8	253.1	285.8	240.5	267.7	323.0	98.0	55.3	231.3	240.1	240.1	275.7	251.0	186.0
2	238.8	230.5	217.9	268.6	249.7	273.2	256.4	289.1	243.9	271.1	326.8	101.4	58.2	234.6	243.4	243.4	279.5	254.3	189.0
3	242.2	233.8	221.2	271.9	253.1	277.0	259.8	292.9	246.8	274.4	331.0	104.8	61.2	238.0	247.2	249.7	283.2	258.1	192.3
4	245.5	236.7	224.2	275.3	256.4	280.3	263.1	296.7	250.1	277.8	334.8	107.7	64.1	241.3	250.1	250.6	287.0	261.5	195.3
5	248.5	240.1	227.1	279.1	259.8	288.7	266.5	300.4	253.1	281.6	339.0	111.5	67.5	244.7	253.9	254.3	290.8	266.5	198.6
6	251.8	243.0	230.0	282.4	263.1	287.4	269.8	303.8	256.4	284.9	342.7	114.4	70.8	248.0	257.3	257.7	294.6	268.6	201.5
7	255.2	246.4	233.4	285.8	266.5	290.8	273.2	307.5	259.4	288.3	346.5	117.7	74.2	251.4	260.6	260.6	298.3	272.4	204.9
8	258.5	249.3	236.3	289.5	269.4	295.4	277.0	311.3	262.7	291.6	350.7	121.5	77.5	254.8	264.0	264.8	302.1	275.7	207.8
9	261.5	252.6	239.2	292.9	272.8	297.9	280.3	315.1	256.6	295.0	354.5	125.7	81.3	258.1	267.3	268.6	305.9	279.5	211.2
10	264.8	255.6	242.2	296.2	276.1	301.3	283.7	318.4	269.0	298.7	358.7	129.9	85.5	261.5	270.7	271.9	309.6	282.8	214.1
11	268.2	258.9	245.5	300.0	279.5	305.0	287.0	322.2	271.9	302.1	362.4	134.1	90.1	264.8	274.4	275.7	313.4	286.6	217.5
12	271.1	261.9	248.5	303.4	282.8	308.4	290.4	326.0	275.3	305.5	366.6	138.7	95.1	268.2	277.8	279.1	317.2	289.9	220.4
13	274.4	265.2	251.4	306.7	286.2	312.2	293.7	329.3	278.6	308.8	370.4	144.1	100.6	271.5	281.1	282.8	321.0	293.7	223.7

（续）

食品温度/℃	牛肉各种禽类	羊肉	猪肉	肉类副产品	去骨牛肉	少脂鱼	多脂鱼	鱼片	鲜蛋	蛋黄	纯牛奶	奶油	炼制奶油	奶油冰淇淋	牛奶冰淇淋	葡萄杏子樱桃	水果及其他浆果	水果及糖浆浆果	加糖的浆果
14	277.8	268.2	254.3	310.5	289.5	315.5	297.1	333.1	281.6	312.2	374.6	149.6	106.4	274.9	284.5	286.2	324.7	297.1	226.7
15	280.7	271.5	257.3	313.8	292.9	318.9	300.8	336.9	284.9	315.9	378.8	155.4	112.3	278.2	287.9	289.9	328.5	300.8	230.0
16	284.1	274.4	260.6	317.2	296.2	322.6	304.2	340.6	287.9	319.3	382.5	161.6	118.6	281.6	291.2	293.3	332.3	304.2	233.0
17	287.4	277.8	263.6	321.0	299.6	326.0	307.5	344.0	291.2	322.6	386.7	166.8	124.9	284.9	294.6	297.1	336.5	308.0	236.3
18	290.4	280.7	266.5	324.3	302.9	329.8	310.9	347.8	294.1	326.0	390.9	172.2	130.3	288.3	297.9	300.4	339.8	313.4	239.2
19	293.7	284.1	269.4	327.7	306.3	331.1	314.3	351.5	297.5	329.3	394.7	177.7	136.2	291.6	301.3	304.2	343.6	315.1	242.6
20	297.1	287.0	272.8	331.4	309.6	336.5	317.6	355.3	300.4	333.1	398.9	182.7	141.2	295.0	304.6	307.5	347.4	318.4	245.5
21	300.0	290.4	275.7	334.8	313	340.2	321.4	358.7	303.8	336.5	402.7	187.7	146.2	298.3	308.0	311.3	351.1	322.2	248.9
22	303.4	293.3	278.6	338.1	315.9	343.6	324.7	362.4	307.1	339.8	406.8	192.3	150.8	301.7	311.3	315.1	345.9	325.6	251.8
23	306.7	296.7	281.6	341.9	319.3	346.0	328.1	366.2	310.1	343.2	410.6	196.5	155.4	305.0	314.7	318.4	358.7	329.3	255.2
24	310.1	299.6	284.9	345.3	322.6	350.7	331.4	369.6	313.4	346.5	414.8	200.7	159.6	308.4	318.0	321.8	362.4	332.7	258.1
25	313.0	302.9	287.9	349.0	326.0	354.1	334.8	373.3	316.3	350.3	418.6	204.9	163.8	311.4	321.4	325.6	366.2	336.5	261.5
26	316.4	305.9	290.8	352.4	329.3	357.8	338.1	377.1	319.7	—	422.8	208.7	167.6	315.1	325.1	328.9	370.0	339.8	264.4
27	319.7	309.2	293.7	356.2	332.7	361.2	341.5	380.9	322.6	—	426.5	212.4	171.0	318.4	328.5	332.7	373.8	343.6	267.3
28	322.6	312.2	297.1	359.5	336.0	365.0	345.3	384.2	326.0	—	430.7	215.8	174.3	321.8	331.9	336.0	377.5	344.4	270.7
29	326.0	315.5	300.0	362.9	339.4	368.3	348.6	388.0	328.9	—	434.5	219.1	177.7	325.1	335.2	339.8	381.3	350.7	273.6
30	329.3	318.4	302.9	366.6	342.7	371.7	352.0	391.8	332.3	—	438.7	222.9	181.4	328.5	338.6	343.2	385.1	354.1	277.0

*分子为冷却鸡蛋的焓值,分母为冻蛋的焓值。

B——货物包装材料或运载工具重量系数，见表7-9；

C_b——包装材料或运载工具的比热容 [kJ/（kg·℃）]，见表7-10；

t_1、t_2——包装材料或运载工具进入库房时和终止降温时的温度（℃）；

q_1、q_2——食品冷却初始温度时和终止温度时的呼吸热量（W/kg），见表7-11；

G_n——冷却物冷藏间的冷藏量（kg）。

使用以上公式时应注意以下几点：

1）当冷库仅有鲜水果和鲜蔬菜的冷藏间时，只需计算 ϕ_{2c} 和 ϕ_{2d}。

2）如冻结过程中需加水时，应把水的热量加入公式值内。

3）库房每日的进货量 G 应按下列规定取值：

①冷却间或冷冻间应按设计冷加工能力计算。

②存放果蔬的冷却物冷藏间应按不大于该间冷藏吨位的8%计算；存放鲜蛋的冷却物冷藏间，应按不大于该间冷藏吨位的5%计算。

③有从外地调入货物的冷藏库，其冻结物冷藏间每间每日进货量应按该间冷藏吨位的5%计算。

④无外地调入货物的冷藏库，其冻结物冷藏间每间每日进货量一般宜按该库每日冻结量计算；如该进货量大于按该冷藏间吨位5%计算的进货量时，则应按冷间冷藏吨位的5%计算。

4）货物进入冷库时的温度，应按下列规定来计算：

①未经冷却的鲜肉温度应按35℃计算，已冷却的鲜肉温度按4℃计算。

②从外地调入的冻肉温度按 -8 ~ -10℃ 计算。

③无外地调入货物的冷库，进入冻结物冷藏间的货物温度按该冷库冻结间终止降温时的货物温度计算。

④鲜蛋、水果、蔬菜的进货温度按当地货物进入冷间生产旺月的月平均温度计算。

表7-9 货物包装材料和运载工具重量系数表

序号	食品类别	重量系数 B		序号	食品类别	重量系数 B
1	肉类、鱼类、冻蛋类	冷藏	0.1	2	鲜蛋类	0.25
		肉类冷却或冻结（猪单轨叉挡式）	0.1	3	鲜水果	0.25
		肉类冷却或冻结（猪双轨叉挡式）	0.3	4	鲜蔬菜	0.35
		肉类、鱼类、冻蛋类（搁架式）	0.3			
		肉类、鱼类、冻蛋类（吊笼式或架子式手推车）	0.6			

表7-10 包装材料或运载工具的比热容量

名　　称	$c_p/$ [kJ/ (kg·℃)]	名　　称	$c_p/$ [kJ/ (kg·℃)]
木板类	2.51	马粪纸、瓦纸类	1.47
黄铜	0.39	黄油纸类	1.51
铁皮类	0.42	布类	1.21
铝皮	0.88	竹器类	1.51
玻璃容器类	0.84		

表7-11　一些主要水果与蔬菜的呼吸热

品　种	不同温度下的呼吸热/（W/t）						
	0	2	5	10	15	20	25
杏	17	27	56	102	155	199	—
香蕉（青）	—	—	52	98	131	155	—
香蕉（熟）	—	—	58	116	164	242	—
成熟柠檬	9	13	20	33	47	58	78
甜樱桃	21	31	47	97	165	219	—
橙	10	13	19	35	56	69	96
西瓜	19	23	27	46	70	102	—
梨（早熟）	20	28	47	63	160	278	—
梨（晚熟）	10	22	41	56	126	219	—
苹果（早熟）	19	21	31	60	92	121	149
苹果（晚熟）	10	14	21	31	58	73	—
李	21	35	65	126	184	233	—
葡萄	9	17	24	36	49	78	102
香瓜	20	23	28	43	76	102	—
桃	19	22	41	92	131	181	236
菠萝（熟）	—	—	45	70	80	87	—
酸樱桃	22	34	53	107	184	242	—
草莓	47	63	92	175	242	300	453
坚果	2	3	5	10	10	15	—
抱子甘蓝	67	78	135	228	295	520	—
菜花	63	17	88	138	259	402	—
卷心菜	33	36	51	78	121	194	—
结球甘蓝（冬天）	19	24	24	38	58	116	—
马铃薯	20	22	24	26	36	44	—
胡萝卜	28	34	38	44	97	135	—
黄瓜	20	24	34	60	121	174	—

（续）

品　种	不同温度下的呼吸热/（W/t）						
	0	2	5	10	15	20	25
甜　菜	20	28	34	60	116	213	—
西红柿	17	20	28	41	87	102	—
蒜	22	31	47	71	128	152	—
葱　头	20	21	26	34	46	58	—
青　豆	70	82	121	206	412	577	721
莴　苣	39	44	51	102	189	339	
蘑　菇	121	131	160	252	485	635	—
豌　豆	104	143	189	267	460	645	872
芹　菜	20	—	29	—	102		
玉蜀黍	80	—	116	—	465	—	756
青　椒	33	—	64	96	114	131	
芦　笋	65	—	85	160	279	363	—
菠　菜	82	—	199	313	523	897	—

注：表中抱子甘蓝又称嫩芽卷心菜，青豆又称四季豆。

5）包装材料或运载工具进出库房的温度按下列规定取值：

①包装材料或运载工具进入库房温度的取值应按夏季空调日平均温度乘以生产旺月的温度修正系数（见表7-12）。

②包装材料或运载工具在冷间内终止降温时的温度，一般为该冷间的设计温度。

表7-12　包装材料或运载工具进入冷间的温度修正系数

进入冷间月份	1	2	3	4	5	6	7	8	9	10	11	12
温度修正系数	0.10	0.15	0.33	0.53	0.72	0.86	1.00	1.00	0.83	0.62	0.41	0.20

三、通风换气耗冷量的计算

对于贮藏鲜蛋、水果、蔬菜等活体食品的冷藏间，根据食品冷加工工艺要求，尽可能地延长活体生命期，需要定期更换新鲜空气，给贮藏的活体食品提供必要的氧气以维持其呼吸及消除冷间内的异味。有的冷间作为食品加工操作间，为了满足生产工人呼吸需要，也要补充新鲜空气。室外空气进入冷间将被冷却，同时空气的含湿量也将产生变化，导致一部分水蒸气凝结也将消耗一定的冷量，这两项就构成了冷间的通风换气耗冷量 ϕ_3。

通风换气耗冷量 ϕ_3 按下式计算：

$$\phi_3 = \phi_{3a} + \phi_{3b}$$
$$= \frac{1}{3.6}\left(\frac{(h_w - h_n)nV\rho_n}{24} + 30n_r\rho_n(h_w - h_n)\right) \qquad (7-6)$$

式中　ϕ_{3a}——冷却物冷藏间换气耗冷量（W）；

　　　ϕ_{3b}——操作人员需要的新鲜空气耗冷量（W）；

　　　h_w——室外空气的焓（kJ/kg）；

　　　h_n——室内空气的焓（kJ/kg）；

　　　n——每日换气次数，一般可采用 2～3 次；

　　　V——冷藏间内净容积（m^3）；

　　　ρ_n——冷藏间内空气密度（kg/m^3）；

　　　24——每日小时数；

　　　30——每个操作人员每小时需要的新鲜空气量（m^3/h）；

　　　n_r——操作人员数；

　　　$\dfrac{1}{3.6}$——1kJ/h 换算或 W 的数值。

采用上式计算耗冷量时，应注意以下几点：

1）通风换气耗冷量只适用于贮存着有呼吸作用食品的冷藏间。

2）有操作人员长期停留的加工间、包装间等冷间，需计算操作人员需要新鲜空气的冷负荷 ϕ_{3b}，其余冷间可不计。

3）室外空气的焓应按夏季通风室外计算温度及夏季室外计算相对湿度取值；室内空气的焓应按冷间设计温度和相对湿度取值。

四、电动机运转耗冷量的计算

电动机运转热量是由冷库内工作的冷风机、运输链、搬运设备（电瓶车等）所带电动机所产生。其热量聚集在冷间里，靠制冷装置带走，这给制冷系统又增加了一部分耗冷量 ϕ_4，其计算如下：

$$\phi_4 = 1000\Sigma P\xi b \qquad\qquad (7-7)$$

式中　P——电动机额定功率（kW）；

　　　ξ——热转化系数，电动机在库房内时应取 1，电动机在库房外时应取 0.75；

　　　b——电动机运转时间系数，对于冷风机配用电动机取 1，对冷间内其他设备配用的电动机可按实用情况取值，一般可按每昼夜操作 8h 计，则 $b = 8/24 = 0.33$。

　　　1000——1kW 换算成 W 的数值。

五、操作管理耗冷量的计算

冷库由于操作的需要，要有库房内的照明，库门由于食品和操作人员的进出库要经常开启，以及操作人员在库内操作，这些都使冷库耗冷量增加。但这部分耗冷量和前面的几种耗冷量有所不同，它是间歇性出现，既不稳定又不连续，所以要精确地计算很不容易，一般计算时是根据冷库的生产条件和操作规律，推算

出每天由于操作管理而引起的冷库耗冷量 ϕ_5。ϕ_5 的计算公式为

$$\phi_5 = \phi_{5a} + \phi_{5b} + \phi_{5c}$$

$$= \phi_d A + 2.778 \frac{n_k V n (h_w - h_n) m \rho_n}{24} + \frac{3}{24} n_r \phi_r \qquad (7-8)$$

式中　ϕ_{5a}——照明耗冷量（W）；

　　　ϕ_{5b}——开门耗冷量（W）；

　　　ϕ_{5c}——操作人员耗冷量（W）；

　　　ϕ_d——每 m^2 地板面积照明热量，冷藏间、冷却间、冻结间可取 2.3W/m^2，操作人员长时间停留的加工间、包装间等可取 4.7W/m^2；

　　　A——库房地板面积（m^2）；

　　　n_k——门樘数；

　　　n——每日开门换气次数，见图 7-3；

　　h_n、h_w——库房内外空气的焓（kJ/kg）；

　　　V——库房内净体积（m^2）；

　　　m——空气幕效率修正系数，可取 0.5，如不设空气幕则取 1；

　　　24——每日小时数；

　　　ρ_n——库房空气密度（kg/m^3）；

　　$\dfrac{3}{24}$——每日操作时间系数，按每日操作 3h；

　　　n_r——操作人员数量；

　　　ϕ_r——每个操作人员产生的热量（W/人），库房设计温度高于或等于 -5°C 时，取 279W/人；库房设计温度低于 -5°C 时取 395W/人。

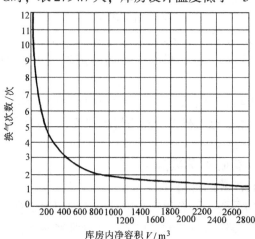

图 7-3　冷间每日开门换气次数图

采用公式（7-8）计算耗冷量时，应注意以下几点：

1）冷却间、冷冻间不计算 ϕ_5 这项耗冷量。

2）操作人员数可按冷间的容积每 250m³ 增加一人。

第三节　小型冷藏库制冷工艺设计

库房制冷工艺设计是冷藏库工艺设计的重要组成部分，它是在确定了冷间冷却设备负荷之后，着重研究冷却排管设计、冷风机的选型计算等内容。

一、负荷计算

上节计算的 ϕ_1、ϕ_2、ϕ_3、ϕ_4、ϕ_5 的总和为库房的总耗冷量。但是，将这总耗冷量直接作为选配制冷机和冷却设备的依据，在有些情况下就显得不够合理，例如围护结构传入耗冷量 ϕ_1 和通风换气耗冷量 ϕ_3 应是随季节和昼夜大气温湿度变化而变化；ϕ_2 则与货物进入量、季节、食品种类、冷加工方法有关；ϕ_5 受操作管理的合理程度影响；加之各个耗冷量的最大值一般不同时出现。所以，当我们进行制冷设计时，应按具体情况来进行具体分析计算。负荷的计算包括两个方面的内容，冷间冷却设备负荷计算和机械负荷计算。

（一）冷间冷却设备负荷计算

为了满足食品冷加工工艺要求，确保食品冷加工质量，冷间冷却设备应具有及时带走各种热源产生的热量的能力，即使各种不利因素同时出现，冷间冷却设备也有足够的能力，保证正常工作，使库温保持在冷加工工艺要求的范围内。所以，在计算冷间冷却设备负荷时，就要考虑到热源产生热量的不均衡性，其中 ϕ_2 的波动产生不均衡性影响最大（在食品冻结过程中，冻结过程开始时及最大冻结生成时其放热量最大，超过冻结过程中平均放热量），所以要对 ϕ_2 进行修正。

冷间冷却设备负荷计算为

$$\phi_s = \phi_1 + P\phi_2 + \phi_3 + \phi_4 + \phi_5 \tag{7-9}$$

式中　ϕ_s——冷间冷却设备负荷（W）；

ϕ_1——围护结构耗冷量（W）；

ϕ_2——货物耗冷量（W）；

ϕ_3——通风换气耗冷量（W）；

ϕ_4——电动机运转耗冷量（W）；

ϕ_5——操作耗冷量（W）；

P——货物负荷系数，冷却间、冻结间和货物不经冷却而进入冷却物冷藏间的货物负荷系数取值为 1.3，其他冷间取 1。

各冷间冷却设备负荷根据冷间作用不同而计算有所不同，如冻结间就没有操作耗冷量，冻结物冻藏间没有通风换气耗冷量，各冷间冷却设备负荷的组成，根据实际情况，可归纳成表 7-13。在冷间冷却设备负荷计算时，冷却设备都是按冷间单独设置，所以冷却设备负荷计算也要按冷间分开计算。

表 7-13　各冷间冷却设备负荷 ϕ_s 组成表

序号	耗冷量类别 冷间类别	ϕ_1	$P\phi_2$	ϕ_3	ϕ_4	ϕ_5	ϕ_s
1	冷却间	ϕ_1	$1.3\phi_2$	—	ϕ_4	—	$\phi_1 + 1.3\phi_2 + \phi_4$
2	结冻间	ϕ_1	$1.3\phi_2$	—	ϕ_4	—	$\phi_1 + 1.3\phi_2 + \phi_4$
3	冷却物冷藏间	ϕ_1	ϕ_2 或 $1.3\phi_2$	ϕ_3	ϕ_4	ϕ_5	$\phi_1 + \phi_2$（或 $1.3\phi_2$）$+ \phi_3 + \phi_4 + \phi_5$
4	冻结物冷藏间	ϕ_1	ϕ_2	—	—	ϕ_5	为冷却排管 $\phi_1 + \phi_2 + \phi_5$
		ϕ_1	ϕ_2	—	ϕ_4	ϕ_5	为冷风机 $\phi_1 + \phi_2 + \phi_4 + \phi_5$

（二）冷间机械负荷计算

冷间机械负荷是整个冷库选用制冷机所具有的制冷能力，它既要适合冷库全年生产的要求，又要充分考虑到冷库常年经营费用的经济性。在前面计算冷间冷却设备负荷时，均按最恶劣的工况条件考虑。但在实际生产过程中，这种情况很少遇到，冷库的生产并不是在最恶劣的条件下运行的，如生产有淡旺季之分，生产旺季大多在秋天和冬初，而围护结构最大传热量却在夏末，因此，在 ϕ_1 出现最大值时，ϕ_2 不是处于最大值，而当 ϕ_2 处于最大值时，ϕ_1 则小于最大值，在一般情况下进行冷间机械负荷计算时，不能把所有的热源放热量直接累加起来，而是应根据实际情况对各种计算耗冷量进行修正。冷间机械负荷的计算公式为

$$\phi_j = (n_1\Sigma\phi_1 + n_2\Sigma\phi_2 + n_3\Sigma\phi_3 + n_4\Sigma\phi_4 + n_5\Sigma\phi_5)R \qquad (7-10)$$

式中　ϕ_j——冷间机械负荷（W）；

　　　n_1——围护结构耗冷量的季节修正系数，一般应根据生产旺季的出现月份，查表 7-14，当全年生产无明显的淡旺季区别时，应取 1；

　　　n_2——货物耗冷量的机器负荷折减系数，这是根据冷间的性质确定的，冷加工间和其他冷间应取 1；冷却物冷藏间按下列数值取值：公称容积为 10000m³ 以下时取 0.6，公称容积 10001~30000m³ 时，取 0.45，公称容积为 30001m³ 以上时取 0.3；冻结物冷藏间按下列数值取值，公称容积为 7000m³ 以下时取 0.5，公称容积为 7001~

20000m³ 时取 0.65，公称容积为 20001m³ 以上时取 0.8；

n_3——同期换气系数，一般取 0.5 ~ 1.0，根据同时最大换气量和全库每日
总换气量的比率选择，比率大时取大值；

n_4——冷间用电动机的同期运转系数，冷却间、冻结间、冷却物冷藏间中
的冷风机，取值为 1，其他冷间按表 7 – 15 取值；

n_5——冷间同期操作系数，按表 7 – 15 取值；

R——制冷装置和管道等冷损耗补偿系数，一般直接冷却系统取值 1.07，
间接冷却系统取值 1.12。

表 7 – 14 季节修正系数 n_1

| 纬度 | 库温/℃ | 月　份 | | | | | | | | | | | | 备注 |
		1	2	3	4	5	6	7	8	9	10	11	12	
北纬40° 以上	0℃	- 0. 70	- 0. 50	- 0. 10	0. 40	0. 70	0. 90	1. 00	1. 00	0. 70	0. 30	- 0. 10	- 0. 50	含40°
	- 10	- 0. 05	- 0. 11	0. 19	0. 59	0. 78	0. 92	1. 00	1. 00	0. 78	0. 49	0. 19	- 0. 11	
	- 18	- 0. 02	0. 10	0. 33	0. 64	0. 82	0. 93	1. 00	1. 00	0. 82	0. 58	0. 33	0. 10	
	- 23	0. 08	0. 18	0. 40	0. 68	0. 84	0. 94	1. 00	1. 00	0. 84	0. 62	0. 40	0. 18	
	- 30	0. 19	0. 28	0. 47	0. 72	0. 86	0. 95	1. 00	1. 00	0. 86	0. 67	0. 47	0. 28	
北纬 35° ~ 40°	0℃	- 0. 30	- 0. 20	0. 20	0. 50	0. 80	0. 90	1. 00	1. 00	0. 70	0. 50	0. 10	- 0. 20	含35°
	- 10	0. 05	0. 14	0. 41	0. 65	0. 86	0. 92	1. 00	1. 00	0. 78	0. 65	0. 35	0. 14	
	- 18	0. 22	0. 29	0. 51	0. 71	0. 89	0. 93	1. 00	1. 00	0. 82	0. 71	0. 38	0. 29	
	- 23	0. 30	0. 36	0. 56	0. 74	0. 90	0. 94	1. 00	1. 00	0. 84	0. 74	0. 40	0. 36	
	- 30	0. 39	0. 44	0. 61	0. 77	0. 91	0. 95	1. 00	1. 00	0. 86	0. 77	0. 47	0. 44	
北纬 30° ~ 35°	0℃	0. 10	0. 15	0. 33	0. 53	0. 72	0. 86	1. 00	1. 00	0. 83	0. 62	0. 41	0. 20	含30°
	- 10	0. 31	0. 36	0. 48	0. 64	0. 79	0. 86	1. 00	1. 00	0. 88	0. 71	0. 55	0. 38	
	- 18	0. 42	0. 46	0. 56	0. 70	0. 82	0. 90	1. 00	1. 00	0. 88	0. 76	0. 62	0. 48	
	- 23	0. 47	0. 51	0. 60	0. 73	0. 84	0. 91	1. 00	1. 00	0. 89	0. 78	0. 65	0. 53	
	- 30	0. 53	0. 56	0. 65	0. 76	0. 85	0. 92	1. 00	1. 00	0. 90	0. 81	0. 69	0. 58	
北纬 25° ~ 30°	0℃	0. 18	0. 23	0. 42	0. 60	0. 80	0. 88	1. 00	1. 00	0. 87	0. 65	0. 45	0. 26	含25°
	- 10℃	0. 39	0. 41	0. 56	0. 71	0. 85	0. 90	1. 00	1. 00	0. 90	0. 73	0. 59	0. 44	
	- 18	0. 49	0. 51	0. 63	0. 76	0. 88	0. 92	1. 00	1. 00	0. 92	0. 78	0. 65	0. 53	
	- 23	0. 54	0. 56	0. 67	0. 78	0. 89	0. 93	1. 00	1. 00	0. 92	0. 80	0. 67	0. 57	
	- 30	0. 59	0. 61	0. 70	0. 80	0. 90	0. 93	1. 00	1. 00	0. 93	0. 82	0. 72	0. 62	
北纬25° 以下	0℃	0. 44	0. 48	0. 63	0. 79	0. 94	0. 97	1. 00	1. 00	0. 93	0. 81	0. 65	0. 49	
	- 10	0. 58	0. 60	0. 73	0. 85	0. 95	0. 98	1. 00	1. 00	0. 95	0. 85	0. 75	0. 63	
	- 18	0. 65	0. 67	0. 77	0. 88	0. 96	0. 98	1. 00	1. 00	0. 96	0. 88	0. 79	0. 69	
	- 23	0. 68	0. 70	0. 79	0. 89	0. 96	0. 98	1. 00	1. 00	0. 96	0. 89	0. 81	0. 72	
	- 30	0. 72	0. 73	0. 82	0. 90	0. 97	0. 98	1. 00	1. 00	0. 97	0. 90	0. 83	0. 75	

表 7 - 15   冷间用电动机同时运转系数 n_4 和冷间同期操作系数 n_5

冷间总间数	n_4 或 n_5	冷间总间数	n_4 或 n_5
1	1	≥5	0.4
2 - 4	0.5		

注：表中冷间总间数应是同一蒸发温度且用途相同的冷间间数。

二、库房冷分配设备的选型计算

（一）排管的设计计算

排管的设计计算是确定排管的结构形式，计算排管的冷却面积（蒸发器传热面积）和长度。

1. 排管冷却面积计算

排管的冷却面积按下式计算：

$$F = \frac{\phi_s}{K\Delta t} \tag{7 - 11}$$

式中 ϕ_s——排管的设计冷负荷（W）；

K——排管的传热系数 [W/（$m^2 \cdot °C$）]，查表 7 - 16；

$\Delta \bar{t}$——冷藏间温度与蒸发温度之差，宜按算术平均温差计算，并不宜大于 10°C。

表 7 - 16   排管传热系数表

排管类型	K/ [W/（$m^2 \cdot °C$）]	备　　注
光排管（钢）	$9.28 \times C_1 \times C_2$	C_1、C_2 见表 7 - 17、表 7 - 18
搁架式光排管（钢）	17.4	

表 7 - 17   室内 t_n 修正系数 C_1

t_n/°C	5	0	-5	-10	-15	-20
C_1	1.5	1.2	1.05	1.00	1.00	1.00

表 7 - 18   温差 $\Delta \bar{t}$ 修正系数 C_2

$\Delta \bar{t}$/°C	5	10	15
C_2	0.7	1.0	1.1

2. 排管用钢管总长度及排管结构尺寸的确定

根据排管冷却面积 F 和所采用的无缝钢管规格，可计算出排管所用管子的总长度 L：

$$L = \frac{F}{f} \tag{7 - 12}$$

式中 F——排管的冷却面积（m^2）；

f——每米长无缝钢管的外表面积（m^2）。

根据排管用管子的长度来确定排管的长度、根数及高度等结构尺寸。

（二）冷风机的选型计算

冷风机的选择计算可按下列步骤和方法进行

1）根据库温选择冷风机类型。

2）根据库房相对湿度 Φ 查图 7-4 确定时数平均温差 $\overline{\Delta t}$。

3）根据工况及 $\overline{\Delta t}$，查表 7-19 确定冷量修正系数 CF。

4）以计算确定冷库所需负荷 ϕ_s 乘以修正系数 CF 的数值作为选定冷风机的冷量，确定冷风机的具体型号。

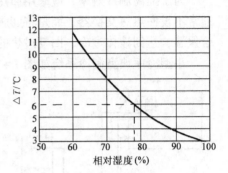

图 7-4　温差与相对温度关系曲线图

表 7-19　冷量修正系数 *CF* 表

制冷剂		R22								
蒸发温度/℃		-40	-35	-30	-25	-20	-15	-10	-5	0	+5
对数平均温差 $\overline{\Delta t}$/℃	6	1.97	1.91	1.86	1.80	1.73	1.64	1.54	1.47	1.15	1.14
	7	1.64	1.60	1.56	1.49	1.44	1.36	1.30	1.23	0.96	0.95
	8	1.39	1.36	1.32	1.28	1.23	1.19	1.13	0.98	0.83	0.82
	9	1.23	1.21	1.16	1.12	1.08	1.04	0.98	0.79	0.72	0.72
	10	1.09	1.08	1.03	1.00	0.97	0.93	0.88	0.71	0.64	0.64

下面以一例题说明冷风机的具体选择方法。

[例 7-1]　已知设计冷负荷 $\phi_s = 15.28kW$，库房相对湿度 $\Phi = 78\%$，库房温度 $-15℃$（蒸发温度 $-25℃$），工质为 R22，试选择冷风机。

[解]　选择步骤和方法如下：

1）因库温为 $-15℃$，查有关设计手册，选择 DD 型冷风机，双重翅片节距为 8/4mm。

2）由相对湿度 Φ，据 Φ 与 $\overline{\Delta t}$ 的关系曲线确定 $\overline{\Delta t} = 6℃$。

3）由冷量修正系数表查得 $CF = 1.8$。

4）冷风机的选型冷量为：$(1.8 \times 15.28)\ kW = 27.5kW$。

5）由参数表查得所选冷风机型号为 DD100，名义制冷量为 30.23kW，富裕系数为 10%。

三、小型冷库氟利昂制冷系统的图式

小型冷库一般采用氟利昂制冷剂的整体型冷机，冷机的冷凝器有水冷式和风冷式两种，常用的制冷剂有 R12、R22 和 R502，当小型冷库要求蒸发温度

-30°C时，仍可采用单级压缩制冷。

为了提高制冷效率，应采用回热循环，即让制冷剂在膨胀前过冷，但小冷库通常不设回热热交换器，而是将膨胀阀前的供液管和回气管捆扎在一起，进行耦合保温，达到液体过冷、回气过热的效果。

小型冷库典型制冷系统如图7-5~图7-8所示。

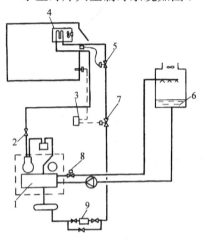

图7-5　水冷冷风式

1—水冷式压缩冷凝机组　2—吸入压力调整阀
3—温度继电器　4—冷风机　5—膨胀阀
6—冷却塔　7—电磁阀　8—冷凝压力调整阀
9—干燥过滤器

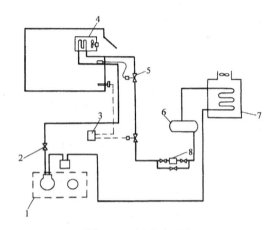

图7-6　风冷冷风式

1—风冷式压缩机　2—吸入压力调整阀
3—温度继电器　4—冷风机　5—膨胀阀
6—贮液器　7—风冷冷凝器　8—干燥过滤器

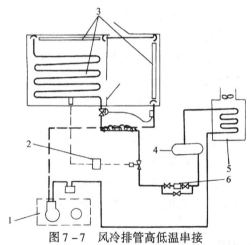

图7-7　风冷排管高低温串接

1—风冷式冷凝机组　2—温度继电器　3—光面管蒸发器
4—贮液器　5—风冷冷凝器　6—干燥过滤器

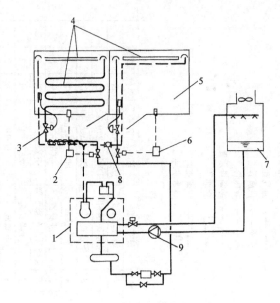

图 7 – 8　水冷排管高低温库

1—水冷式压缩冷凝机组　2—温度继电器　3—热力膨胀阀　4—光面管蒸发器
5—高温库　6—温度继电器　7—冷却塔　8—背压调节阀　9—泵

四、小型冷库工程实例

图 7 – 9、图 7 – 10 所示为公称容积为 $150m^3$（20t 冷风机式）的小型冷库的制冷工艺原理图和工艺平剖面图。

图 7 – 11、图 7 – 12 所示为公称容积为 $150m^3$（20t 排管式）的小型冷库制冷工艺原理图和工艺平剖面图。

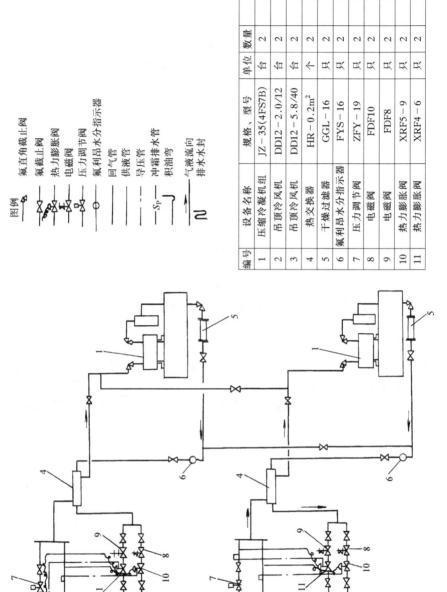

图例

氟直角截止阀
氟截止阀
热力膨胀阀
电磁阀
压力调节阀
氟利昂吊水分指示器
回气管
供液管
导压管
冲箱排水管
积油弯
— S_P — 气液流向
∽ 排水水封

编号	设备名称	规格、型号	单位	数量
1	压缩冷凝机组	JZ-35(4FS7B)	台	2
2	吊顶冷风机	DD12-2.0/12	台	2
3	吊顶冷风机	DD12-5.8/40	台	2
4	热交换器	HR-0.2m²	个	2
5	干燥过滤器	GGL-16	只	2
6	氟利昂吊水分指示器	FYS-16	只	2
7	压力调节阀	ZFY-19	只	2
8	电磁阀	FDF10	只	2
9	电磁阀	FDF8	只	2
10	热力膨胀阀	XRF5-9	只	2
11	热力膨胀阀	XRF4-6	只	2

图 7-9　公称容积为150m³（20t 冷风机式）的小型冷库制冷工艺原理图

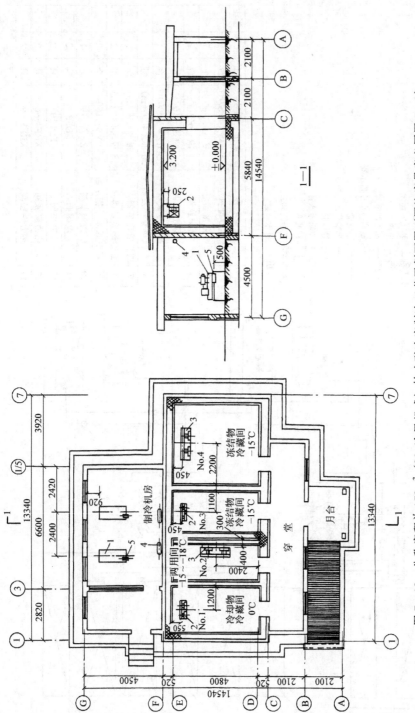

图 7 - 10 公称容积为 150m³ (20t 冷风机式) 的小型冷库制冷工艺平剖面图 (图注序号意义同图 7 - 9)

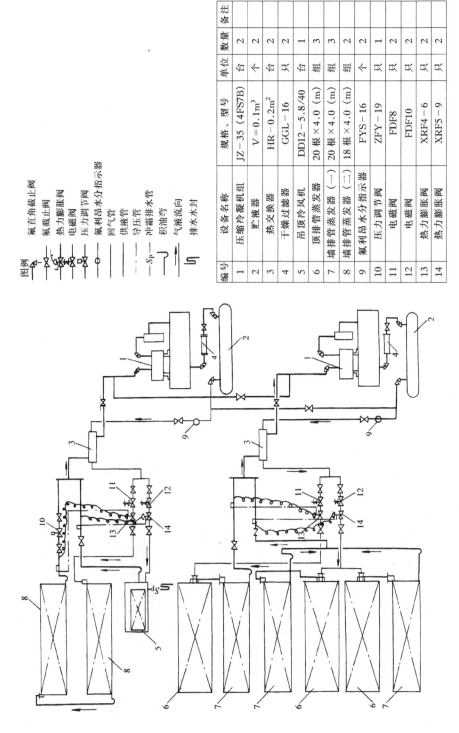

编号	设备名称	规格、型号	单位	数量	备注
1	压缩冷凝机组	JZ-35 (4FS7B)	台	2	
2	贮液器	V=0.1m³	个	2	
3	热交换器	HR-0.2m²	台	2	
4	干燥过滤器	GGL-16	只	2	
5	吊顶冷风机	DD12-5.8/40	台	1	
6	顶排管蒸发器	20根×4.0 (m)	组	3	
7	墙排管蒸发器 (一)	20根×4.0 (m)	组	3	
8	墙排管蒸发器 (二)	18根×4.0 (m)	组	2	
9	氟利昂水分指示器	FYS-16	个	2	
10	压力调节阀	ZFY-19	只	1	
11	电磁阀	FDF8	只	2	
12	电磁阀	FDF10	只	2	
13	热力膨胀阀	XRF4-6	只	2	
14	热力膨胀阀	XRF5-9	只	2	

图例

— 氟直角截止阀
— 氟截止阀
— 热力膨胀阀
— 电磁阀
— 压力调节阀
— 氟利昂水分指示器
— 回气管
— 供液管
— 导压管
— 冲霜排水管
— 积油弯
— 气液流向
— 排水水封

图 7-11　公称容积 150m³ (20t 排管式) 小型冷库制冷工艺原理图

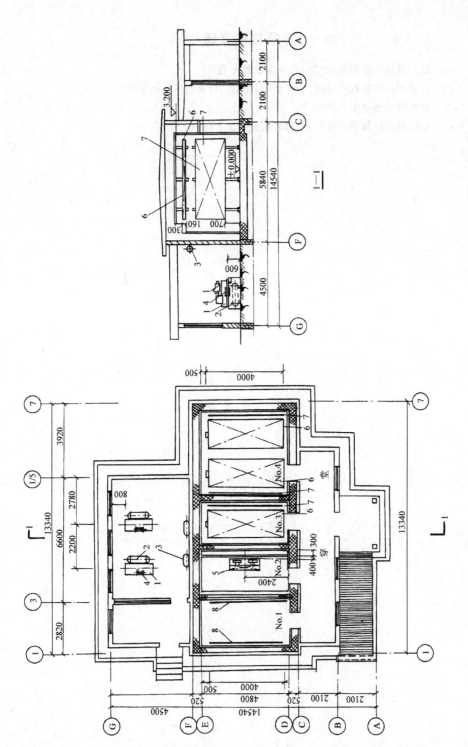

图 7 – 12 公称容积 150m³（20t 排管式）小型冷库制冷工艺平剖面图（图注序号意义同图 7 – 11）

习题与思考题

7 - 1　如何确定冷藏库围护结构的传热系数 K 值?

7 - 2　计算围护结构耗冷量时，围护结构外侧的计算温度如何确定?

7 - 3　冷库耗冷量有哪几项?

7 - 4　如何确定冷却设备负荷 ϕ_s 和机械负荷 ϕ_j?

第八章 制冷机房与管道的设计

制冷机房与系统管道设计对整个制冷系统的安全经济运行具有决定性的作用。若设计上考虑欠妥，不仅会给操作运行维护管理方面造成困难，浪费能源，而且会导致事故的发生，造成严重损失，因此要求设计人员能够正确地运用有关设计规范、标准以及有关手册，以便做出技术上先进、经济上合理的工程设计。

第一节 制冷机房的设计步骤

进行制冷机房工艺设计时，一般要按下列步骤进行。

一、收集设计原始资料

原始资料是设计的重要依据，如果具有的原始资料不全或有误，就会导致设计错误，因此设计的第一步是要详细收集下列原始资料。

1. 冷负荷资料

冷负荷资料是设计工作中的一项主要资料。其来源有两种：一是由其他专业所提供，例如空调工程所用制冷机房，应当由采暖通风专业提供；另一是制冷工程设计人员以生产工艺负荷资料为依据计算出冷负荷资料。

2. 工厂发展规划资料

在某些工程建设中，常有工厂近期和远期发展规划。设计机房时应当了解工厂近期和远期发展规划，考虑制冷机房的扩建问题。

3. 水质资料

水质资料系指确定使用的冷却水水源的水质资料，其主要指标有水中含铁量、水的碳酸盐硬度和酸碱度（pH 值）等。

4. 气象资料

气象资料系指制冷机房建设地区的最高和最低温度、采暖计算温度、大气相对湿度、土壤冻结深度、全年主导风向及当地大气压力等。

5. 地质资料

地质资料系指制冷机房建设地区的大孔性土壤等级、土壤酸碱度、土壤耐压能力、地下水位、地震烈度等。

6. 设备资料

1）制冷压缩机或机组的主要性能、技术规格、参数、外形图、安装图等。

2）制冷辅助设备的性能、规格、外形图、安装图等。

7. 主要材料资料

主要材料系指当地使用的绝热材料、管材等。

二、确定制冷机房的设计容量

制冷机房的容量是以生产工艺所提供的任务书为依据，并需按照机房的服务对象和制冷系统的状况，计算出最大的冷负荷。由于制冷系统的具体情况不同以及地区上的差异，需按设备和管道布置情况等因素计算出冷损失，或者依据经验适当地考虑冷负荷的附加系数，从而得出该制冷机房的设计容量。

三、制冷机房的布置

制冷机房的布置，一是指根据生产工艺的要求和制冷站服务对象的分布状况，确定制冷机房在工厂区的位置；二是指制冷机房的房间组成及各房间内制冷设备的布置。

四、制冷剂管道的设计

制冷剂管道的设计是制冷系统设计成功与否的关键，其设计的主要内容是管道系统的布置与管径的确定。

五、各有关专业的图样设计

制冷机房的设计需土木建筑专业、采暖通风专业、电气专业、给排水专业共同协作，完成相应内容的设计。

第二节　制冷设备的选择和制冷机房的布置

一、制冷设备的选择计算

制冷设备的选择计算可按下列步骤进行：

1）确定制冷系统的制冷量。制冷系统的制冷量应包括用户需要的制冷量及制冷系统和供冷系统的冷损失。冷损失的大小可由设备和管道等的具体情况计算得出，一般可按附加系数确定：直接冷却系统附加系数为 5% ~7%；间接冷却系统为 7% ~15%。

2）确定制冷系统的冷凝温度和蒸发温度。

3）根据制冷量和制冷工况，选择制冷压缩机和电动机。制冷压缩机是制冷系统的心脏，制冷压缩机的型号、台数选配得是否合理，将直接影响整个制冷系统的设备费用和运行费用。

制冷压缩机的选型原则为：

①根据制冷量选配压缩机，一般不设备用压缩机。

②如需选用 2 台或 2 台以上的制冷压缩机时，应尽可能选择同一系列的压缩机。

③制冷量大小不同的压缩机互相搭配，以保证高、低峰负荷时既能满足需要，又经济合理。

④不同制冷系统的压缩机应考虑到各系统之间相互替代的可能性。

⑤选用氨压缩机，当冷凝压力 p_k 与蒸发压力 p_0 之比大于 8 时，应采用双级压缩；当 $p_k/p_0 \leqslant 8$ 时，采用单级压缩。对于氟利昂制冷系统，当 $p_k/p_0 > 10$ 时，应采用双级压缩；$p_k/p_0 \leqslant 10$ 时，采用单级压缩。

4）选择冷凝器并确定冷却水量。

5）选择蒸发器并确定载冷剂循环量。

6）选择其他辅助设备。

[例 8-1] 空调用户要求供给 7℃ 的冷冻水，回水平均温度为 11℃，需要的总冷量为 768kW。可利用河水作冷却水源，水温最高为 32℃。试选择有关制冷设备。

[解] 采用氨为制冷剂，利用河水作冷却水源，选用立式壳管冷凝器，直流供水。

1. 确定制冷工况

蒸发温度 t_0 比要求供给的冷冻水温度 t_2 低 5℃，即

$$t_0 = t_2 - 5℃ = (7-5)℃ = 2℃$$

冷凝温度 t_k 比冷却水进出口平均温度高 6℃，取立式壳管冷凝器冷却水进出口温差为 3℃，则

$$t_k = \left(\frac{32+35}{2} + 6\right)℃ = 39.5℃，可取 40℃。$$

2. 选择制冷压缩机

采用间接制冷系统，取附加系数为 10%，制冷系统的制冷量为

$$\phi_0 = 1.1 \times \phi'_0 = (1.1 \times 768)\ kW = 844.8kW$$

根据制冷量选择制冷压缩机的方法有下列三种：

1）按理论公式确定制冷压缩机的理论输气量，计算制冷量，选择制冷压缩机。根据 $t_0 = 2℃$，$t_k = 40℃$，从氨的 $\lg p - h$ 图上查得有关数据（图 8-1）。

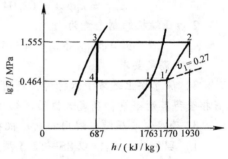

图 8-1 氨的 $\lg p - h$ 图

$$q_v = \frac{h_1 - h_4}{v_{1'}} = \left(\frac{1763-687}{0.27}\right) kJ/m^3$$

$$= 3985 kJ/m^3$$

$$t_0 = 2℃ \qquad p_0 = 0.464MPa$$

$$t_k = 40℃ \qquad p_k = 1.555MPa$$

$$\eta_V = 0.94 - 0.085\left[\left(\frac{p_k}{p_0}\right)^{\frac{1}{1.28}} - 1\right]$$

$$= 0.94 - 0.085 \left[\left(\frac{1.555}{0.464} \right)^{\frac{1}{1.28}} - 1 \right]$$

$$= 0.81$$

$$V_h = \frac{\phi_0}{\eta_V q_v} = \left(\frac{844.8}{0.81 \times 3985} \right) \text{m}^3/\text{s} = 0.262 \text{m}^3/\text{s} = 943 \text{m}^3/\text{h}$$

从有关样本查得：6W—12.5 型压缩机的理论输气量 $V_{h1} = 0.118 \text{m}^3/\text{s} = 425 \text{m}^3/\text{h}$；8S—12.5 型压缩机的理论输气量 $V_{h2} = 0.157 \text{m}^3/\text{s} = 566 \text{m}^3/\text{h}$，所以确定选择 6W—12.5 和 8S—12.5 型制冷压缩机各 1 台，其理论输气量 $V_h = V_{h1} + V_{h2} = (0.118 + 0.157) \text{ m}^3/\text{s} = 0.275 \text{m}^3/\text{s} = 990 \text{m}^3/\text{h}$。

各台制冷压缩机的制冷量为

$$\phi_{01} = \eta_V V_{h1} q_v = (0.81 \times 0.118 \times 3985) \text{ kW} = 380.9 \text{kW}$$

$$\phi_{02} = \eta_V V_h q_v = (0.81 \times 0.157 \times 3985) \text{ kW} = 506.8 \text{kW}$$

2 台压缩机的制冷量为

$$\phi_0 = \phi_{01} + \phi_{02} = (380.9 + 506.8) \text{ kW} = 887.7 \text{kW}$$

可以满足要求。

2）由冷量换算公式计算制冷量，选择制冷压缩机。从有关样本查得：6W—12.5 型制冷压缩机的标准制冷量 $\phi_{01} = 183.7 \text{kW}$；8S—12.5 型制冷压缩机的标准制冷量 $\phi_{02} = 244.2 \text{kW}$。

在 $t_0 = 2℃$，$t_k = 40℃$ 时，从换算系数表查得冷量换算系数 $k_i = 2.04$，各台制冷机换算后的其制冷量分别为

$$\phi_{0b1} = k_i \phi_{01} = (2.04 \times 183.7) \text{kW} = 374.7 \text{kW}$$

$$\phi_{0b2} = k_i \phi_{02} = (2.04 \times 244.2) \text{kW} = 498.2 \text{kW}$$

2 台压缩机的制冷量为

$$\phi_0 = \phi_{0b1} + \phi_{0b2} = (374.7 + 498.2) \text{ kW} = 872.7 \text{kW}$$

可以满足要求。

3）除了按上述方法选择外，还可以根据制造厂提供的制冷压缩机特性曲线直接查得其制冷量，确定选择的压缩机型号和台数。

3. 确定制冷压缩机配用的电动机功率

1）理论功率 P_{th}。以 8S—12.5 型制冷压缩机为例，其理论功率为

$$P_{th} = M_R w_{th} = \left[\frac{506.8}{1763 - 687} \times (1930 - 1770) \right] \text{kW} = 75.36 \text{kW}$$

2）指示功率 P_i。

$$\frac{P_k}{P_0} = \frac{1.555}{0.464} = 3.4，从有关图查得，\eta_i = 0.85$$

$$P_i = \frac{P_{th}}{\eta_i} = \left(\frac{75.36}{0.85} \right) \text{kW} = 88.65 \text{kW}$$

3）轴功率 P_e。从图查得，$\eta_m = 0.85$，则

$$P_e = \frac{p_i}{\eta_m} = \left(\frac{88.65}{0.85}\right)\text{kW} = 104.3\text{kW}$$

4）电动机功率 P。

$$P = 1.1P_e = (1.1 \times 104.3)\text{kW} = 114.7\text{kW}$$

8S—12.5 型制冷压缩机按空调工况配用电动机功率为 115kW，可以选用。
6W—12.5 型制冷压缩机配用的电动机功率为 95kW。

4. 冷凝器选择和冷却水量计算

选用立式壳管冷凝器，冷却水进水温度为 32℃，出水温度为 35℃。

1）冷凝器的热负荷计算。

当 $t_0 = 2℃$、$t_k = 40℃$ 时，查图得 $\varphi = 1.17$，则

$$\phi_k = \varphi\phi_0 = (1.17 \times 844.8)\text{kW} = 988.4\text{kW}$$

2）冷凝器传热面积计算。

传热温差
$$\Delta\bar{t} = \frac{t_{w2} - t_{w1}}{\ln\dfrac{t_k - t_{w1}}{t_k - t_{w2}}} = \left(\frac{35 - 32}{\ln\dfrac{40 - 32}{40 - 35}}\right)℃ = 6.4℃$$

查表取 $K = 700\text{W}/(\text{m}^2 \cdot \text{K})$，则

$$A = \frac{\phi_k}{K\Delta t} = \left(\frac{988.4 \times 10^3}{700 \times 6.4}\right)\text{m}^2 = 221\text{m}^2$$

选用 LN—125 型立式壳管冷凝器 2 台，每台传热面积为 125m²。

3）冷却水量计算。

$$M = \frac{\phi_k}{1000c_p(t_{w2} - t_{w1})} \times 3600 = \left[\frac{988.4}{1000 \times 4.186 \times (35 - 32)} \times 3600\right]\text{m}^3/\text{h}$$

$$= 283.3\text{m}^3/\text{h}$$

5. 蒸发器选择和冷冻水量计算

1）蒸发器的传热面积计算。

选用螺旋管式蒸发器，则

$$\Delta\bar{t} = \frac{t_1 - t_2}{\ln\dfrac{t_1 - t_0}{t_2 - t_0}} = \left(\frac{11 - 7}{\ln\dfrac{11 - 2}{7 - 2}}\right)℃ = 6.8℃$$

查表取螺旋管式蒸发器的传热系数 $K = 500\text{W}/(\text{m}^2 \cdot \text{K})$，蒸发器传热面积为

$$A_0 = \frac{\phi_0}{K\Delta\bar{t}} = \left(\frac{844.8 \times 10^3}{500 \times 6.8}\right)\text{m}^2 = 248\text{m}^2$$

选用 SR—145 型螺旋管式蒸发器 2 台，每台传热面积为 145m²。

2）冷冻水量计算。

$$M_1 = \frac{\phi_0}{1000c_p(t_1 - t_2)} \times 3600 = \left[\frac{844.8}{1000 \times 4.186 \times (11 - 7)} \times 3600\right]\text{m}^3/\text{h}$$

$$= 182 \text{m}^3/\text{h}$$

6. 选择其他辅助设备

1）选择贮液器。

$$V = \frac{\frac{1}{3} M_R v 3600}{\beta} = \left[\frac{\frac{1}{3} \times \frac{506.8 + 380.9}{1763 - 687} \times 0.0017 \times 3600}{0.8} \right] \text{m}^3$$

$$= 2.1 \text{m}^3$$

选用 ZA—2 型贮氨器 1 台，容积为 1.92m^3。

2）选择氨油分离器。

$$D = \sqrt{\frac{4 V_h \eta_V}{\pi w}} = \left(\sqrt{\frac{4 \times 0.275 \times 0.81}{3.14 \times 0.8}} \right) \text{m} \approx 0.60 \text{m}$$

选用 YF—80B 型氨油分离器 2 台。

制冷设备汇总表见表 8-1。

表 8-1 制冷设备汇总表

设备名称	型 号	规 格	数量	单位	备 注
制冷压缩机	6W—12.5		1	台	6W—12.5 压缩机配用电
	8S—12.5		1	台	动机功率 $P = 95\text{kW}$
立式冷凝器	LN—125	$A = 125\text{m}^2$	2	台	8S—12.5 压缩机配用电
螺旋管式蒸发器	SR—145	$A_0 = 145\text{m}^2$	2	台	动机功率 $P = 115\text{kW}$
贮液器	ZA—2	$V = 1.92\text{m}^3$	1	台	
氨油分离器	YF—80B	$D = 325\text{mm}$	2	台	
集油器	JY—325	$D = 325\text{mm}$	1	台	
紧急泄氨器	XA—32	$D = 121\text{mm}$	1	台	

二、制冷机房的布置

设置制冷装置的建筑称为制冷机房或冷冻站。制冷机房设计时可遵循如下的原则：

1）制冷机房位置应尽可能靠近冷负荷中心，力求缩短输送管道。吸收式和蒸气式喷射制冷机房还应尽可能靠近热源。

氟利昂制冷机可布置在民用建筑、生产厂房和辅助建筑物内，也可布置在地下室。

氨制冷机不得布置在民用建筑和工业企业辅助建筑物内，也不允许布置在地下室内，通常应布置在单独的建筑物或与建筑物隔开的房间内。

溴化锂吸收式制冷机宜布置在建筑物内及地下室；条件许可时，亦可露天布置，但制冷装置的电气设备和控制仪表，应布置在室内。

2）大中型制冷机房内的主机宜与辅助设备及水泵等分间布置；制冷机房宜与空调机房分开设置。

3）大中型制冷机房内应设置值班室、控制室、维修间和卫生间。有条件时，应设置通信装置。

4）在建筑设计中，应根据需要预留大型设备的安装和维修进出用的孔洞，并应配备必要的起吊设施。

5）氨制冷机房应设置两个互相尽量远离的对外出口，其中至少有一个出口直接对外，大门应设计成由室内向外开。

氨制冷机房的电源开关，应布置在外门附近。发生事故时，应能立即切断电源，但事故电源不得切断。

氨制冷机房应设置每小时不少于 3 次的机械通风系统和每小时不少于 7 次的事故排风设施，配用的电动机必须采用防爆型，并应设置必要的消防和安全器材（如灭火器和防毒面具等）。

6）制冷机房设备布置的间距见表 8 - 2。

表 8 - 2　设备布置的间距

项　　目	间距/m
主要通道和操作通道宽度	≥1.5
制冷机突出部分与配电盘之间	≥1.5
制冷机突出部分相互间	≥1.0
制冷机与墙面之间	≥0.8
非主要通道	≥0.8
溴化锂吸收式制冷机侧面突出部分之间	≥1.5
溴化锂吸收式制冷机的一侧与墙面	≥1.2

7）布置卧式壳管式冷凝器、蒸发器、冷水机组和溴化锂吸收式制冷机时，必须考虑在其一端预留清洗和更换管簇的必要距离。

8）机房内应考虑留出必要的检修用地，当利用通道作为检修用地时，应根据设备的种类和规格而适当加宽。

9）制冷机房的高度应按表 8 - 3 选用，设备顶部与梁底的间距不应小于1.2m。

表 8 - 3　制冷机房的净空高度

项　　目	机房净空/m
氟利昂制冷机	≥3.6
氨制冷机	≥4.8
溴化锂吸收式制冷机设备顶部距梁底	≥1.2

第三节　制冷剂管道的设计

一、制冷剂管道的布置原则

（一）基本原则

制冷剂管道的布置要考虑下列基本原则：

1）保证各个蒸发器得到充分的供液。

2）避免过大的压力损失。

3）防止液态制冷剂进入制冷压缩机。

4）防止制冷压缩机曲轴箱内缺少润滑油。

5）应能保持气密、清洁和干燥。

6）应考虑操作和检修方便，并适当注意整齐。

（二）氟利昂管道的布置原则

氟利昂制冷剂的主要特点是与润滑油互相溶解，因此，必须保证从每台制冷压缩机带出的润滑油在经过冷凝器、蒸发器和一系列设备、管道之后，能全部回到制冷压缩机的曲轴箱里来。

1. 吸气管

1）考虑到润滑油能从蒸发器不断流回压缩机，压缩机的吸气管应有不小于0.01的坡度，坡向压缩机，如图8-2a所示。

2）当蒸发器高于制冷压缩机时，为了防止停机时液态制冷剂从蒸发器流入压缩机，蒸发器回气管应先向上弯曲至蒸发器的最高点，再向下通至压缩机，如图8-2b所示。

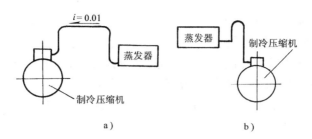

图8-2　氟利昂压缩机的吸气管

3）氟利昂压缩机并联运转时，回到每台制冷压缩机的润滑油不一定和从该台压缩机带走的润滑油量相等，因此，必须在曲轴箱上装有均压管和油平衡管（见图8-3），使回油较多的制冷压缩机曲轴箱里的油通过油平衡管流入回油较少的压缩机中。

并联的氟利昂压缩机为了防止润滑油进入未工作的压缩机吸入口，压缩机的吸气管应按图8-3安装。

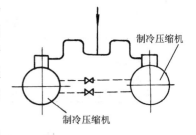

图8-3　并联压缩机的配管

4）上升吸气立管的氟利昂气体必须具有一定的流速，才能把润滑油带回压缩机内。R12和R22上升吸气立管需要的带油最低流速可从图8-4查得。

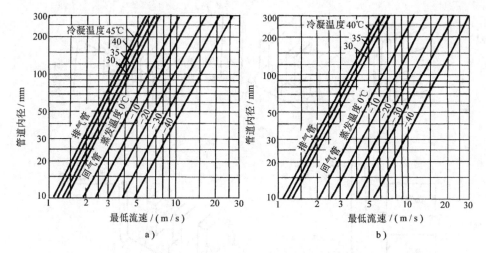

图 8-4　氟利昂上升立管的最低带油速度

a）R12 上升立管的最低带油流速　b）R22 上升立管的最低带油流速

5）在变负荷工作的系统中，为了保证低负荷时也能回油，管径可能需要选用得很小，特别是能量调节范围较大时，问题更加突出。为了避免全负荷时压力降太大，可用两根上升立管，两管之间用一个集油弯头连接，如图 8-5 所示。其工作原理如下：

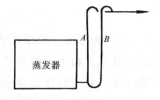

图 8-5　双上升吸气管

在全负荷时，两根立管同时使用，两管截面之和应能保证管内制冷剂流速具有带油速度，同时又不产生过大压力降。

两根立管中的一根 A，按可能出现的最低负荷选择管径。在低负荷时，起初是两根立管同时使用，由于管内流速低，所以润滑油逐渐积聚在弯头内，直至将弯头封住，于是只剩一根立管 A 工作，管内流速提高，保证低负荷时能回油。

在恢复全负荷运行后，由于管内流速增大，润滑油从弯头中排出，使两根立管同时工作。

为了避免单管工作时可能不断地有油进入不工作的一根管子里，制作时两根管子均应从上部与水平管相接。

6）多组蒸发器的回气支管接至同一吸气总管时，应根据蒸发器与制冷压缩机的相对位置采取不同的方法处理，如图 8-6 所示。

2. 排气管

制冷压缩机排气管的设计也应考虑带油问题，氟利昂排气管的最低带油速度见图 8-4。此外，还应避免停机后在排气管中可能凝结的液滴流回制冷压缩机。

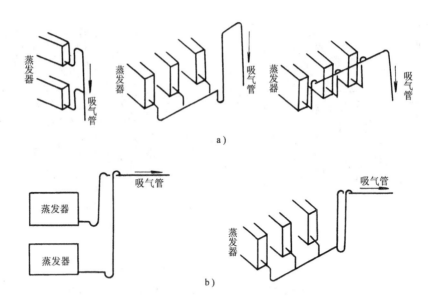

图 8-6　回气管道连接示意图

a）蒸发器高于制冷压缩机　b）蒸发器低于制冷压缩机

1）为了防止润滑油或可能冷凝下来的液体流回压缩机，制冷压缩机的排气管应有 0.01 ~ 0.02 的坡度，坡向油分离器或冷凝器。

2）在不用油分离器时，如果压缩机低于冷凝器，排气管道应设计成一个 U 形弯管，如图 8-7 所示，以防止冷凝的液体制冷剂和润滑油返流回制冷压缩机。

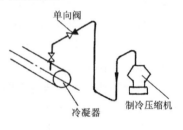

图 8-7　排气管连接示意图

3. 冷凝器至贮液器的管道

冷凝器至贮液器之间的液管，其连接方法有两种，分别如图 8-8 和图 8-9 所示。

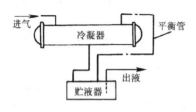

图 8-8　直通式贮液器的连接

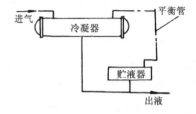

图 8-9　波动式贮液器的连接

直通式贮液器的接管应考虑在贮液器内有气体反向流入冷凝器时，冷凝器内的液体制冷剂仍能顺利流入贮液器，其管径大小就按满负荷运行时液体流速不大于 0.5m/s 来选择。贮液器的进液阀最好采用角阀（角阀阻力较小）。贮液器应低于冷凝器，角阀中心与冷凝器出液口的距离应不少于 200mm。

采用直通式贮液器时，从冷凝器出来的过冷液体进入贮液器后将失去过冷度。

波动式贮液器的顶部有一平衡管与冷凝器顶部连通，液体制冷剂从贮液器底部进出，以调节和稳定制冷剂循环量。从冷凝器出来的液体制冷剂，可以不经过贮液器直接通过供液管到达膨胀阀。冷凝器与波动式储液器的高差应大于300mm，最大负荷时液体制冷剂在管道中的流速及冷凝器液体出口至贮液器液面的必要高差 H 值见表 8 – 4。

表 8 – 4　管道内的液体流速和高差 H 值

管内液体流速 / (m/s)	冷凝器至贮液器间接管形式	H/mm	管内液体流速 / (m/s)	冷凝器至贮液器间接管形式	H/mm
0.5	球阀或角阀	350	0.8	角阀	400
0.5 ~ 0.8	无阀	350	0.8	球阀	700

4. 冷凝器或贮液器至蒸发器之间的管道

为了避免在供液管中产生闪发气体，有条件时应把来自贮液器的供液管与压缩机的吸气管贴在一起，并应用隔热材料保温，必要时可装设回热器。

1）蒸发器位于冷凝器或贮液器下面时，如供液管上不装设电磁阀，则液体管道应设有倒 U 形液封，其高度应不小于 2m，如图 8 – 10 所示，以防止制冷压缩机停止运行时液体继续流向蒸发器。

2）多台不同高度的蒸发器位于冷凝器或贮液器上面时，为了避免可能形成的闪发气体都进入最高的一个蒸发器，应按图 8 – 11 所示方法接管。

3）直接蒸发式空气冷却器的空气流动方向应使热空气与蒸发器出口排管首先接触，如图 8 – 12 所示。

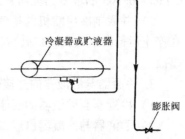

图 8 – 10　液管连接示意图

4）在压力降允许的条件下，冷却排管可以串联连接。用热力膨胀阀供液的氟利昂冷却排管，一般采用上进下出形式以保证回油。串联排管只要保持最后一组排管供液方式为上进下出，不要求每一组排管都采用上进下出的供液方式。

（三）氨管道的布置原则

氨在润滑油中几乎是不溶解的，由于润滑油的密度大于氨的密度，进入制冷系统的润滑油就会积存在制冷设备的底部。因此，在氨制冷系统中，应设置氨液分离器，并在可能集油的设备底部装设放油阀，制冷系统中应设有放油装置。

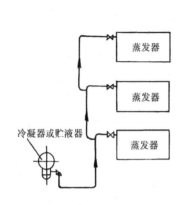

图 8 – 11　不同高度蒸发器的
供液管连接示意图

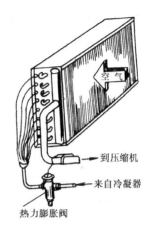

图 8 – 12　直接蒸发式空气
冷却器的接管示意图

1. 吸气管

为了防止氨液滴进入制冷压缩机,氨压缩机的吸气管应有不小于 0.005 的坡度,坡向蒸发器。

2. 排气管

1) 为了防止润滑油和冷凝氨液流向制冷压缩机,压缩机的排气管道应有 0.003～0.005 的坡度,坡向氨液分离器。

2) 并联制冷压缩机的排气管上宜装设止回阀,以防止一台压缩机工作时,在停止运行的压缩机出口处积存较多的冷凝氨液和润滑油,重新起动时产生液击事故。

3. 冷凝器与贮液器的连接管

1) 冷凝器至贮液器的液体管道应有 0.001～0.005 的坡度,坡向贮液器。

2) 贮液器与冷凝器出液口之间的高差应保证液体靠重力流入贮液器。

3) 多台冷凝器并联时,应设有压力平衡管。为了检修方便,平衡管上应装有截止阀,如图 8 – 13 所示。

4. 贮液器与蒸发器的连接管

贮液器至蒸发器的液体管道可直接经手动膨胀阀接至蒸发器。节流机构采用浮球阀时,其接管应考虑正常运转时,氨液能通过过滤器、浮球阀进入蒸发器。在检修浮球阀或清洗过滤器时,氨液由旁通管经手动膨胀阀降压后进入蒸发器。

5. 放油管及安全阀的接管

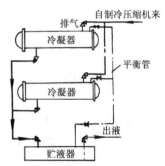

图 8 – 13　并联冷凝器的
接管示意图

1）所有可能积存润滑油的制冷设备底部都应有放油接头和放油阀，并接至集油器。

2）冷凝器、贮液器等设备上应装设安全阀和压力表。如在安全阀接管上装设截止阀时，必须装在安全阀之前，呈开启状态并加以铅封。

二、管材及管件

（一）管材

不同的制冷剂应采用不同材质的管道，各种制冷剂使用的管材及其连接方式见表 8-5。

表 8-5　管材

介质名称	管　　材	连接方式	备　注
R717	当工作温度 > -50℃，使用 10 钢、20 钢的无缝钢管，当工作温度 ≤ -50℃，使用经过热处理的无缝钢管或低合金钢管（如 09Mn）	除设备、附件连接处采用法兰连接外，一律采用焊接连接。	管壁内不得镀锌
R11 R12 R22	纯铜管或无缝钢管 当 $DN < 25mm$ 选用纯铜管 当 $DN \geqslant 25mm$ 选用无缝钢管	钢管与钢管采用焊接 钢管与铜管采用银焊 铜管与铜管采用银焊	管壁内不宜镀锌 法兰处不得用天然橡胶，也不得涂矿物油
冷却水	一般采用焊接钢管	焊接、法兰、螺纹均可	与制冷剂管相同
盐水	采用镀锌焊接钢管	焊接、法兰、螺纹均可	
润滑油	与制冷剂管相同	与制冷剂管相同	

（二）管件及附件

制冷剂管道上用的管件及附件的安装要求见表 8-6。

表 8-6　管件及附件

名　称	安　装　要　求
弯　头	冷弯时，曲率半径不应小于 4 倍的管外径
三　通	宜采用顺流三通。丫形羊角弯头也可采用斜三通
阀　门	各种阀门应符合制冷剂的专用产品。氟利昂制冷系统中用的膨胀阀应垂直放置，不得倾斜，更不得颠倒安装
温度计	要有金属保护套，在管道上安装时，其水银（或酒精）球应处在管道中心线上，套筒的感温端应迎着流体运动的方向
压力表	高压容器及管道应安装 0~2.5MPa 的压力表，中、低压容器及管道应安装 0~1.6MPa 的压力表
感温包	安装在离制冷机吸气管道 1.5m 以外的平直管道上

三、管道水力计算

(一) 制冷剂管道管径的确定

1. 氟利昂管道管径确定

(1) 吸气管道直径　吸气管道的压力降将直接影响到压缩机的制冷量，因此，吸气管道的压力降宜控制在相当于饱和温度差为 1℃ 的范围内，按此原则制成图 8-14，根据制冷能力、蒸发温度、管材种类和当量长度就可确定管径。

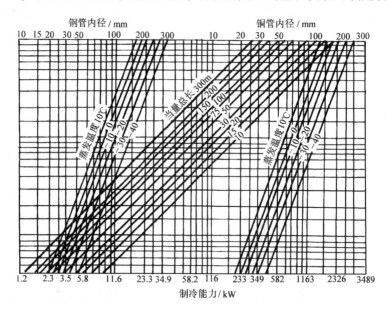

图 8-14　R22 吸气管道的容量

氟利昂制冷剂有与润滑油互相溶解的特点：R12 与润滑油是无限溶解，而 R22 与润滑油是有限溶解。故必须保证从制冷压缩机带出的油能全部回到压缩机曲轴箱中。因此，对于上升的吸气竖管应考虑必要的带油速度，以满足回油的需要。R22 最低的流速见图 8-15。

为了设计时的方便，可根据最低流速计算出最小流量，又据最小流量计算出上升吸气竖管的最小制冷负荷，可按最小冷负荷确定管径的大小。R22 上升吸气管最小冷负荷与管径的关系见图 8-16。

(2) 排气管道直径　排气管道中的压力降将直接影响到制冷压缩机的需用功率，通常把排气管道中的压力降控制在相当于饱和冷凝温度差 0.5～1.0℃。图 8-17 给出了 R22 排气管道的容量，在冷凝温度为 35～45℃ 之间可以近似地通用。

(3) 高压液体管直径　高压液体管道系指从贮液器到热力膨胀阀进口的液体管道，不包括从冷凝器到贮液器的液体管道。这部分管道的压力降，可能导致产

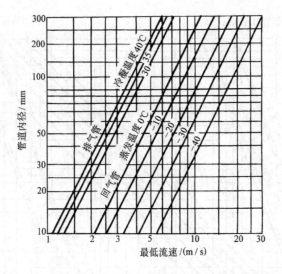

图 8 - 15   R22 上升吸气管道与排气管道的回油最低流速

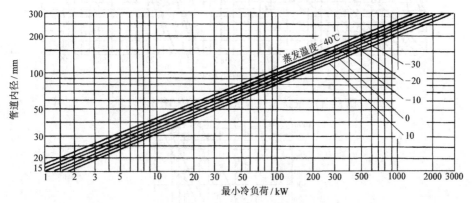

图 8 - 16   R22 上升吸气竖管最小冷负荷

生闪发气体而使热力膨胀阀工作失常。通常将这部分管道的压力降也控制在相当于饱和温度差的 0.5 ~ 1.0℃。R22 液体管道的容量见图 8 - 17。

（4）冷凝器至贮液器管道直径   从冷凝器到贮液器间的管道，当液体流速为 0.5m/s、温度为 40℃、蒸发温度为 - 20℃时，其管道的容量见图 8 - 18。如果冷凝器和贮液器的顶端设计有足够的气相平衡管时，则图 8 - 18 中的管道容量可以提高 50%。

各个不同蒸发温度下 R22 的 0.5 ~ 1.0℃压力降见表 8 - 7。

2. 氨管道管径确定

氨制冷系统中的排气管道和高压液体管道直径的选择原则和氟利昂相同，一般将管道中的压力降控制在相当于饱和冷凝温度差 0.5℃。各饱和温度下氨 0.5℃压力降见表 8 - 8。按此压力降作出的氨管道计算图见图 8 - 19。

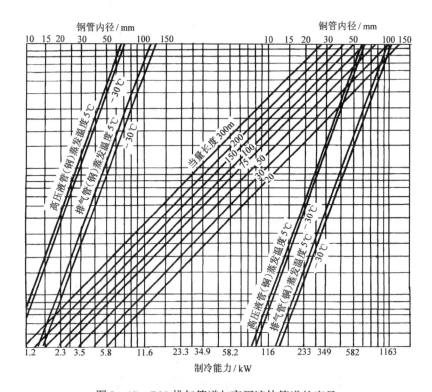

图 8-17 R22 排气管道与高压液体管道的容量

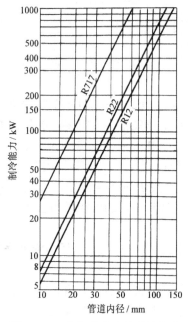

图 8-18 冷凝器泄液管道的能力

表 8 – 7 不同 t_0 下 R22 压降值

饱和温度/℃	R22	
	0.5℃压力降/kPa	1.0℃压力降/kPa
40	20.00	40.00
10	10.90	21.80
5	9.10	18.20
0	8.60	17.20
−5	7.30	14.70
−10	6.60	13.20
−20	4.80	9.60

表 8 – 8 0.5℃压力降

饱和温度/℃	40	10	5	0	−5	−10	−20
压力降值/kPa	22.3	11.1	9.1	8.1	7.1	6.1	4.1

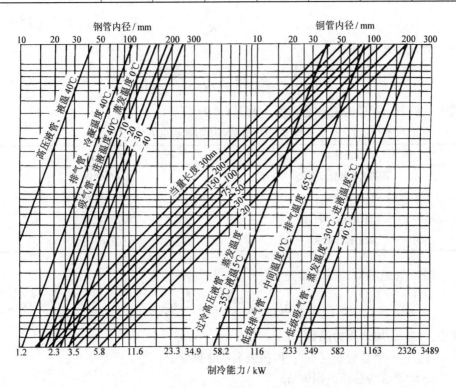

图 8 – 19 R717 管道的能力

（二）管道的沿程压力损失计算

1. 计算公式

（1）管道的沿程压力损失 Δp_{m}

$$\Delta p_{\mathrm{m}} = \lambda \, \frac{L}{d} \frac{\rho v^2}{2} \tag{8-1}$$

式中　λ ——沿程摩擦阻力系数；

　　　L ——管道长度（m）；

　　　d ——管道直径（m）；

　　　ρ ——流体密度（kg/m^3）；

　　　v ——管道断面平均流速（m/s）。

　　摩擦阻力系数和雷诺数有关，即

$$R_{\mathrm{e}} = \frac{vd}{\nu} \tag{8-2}$$

式中　ν ——流体的运动黏度（m^2/s）。

　　当 $R_{\mathrm{e}} < 2320$ 时：

$$\lambda = \frac{64}{R_{\mathrm{e}}} \tag{8-3}$$

　　当 $R_{\mathrm{e}} > 3000$ 时：

$$\frac{1}{\sqrt{\lambda}} = -2\lg\left(\frac{K}{3.7d} + \frac{2.51}{R_{\mathrm{e}}\sqrt{\lambda}}\right) \tag{8-4}$$

式中　K ——管道的绝对粗糙度，见表 8-9。

表 8-9　管道的绝对粗糙度 K

管道种类	K 值/mm
新的无缝钢管或铜管	0 ~ 0.0015
新的钢管	0.05 ~ 0.10
新的铸铁管	0.26 ~ 0.30
新的镀锌钢管	0.15

（2）管道的局部压力损失 Δp_{j}

$$\Delta p_{\mathrm{j}} = \zeta \frac{\rho v^2}{2} = \lambda \, \frac{L_{\mathrm{d}}}{d} \frac{\rho v^2}{2} \tag{8-5}$$

式中　ζ ——局部阻力系数；

　　　L_{d} ——当量管长（m），可按表 8-10 确定。

（3）管道的总压力损失 Δp

$$\Delta p = \Delta p_{\mathrm{m}} + \Delta p_{\mathrm{j}} = (L + L_{\mathrm{d}}) \frac{\lambda}{d} \frac{\rho v^2}{2} \tag{8-6}$$

表 8-10　各种阀门和管道附件的当量直径（L_d/d_n）

阀门和管件的名称		当量直径（L_d/d_n）
阀门	球形阀（全开）	340
	角阀（全开）	170
	闸阀（全开）	8
	单向阀（全开）	80
丝扣弯头	90°	30
	45°	14
焊接弯头	由两段焊成45°时	15
	由两段焊成60°时	30
	由两段焊成90°时	60
	由三段焊成90°时	20
	由四段焊成90°时	15
变径管	管径扩大 $d/D=1/4$	30
	$d/D=1/2$	20
	$d/D=3/4$	17
	管径缩小 $d/D=1/4$	15
	$d/D=1/2$	11
	$d/D=3/4$	7

2. 查图表计算方法

制冷剂管道的压力损失一般查图表确定，方法如下：

1）查图确定制冷剂的循环量。

2）确定管道内径、排气管的冷凝温度或吸气管的蒸发温度。

3）查图确定每米当量管长的压力损失。

4）计算各管段的总阻力损失。

查各种制冷剂的循环量及摩擦阻力的图见有关手册。

第四节　制冷机组

制冷系统机组化是现代制冷装置的发展方向。制冷机组就是将制冷系统中的全部或部分设备直接在工厂组装成一个整体，为用户提供所需要的冷量和用冷温度。制冷机组不但结构紧凑、使用灵活、管理方便，而且质量可靠、安装简便、能缩短施工周期、加快施工进度，深受设计人员和用户欢迎。

目前常用的制冷机组有压缩机-冷凝器机组、压缩式冷水和冷、热水机组以及各种形式的空调和低温机组。所有机组的型号规格、性能参数均由制造厂提供，用户可以根据使用要求直接从样本中选择。

一、活塞式冷水机组

活塞式冷水机组由活塞式制冷压缩机、卧式壳管式（或风冷式）冷凝器、热力膨胀阀和干式蒸发器等组成，并配有自动（或手动）能量调节和自动安全保护装置。冷水机组常用的制冷剂为 R22 和 R12。目前国产活塞式冷水机组大多采用 70、100、125 系列制冷压缩机组装，其中 70 系列为半封闭式制冷压缩机，100 和 125 系列为开启式制冷压缩机。当冷凝器的进水温度为 32℃、出水温度为 36℃、蒸发器出口水温度为 7℃时，其冷量范围约在 35～580kW。冷水机组可用一台或几台制冷压缩机组装，以扩大冷量选择范围。另外，在冷水机组的冷凝器和蒸发器中，还采用了各种高效传热管，提高制冷剂与冷却水和冷冻水的换热效果，降低传热温差，节省运行能耗和金属耗量。

图 8－20 所示为活塞式冷水机组的外形结构，整个制冷设备装在槽钢底架上。在安装时，用户只需在基础上固定底架，连接冷却水和冷冻水管以及电动机电源即可进行调试。

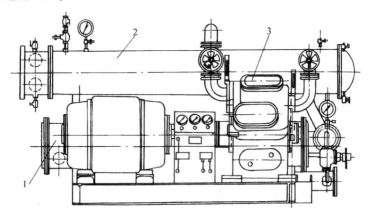

图 8－20　活塞式冷水机组外形结构
1—蒸发器　2—冷凝器　3—压缩机

近几年，国内外正在生产一种所谓"模块化冷水机组"（见图 8－21）。该机组的制冷装置全部封闭在立柜内（柜内可以是一个或两个独立的制冷系统），每个立柜（或称"模块"）能提供一定的冷量，用户可根据实际所需冷量选用立柜个数。各个立柜中的冷却水管和冷冻水管可通过特定的连接方式相互连接，电源可通过接插口连接。所以安装方便，结构紧凑，使用灵活，占地面积也较小，而且外形美观，但目前价格较高。

先进的"模块"式冷水机组备有一套微机处理机，制冷装置的有关运行参数可以从液晶显示屏上显示出来。该微机具有保护和监视的双重功能，它可以不断监视蒸发器和冷凝器的进、出口水温、流量，并可根据温度对时间的变化率去控

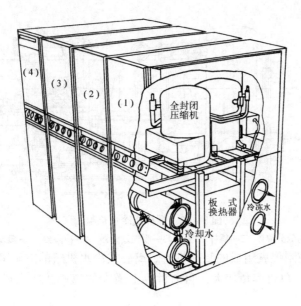

图 8 – 21 模式化冷水机组

制投入运行机组的单元数目，使机组的制冷量与实际需求制冷量相匹配。该机组同时可对全封闭制冷压缩机的排气温度和压力、电动机过载、过热等进行监控。当系统发生故障时，它还可以将当时的运行参数和故障发生的日期和时间记录下来，通过显示屏幕显示出来，或用打印机打印出来。对由多个立柜组成的多模块冷水机组，当某一个立柜中的机组出现非正常运行状态时，该立柜中的压缩机就会停止运行，自控系统将立即命令另一台机组起动补上。这种机电控制一体化的方式，也是现代所有制冷机组的发展方向。

二、螺杆式冷水机组

螺杆式冷水机组是由螺杆式制冷压缩机、冷凝器、热力膨胀阀、蒸发器、油处理设备以及自控元件和仪表等组成的冷水机组（图 8 – 22）。由于螺杆式制冷压缩机运行平稳，机组安装时甚至可以不装底脚螺栓，可以直接放置在具有足够强度的水平地面或楼板上。机组在出厂前已通过各种试验，在现场安装后（包括机组安装，连接水管和电源），如无意外情况，只要加足润滑油，抽真空，然后就可按说明书要求充加制冷剂进行调试。

螺杆式冷水机组结构紧凑、运行平稳，冷量能进行无级调节，节能性好，易损件少，它的使用范围正日益扩大。

目前国产螺杆式冷水机组的制冷剂为 R22，空调工况冷量范围在 120 ~ 1200kW 之间。

三、离心式冷水机组

离心式冷水机组是由离心式制冷压缩机、冷凝器、蒸发器、节流机构和调节

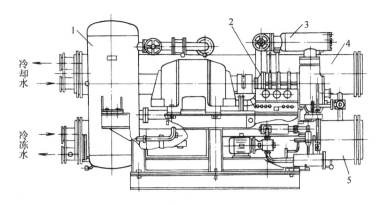

图 8-22　螺杆式冷水机组

1—高效分油器　2—螺杆压缩机　3—吸气过滤器　4—冷凝器　5—蒸发器

机构以及各种控制仪表组成的整体机组。离心式冷水机组的空调工况制冷量通常在 580kW 以上，单机容量较大，目前世界上最大的离心式冷水机组制冷量可达 35000kW。

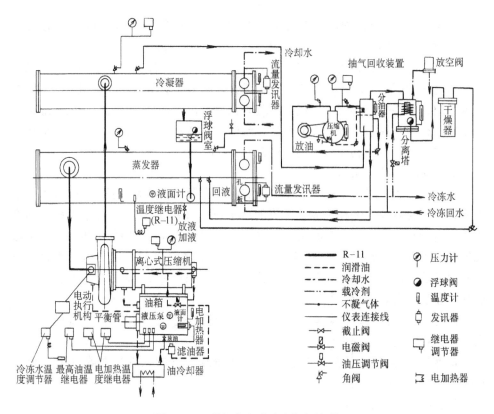

图 8-23　单级离心式冷水机组流程

空调用离心式冷水机组，由于压缩机运行时的压力比较小，若使用分子量较大的 R11 制冷剂，单级离心式压缩机即能满足运行要求。近几年，对于大容量离心式冷水机组，常用 R12 代替 R11 制冷剂，因为 R12 制冷剂的单位容积制冷量 q_v 远大于 R11。但是，由于 R12 的分子量小于 R11 制冷剂，因此常用两级离心式压缩机。

图 8-23 为一台使用 R11 制冷剂的单级离心式冷水机组的流程。由图可知，该机组除了装有各种监控仪器外，主要由三部分组成，即制冷系统、润滑油系统和抽气回收系统。

习题与思考题

8-1 制冷压缩机的选型原则是什么？

8-2 制冷机房内制冷设备布置的原则是什么？

8-3 制冷剂管道阻力对制冷压缩机的吸、排气压力有什么影响？制冷系统吸、排气管的允许压力降是多少？

8-4 氨制冷系统和氟利昂制冷系统的压缩机吸、排气管水平管段坡度有何不同，为什么？

8-5 某厂空调系统所需冷量为 744kW，要求供给 8℃ 的冷冻水，冷却水温为 27℃，试选择制冷压缩机。

8-6 一台冷冻机运行时，其制冷量为 17kW，所需的轴功率为 7kW，机械效率 $\eta_m = 0.85$，进入冷凝器的冷却水温度为 27℃，冷却水量为 3.6m³/h，求冷却水出冷凝器的温度是多少？

第九章　制冷装置的安装和试运转

第一节　制冷设备的安装

一、压缩机的安装

压缩机是提高制冷剂气体压力的设备。在压缩的过程中，由于机器运动的惯性而产生震动，因而产生噪声、消耗能量、加剧零件的磨损，并使压缩机产生移动。故压缩机一般都安装在混凝土基础上，以减少机器的震动和移动。下面介绍压缩机的安装步骤。

1）安装前，先在浇灌好的基础面上，按照图样要求的尺寸，画出压缩机的纵横中心线、地脚螺孔中心线及设备底座边缘线等，见图9-1。并在螺栓孔两旁放置垫铁，在放置垫铁以前，先将基础面处打磨平整，并在垫铁以外的基础面上打凿小坑，使二次浇灌层结合牢固，清除预留孔的脏物。

将压缩机搬运到基础旁。准备好设备就位的起吊工具。正确选择好绳索结孔位置，绳索与设备表面接触处应垫以软木或破布，以免擦伤表面油漆。然后将压缩机起吊到基础上方一定的高度上，穿上地脚

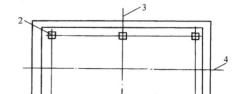

图 9-1　基础放线
1—地脚螺栓孔中心线
2—地脚螺栓孔　3—纵中心线
4—横中心线　5—设备底座边线

螺栓，使压缩机对准基础上事先划好的纵横中心线，徐徐地下落到基础上，此时将地脚螺栓置于基础地脚螺栓孔内。

2）压缩机就位后，应进行找平。目前国产新系列压缩机均带有公共底座，机器在制造厂组装时已经有较好的水平，所以安装时只需在底座上表面找水平即可。通过调整垫铁用水平仪来进行校正，其水平偏差每米为0.1mm，并要求基础与压缩机底座支承面均匀接触。

3）找平后，将1:1的水泥砂浆及时灌入地脚螺栓孔内，并填满底座与基础之间的空隙。灌浆工作不能间断，要一次完成。待水泥砂浆干后，可将基础外露部分抹光，隔2~3d后重新校正机器的水平度、垂直度及联轴器同心度。砂浆完全凝固后，将垫铁焊死，拧紧地脚螺栓，并复查机器水平度及垂直度。

在压缩机安装的同时，应注意到电路、水路及阀门的连接，以免造成返工。

二、冷凝器的安装

1. 立式冷凝器的安装

立式冷凝器下面通常都设有钢筋混凝土集水池，并兼作基座用。它的安装方式大体上有以下三种：

1）将冷凝器安装在有池顶的集水池上，即在池顶上按照冷凝器筒身的直径开孔，并预埋底板的地脚螺栓，待吊装就位及找正后，拧紧螺母即可。

2）将冷凝器安装在工字钢或槽钢上。首先将工字钢或槽钢搁置在水池上口，用池口上事先预埋的螺栓加以固定，然后将冷凝器吊装并用螺栓固定在它上面。需要注意不要让工字钢或槽钢碰着胀接在底板上的冷却水管。

3）基本上同第二种。为安装灵活便于调节，可在水池口上预埋钢板，钢板与钢筋混凝土池壁的钢筋焊牢（钢板长度约30mm，宽度与池口宽度相同）。安装时，先按照冷凝器底板螺孔位置，将工字钢或槽钢放在预埋钢板上，待冷凝器安装完毕后将型钢与预埋钢板焊牢。安装过程中，工字钢或槽钢可以左右移动，便于校正，比较灵活。

有些立式冷凝器的底板上有4个螺栓孔，也有8个螺栓孔的。若将8个螺孔的底板搁在工字钢或槽钢上时，往往有4个螺孔脱空，此时可仅用四个螺栓固定，但需要复核一下螺栓的强度是否满足要求。

2. 卧式冷凝器与贮液器安装

卧式冷凝器与贮液器一般安装于室内。为满足两者的高差要求，卧式冷凝器可用型钢支架安装于混凝土基础上，也可直接安装于高位的混凝土基础上。为充分节省机房面积，通常的方法是将卧式冷凝器与贮液器一起安装于钢架上，如图9-2所示。

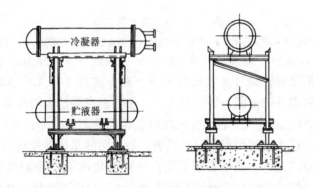

图9-2　卧式冷凝器与贮液器安装

卧式冷凝器与贮液器一起安装于钢架上时，钢架必须垂直，应用吊垂线的方法进行测量。设备的水平度主要取决于钢架的水平度、焊接钢架的横向型钢时，要求用水平仪进行测量。因型钢不是机加工面，仅测一处，误差较大，应多选取几处进行测量，取其平均值作为水平度。

卧式冷凝器与贮液器对水平度的要求，一般情况下，当集油器在设备中部或无集油器时，设备应水平安装，允许偏差不大于 1/1000；当集油器在一端时，设备应设 1/1000 的坡度，坡向集油器。

所有冷凝器与贮液器之间都有严格的高差要求，安装时应严格按照设计的要求安装，不得任意更改高度，一般情况下，冷凝器的出液口应比贮液器的进液口至少高 200mm。

卧式高压贮液器顶部的管接头较多，安装时不要接错，特别是进、出液管更不得接错，因进液管多由顶部表面插入筒内下部，接错了不能供液，还会发生事故。因此应特别注意，一般进液管直径大于出液管的直径。

三、蒸发器的安装

1. 直立管式蒸发器的安装

直立管式蒸发器一般安装于室内的保温基础上（见图 9-3）。

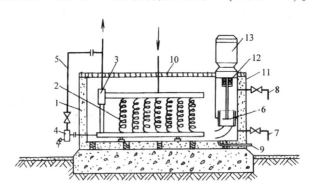

图 9-3　立式蒸发器安装

1—蒸发水箱　2—蒸发管组　3—气液分离器　4—集油罐　5—平衡管　6—搅拌器叶轮
7—出水口　8—溢水口　9—泄水口　10—盖板　11—保温层　12—钢性联轴器　13—电动机

蒸发器水箱基础在设计无规定时可按下述方法施工：先将基础表面清理干净、平整，然后在基础上刷一道沥青底漆，用热沥青将油毡铺在基础上，在油毡上每隔 800~1200mm 处放一根与保温层厚度相同的防腐枕木，并以 1/1000 的坡度坡向泄水口，枕木之间用保温材料填满，最后用油毡热沥青封面。

基础保温施工完后，即可安装水箱。水箱就位前就作渗漏试验，具体做法是：将水箱各处管接头堵死，然后盛满水保持 8~12h 不渗漏为合格。吊装水箱时，为防止水箱变形，可在水箱内支撑木方或其他支撑物。

水箱就位后，将各排蒸发管组吊入水箱内，并用集气管和供液管连成一个大组，然后垫实固定。要求每排管组间距相等，并以 1/1000 的坡度坡向集油器。

　　安装立式搅拌器时，应先将刚性联轴器分开，取下电动机轴上的平键，用细砂布、气油或煤油将其内孔和轴进行仔细地除锈和清洗。清除干净后再用刚性联轴器将搅拌器和电动机连接起来，用手转动电动机轴以检查两轴的同心度，转动时搅拌器不应有明显的摆动，然后调整电动机的位置，使搅拌器叶轮外圆和导流筒的间隙一致。调整好后将安装电动机的型钢与蒸发器水箱用电焊固定。

　　由制造厂供货的立式蒸发器均不带水箱盖板，为减少冷损失，必须设置盖板。通常的方法是用 5mm 厚，并经过刷油防腐的木板做成活动盖板。

　　2. 卧式蒸发器安装

　　卧式蒸发器一般安装于室内的混凝土基础上，用地脚螺栓与基础连接。为防止冷桥的产生，蒸发器支座与基础之间应垫以 50mm 厚的防腐枕木，枕木的面积不得小于蒸发器支座的面积。

　　卧式蒸发器的水平度要求与卧式冷凝器及高压贮液器相同。可用水平仪在筒体上直接测量，一般在筒体的两端和中部共测三点（见图 9 - 4），取三点的平均值作为设备的实际水平度。不符合要求时用平垫铁调整，平垫铁应尽量与垫木放的方向垂直。

　　四、油分离器的安装

　　油分离器多安装于室内或室外的混凝土基础上，用地脚螺栓固定，垫铁调整（见图 9 - 5）。

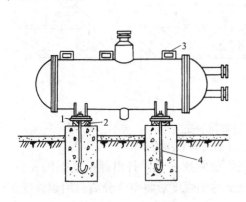

图 9 - 4　卧式蒸发器安装

1—平垫铁　2—垫木　3—水平仪　4—地脚螺栓

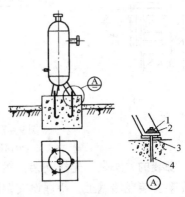

图 9 - 5　油分离器安装

1—螺帽　2—弹簧垫圈　3—垫铁　4—螺栓

　　安装油分离器时，应弄清油分离器的型式（洗涤式、离心式或填料式），进、出口接管位置，以免将管接口接错。对于洗涤式油分离器，安装时应特别注意与冷凝器的相对高度，一般情况下，洗涤式油分离器的进液口应比冷凝器的出液口低 200～250mm（见图 9 - 6）。

油分离器应垂直安装，允许偏差不得大于 1.5/1000，可用吊垂线的方法进行测量，也可直接将水平仪放置在油分离器顶部接管的法兰盘上测量，符合要求后拧紧地脚螺栓将油分离器固定在基础上，然后将垫铁点焊固定，最后用混凝土将垫铁留出的空间填实（即二次浇灌）。

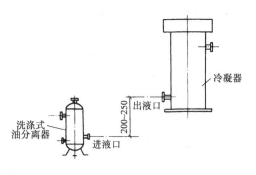

图 9-6　洗涤式油分离器与
冷凝器的安装高度

五、空气分离器的安装

目前常用的空气分离器有立式和卧式两种形式，一般安装在距地面 1.2m 左右的墙壁上，用螺栓与支架固定（见图 9-7）。

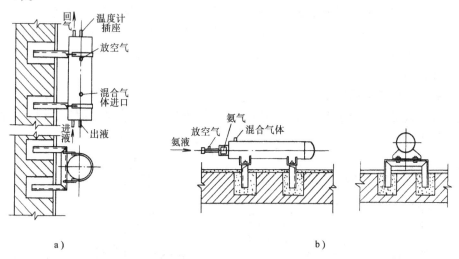

a)　　　　　　　　　　　　　　b)

图 9-7　空气分离器的安装

a）立式空气分离器安装　b）卧式空气分离器安装

安装的方法是：先作支架，然后在安装位置放好线，打出埋设支架的孔洞，将支架安装在墙壁上，待埋设支架的混凝土达到强度后将空气分离器用螺栓固定在支架上。

六、集油器及紧急泄氨器的安装

集油器一般安装于地面的混凝土基础上，其高度应低于系统各设备，以便收集各设备中的润滑油，其安装方法与油分离器相同。

紧急泄氨器一般垂直地安装于机房门口便于操作的外墙壁上，用螺栓、支架与墙壁连接，其安装方法与立式空气分离器相同。

紧急泄氨器的阀门高度一般不要超过 1.4m。进氨管、进水管、排出管均不得小于设备的接管直径。排出管必须直接通入下水管中。

第二节　制冷管路和附件的安装

一、管材选用及常用管子规格

制冷装置必须通过管道将各设备有机地连接起来，才能构成一个系统，管道材料的选择正确与否将直接影响到制冷装置的正常运转、使用寿命及制冷能力的有效发挥。为此，选择制冷系统管材时，应考虑管道的强度、管道的耐腐蚀性及管道内壁的光滑度。所以，目前氨制冷系统普遍采用无缝钢管，因为氨对铜有腐蚀，氟利昂系统普遍采用纯铜管。当氟利昂系统所需管径较大（大于等于25mm时），为节省有色金属，则应采用无缝钢管，为了便于安装时选用，将制冷系统常用的纯铜管及无缝钢管的规格列于表9-1及表9-2中。

表9-1　常用纯铜管规格

公称直径 DN/mm	外径×壁厚 /mm	理论重量 /（kg/m）	公称直径 DN/mm	外径×壁厚 /mm	理论重量 /（kg/m）
1.5	$\phi 3.2 \times 0.8$	0.05	14	$\phi 16 \times 1$	0.419
2	$\phi 4 \times 1$	0.084	16	$\phi 19 \times 1.5$	0.734
4	$\phi 6 \times 1$	0.140	19	$\phi 22 \times 1.5$	0.859
8	$\phi 10 \times 1$	0.252	22	$\phi 25 \times 1.5$	0.983
10	$\phi 12 \times 1$	0.307			

表9-2　常用无缝钢管规格

公称直径 DN/mm	外径/mm × 壁厚/mm	理论重量 /（kg/m）	公称直径 DN/mm	外径/mm × 壁厚/mm	理论重量 /（kg/m）
6	10×2	0.395	50	57×3.5	4.62
10	14×2	0.592	65	73×3.5	6.00
15	18×2	0.789	80	89×4	8.38
20	22×2	0.986	100	108×4	10.26
25	32×3.5	2.46	125	133×4	12.73
32	38×3.5	2.98	150	159×4.5	17.15
40	45×3.5	3.58	200	219×6	31.52

二、管道除污

制冷装置是由设备、管道、阀门等组成的封闭系统。制冷剂在系统内循环，为防止铁锈、污物等进入系统内，造成压缩机的活塞、气缸、阀片及油泵等损坏或系统阀门、滤网被堵塞，使压缩机无法正常工作，甚至造成严重事故，管子在安装前必须将内、外壁的铁锈及污物清除干净，并保持内壁干燥。管子外壁除污除锈后应刷防锈漆。

管道的除污方法很多，常用除污方法可参见相关书籍。

三、管道的连接

制冷系统中管道连接，通常有以下三种方法：焊接、法兰连接和丝扣连接，分述如下。

1. 焊接

焊接是制冷系统管道的主要连接方法，因其强度大、严密性好而被广泛采用。对于钢管，当壁厚小于或等于 4mm 时采用气焊焊接；大于 4mm 时采用电焊焊接。对于铜管，其焊接方法主要是钎焊。为保证铜管焊接的强度及严密性，多采用承插式焊接（见图 9-8）。承插式焊接的扩口深度不应低于管外径（一般等于管外径），且扩口方向应迎向制冷剂的流动方向。

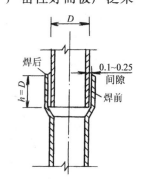

图 9-8 管道承插式焊接

2. 法兰连接

法兰连接用于管道与设备、附件或带有法兰的阀门连接。法兰之间的垫圈采用 2~3mm 厚的高、中压耐油石棉胶板。氟利昂系统也可采用 0.5~1mm 厚的纯铜片或铜片。

3. 螺纹连接

螺纹连接主要用于氟利昂系统的纯铜管在检修时需经常拆卸部位的连接。其连接形式有全接头和半接头连接两种，如图 9-9 所示，一般半接头连接用得较多。这两种形式的螺纹连接，均可通过旋紧螺纹不用任何填料而使接头严密不漏。

当无缝钢管与设备、附件及阀门的内螺纹连接时，如果无缝钢管不能直接套螺纹，则必须用一般加厚黑铁管套螺纹后才能与之连接，黑铁管与无缝钢管则采用焊接。这种连接形式需要在螺纹上涂一层一氧化铅和甘油混合搅拌而成的糊状密封剂或缠以四氟乙烯胶带才能保证接头的严密性，严禁用白厚漆和麻丝代替。

四、对管道安装的要求

制冷系统的管道常沿墙或顶棚敷设，其安装的基本内容和基本操作方法与室内采暖系统管道安装基本相同。但由于制冷系统有其特殊性，故安装时对下述要求应加以注意。

1）各种制冷剂管道布置、安装要求详见第八章第三节。

2）吸、排气管道设置在同一支吊架上时，为减少排气管高温影响，要求上

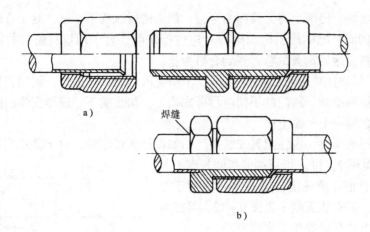

图 9 - 9　螺纹连接

a) 全接头连接　b) 半接头连接

下安装的管间净距离不应小于 200mm，且吸气管必须在排气管之下，如图 9 - 10a 所示；水平安装的管间净距离不应小于 250mm，如图 9 - 10b 所示。

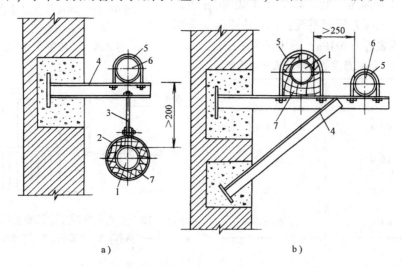

图 9 - 10　吸排气管同支架安装

a) 吸排气管上下敷设　b) 吸排气管水平敷设

1—吸气管　2—扁钢　3—吊架　4—支架　5—圆钢　6—排气管　7—木衬瓦

3）凡需保温的管道支、吊架处必须垫以经过防腐处理的木衬瓦（见图 9 - 10），以防止产生"冷桥"。衬瓦的大小应满足保温厚度的要求。

五、阀门安装

各种阀门（有铅封的安全阀除外）安装前均需拆卸进行清洗，以除去油污及铁锈。阀门清洗后用煤油作密封试验。注油前先将清洗后的阀门启闭 4～5 次，然后注入煤油，经两小时无渗漏为合格。如果密封试验不合格，对于有阀线的阀门（如止回阀、电磁阀、电动阀等）应进行研磨。对于用填料密封的阀门，应更换其填料，然后重新试验，直到合格为止。

安装阀门时应注意制冷剂的流向，不得将阀门装反。另外，阀门安装的高度应便于操作和维修。阀门的手柄应尽可能朝上，禁止朝下。成排安装的阀门阀杆应尽可能在同一个平面上。

安装浮球阀时，应注意其安装高度。如设计无规定时，对于卧式蒸发器，其高度 h（见图 9-11）可根据管板间长度 L 与筒体直径 D 的比值确定，见表 9-3。对于立式蒸发器，其安装高度 h 见图 9-12，可按与蒸发排管上总管管底相平来确定。

安装安全阀时，应检查有无铅封和合格证。无铅封和合格证时必须进行校验后方可以安装。检验后氨系统中安全阀的压力通常高压段调至 1.85MPa，低压段调至 1.25MPa；R22 系统安全阀压力同氨系统；R12 系统的安全阀压力高压段为 1.6MPa，低压段为 1.0MPa。

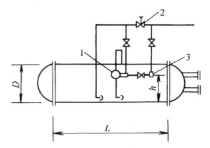

图 9-11 卧式蒸发器浮球阀安装示意图

1—浮球阀 2—膨胀阀 3—过滤器

表 9-3 卧式蒸发器的浮球阀安装高度

L/D	h
<5.5	0.8D
<6.0	0.75D
<7.0	0.70D
>7.0	0.65D

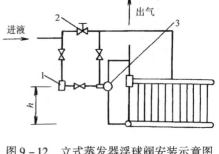

图 9-12 立式蒸发器浮球阀安装示意图

1—过滤器 2—膨胀阀 3—浮球阀

第三节 制冷系统的试运转

一、制冷系统的吹污、密封性试验和灌制冷剂

1. 制冷系统的吹污

制冷系统应是一个密封而清洁的系统，不得有任何杂质存在。因此安装工作完成后，必须对整个系统进行清洁和吹污工作，将残存在系统内的杂质吹扫出去。

吹污介质可用干燥的压缩空气，二氧化碳气或氮气。吹污前，先将气源与系统相连，在系统中选择最易排出污物的管接口作排污口（系统大的可分段进行吹污），在排污口上装设启闭迅速的旋塞阀或用木塞将排污口塞紧。将与大气相通的全部阀门关闭，接口堵死，然后向系统充气。在充气过程中，可用木锤在系统弯头、阀门处轻轻敲击。当充气压力升至 0.6MPa 时，迅速打开排污口旋塞阀或迅速敲掉木塞，污物便随气流一同吹出。反复数次，吹尽为止。为判断吹污的清洁程度，可用干净的白布浸水后贴于木板上，将木板置于距排污口 300 ~ 500mm 处检查，白布上应看不见污物为合格。

吹污时，排污口正前方严禁站人，以防污物吹出时伤人。

吹污合格后，应将系统中有可能积存污物的阀芯拆下清洗干净，以免影响阀门的严密性。拆洗过的阀门垫片应更换，氟利昂系统吹污合格后，还应向系统内充入氢气，以保持系统内的清洁和干燥。

2. 系统的密封性试验

系统内污物吹净后，应对整个系统进行密封性试验。密封性试验（或称试漏）分压力试漏及真空试漏和充液试漏三个阶段。

（1）压力试漏（气压试验） 氨系统可用干燥的压缩空气、二氧化碳气或氢气作介质；氟利昂系统应用二氧化碳气或氮气作介质。试验压力见表9-4。

表9-4 气密性试验压力值

试验压力 p_s/MPa	R717	R22	R12	R11
高压段	1.8	1.8	1.6	0.2
低压段	1.2	1.2	1.0	0.2

试压时，先将充气管接系统高压段，关闭压缩机本身的吸、排气阀和系统与大气相通的所有阀门以及液位计阀门，然后向系统充气。当充气压力达到低压段的要求时，即停止充气。用肥皂水检查系统的焊口、法兰、螺纹、阀门等连接处有无漏气。如无漏气现象，关断膨胀阀使高低压段分开，继续向高压段加压到试验压力后，再用肥皂水检漏。无漏气后，全系统在试验压力下稳压24h。前 6h 内因管道及设备散热引起气温降低，允许有 0.02 ~ 0.03MPa 的压力降（氮气试验时除外），在后 18h 内压力应无变化方为合格。如有温度变化，就应每小时记录一次室温和压力数值，但试验终了的压力应符合按下式计算的数值。

$$p_2 = p_1 \frac{273 + t_2}{273 + t_1}$$

式中 p_1——开始试验时的压力（MPa）；

p_2——试验终了时的压力（MPa）；

t_1——开始试验时的温度（℃）；

t_2——试验终了时的温度（℃）。

注意事项：

1）冬季作压力试漏，当环境温度低于 0℃ 时，为防止肥皂水凝固，影响试漏效果，可在肥皂水中加入一定量的酒精或白酒以降低凝固温度，保证试漏效果。

2）在试漏过程中，如发现有泄漏时，不得带压进行修补，可用粉笔在泄漏处画一圆圈作记号，待全系统检漏完毕，卸压后一并修补。

3）焊口补焊次数不得超过两次，超过两次者，应将焊口锯掉或换管重焊。发现微漏，也应补焊，而不得采用敲打挤压的方法使其不漏。

（2）真空试漏（真空试验）　真空试漏即真空气密性试验，在压力试漏合格后进行。真空试漏的目的是为了清除系统的残余气体、水分，并试验系统在真空状态下的气密性。真空试漏也可以帮助检查压缩机本身的气密性。

系统抽真空应用真空泵进行。对真空度的要求视制冷剂而定，对于氨系统，其剩余压力不应高于 8000Pa；对于氟利昂系统，其剩余压力不应高于 5333Pa。当整个系统抽到规定的真空度后，视系统的大小，使真空泵继续运行一至数小时，以彻底消除系统中的残存水分，然后静置 24h，除去因环境温度引起的压力变化之外，氨系统压力以不发生变化为合格，氟利昂系统压力以回升值不大于 533Pa 为合格。如达不到要求，应重新做压力试漏，找出渗漏处修补后，再做真空试漏，合格为止。

当因条件所限，无法得到真空泵做真空试漏时，可在系统中选定一台压缩机代替真空泵抽真空，其方法可按如下步骤进行：

1）将冷凝器、蒸发器等存水设备中的存水排净。

2）关闭压缩机吸、排气阀，打开排气管上放空气阀或卸下排气截止阀上的旁通孔堵头。

3）启动压缩机，逐步缓慢地开启吸气阀对系统抽真空，真空度达到规定值时，关闭放空气阀或堵上截止阀上旁通孔，关闭压缩机吸气阀门，停止压缩机运转，静置 24h 进行检查。检查方法相同。

在抽真空过程中，应多次启动压缩机间断地进行抽空操作，以便将系统内的气体和水分抽尽。对于有高低压继电器或油压压差继电器的设备，为防止触头动作切断电源，应将继电器的触点暂时保持断开状态。同时应注意油压的变化，油压至少要比曲轴箱内压力高 26664Pa，以防止油压失压烧毁轴承等摩擦部件。

（3）充液试漏（灌制冷剂试验）　充制冷剂试漏的目的是进一步检查系统的密封性。具体做法是，真空试漏合格后，在真空条件下将制冷剂充入系统，当整个系统压力达 0.2～0.3MPa 时停止充液，进行检漏。对氟利昂系统用卤素灯检漏；对氨系统用酚酞试纸检漏，将酚酞试纸浸水后靠近检漏处，若有氨漏出后呈碱性，酚酞试纸会变成红色。对已发现渗漏的地方，做好标记，待制冷剂局部抽空，用压缩空气或氮气吹净，经检查无氨后才允许更换附件。

3. 灌制冷剂

当系统充液试漏合格而且管道保温后，方能开始对系统正式灌制冷剂。

（1）系统充氨　为了工作方便和安全，以及避免机房中空气被氨污染，充氨管最好接至室外。充氨前，必须准备好橡皮手套、毛巾、口罩、清水、防护眼镜、防毒面具等安全保护用品和工具。将氨瓶成水平 30°角固定在台秤上的固定支架上（见图 9－13），称出氨瓶的重量并作好记录，然后将氨瓶用钢管与系统连接起来。充氨时，操作人员应戴上口罩和防护眼镜，站在氨瓶出口的侧面然后慢慢打开氨瓶阀向系统充氨。在正常情况下，管路表面将凝结一层薄霜，管内并发生制冷剂流动的响声。当瓶内的氨接近充完时，在氨瓶底部出现结霜。当结霜有熔化现象时，说明瓶内已充完，即可更换新瓶继续向系统充注。氨是靠氨瓶内的压力与系统内的压力之差进入系统的，随着系统内氨量的增加，压力也不断升高，充氨亦比较困难。为了使系统继续充氨，必须将系统内的压力降低。一般情况下，当系统内的压力升到了 0.4MPa 时，应关闭贮液器上的出液阀，使高低压系统分开，然后打开冷凝器冷却水和蒸发器的冷冻水，开启压缩机使氨瓶内的氨液进入系统后经过蒸发、压缩、冷凝等过程送至贮液器中贮存起来。因贮液器的出液阀关闭，贮液器中的氨液不能进入蒸发器蒸发，在压缩机的抽气作用下，蒸发器内的压力必然降低，利用氨瓶中的压力与蒸发器内的压力差，便可使氨瓶中的氨进入系统。充入系统中的氨量由氨瓶充注前后的重量差得出。当充氨量达到计算充氨量的 90% 时，为避免充氨过量造成不必要的麻烦，可暂时停止充氨工作，而进行系统的试运转，以检查系统氨量是否已满足要求。如试运转一切正常，效果良好，说明充氨量已满足要求，便应停止向系统内充氨；如试运转中压缩机的吸气压力和排气压力都比正常运转时要低，降温缓慢，开大膨胀阀后吸气

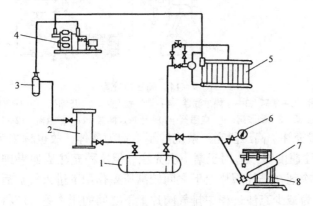

图 9－13　系统充氨

1—贮液器　2—冷凝器　3—油分离器　4—压缩机　5—蒸发器　6—压力表　7—氨瓶　8—台秤

压力仍上不去，且膨胀阀处产生"咝咝"的声音，低压段结霜很少甚至不结霜等现象，则说明充氨量不足，应继续充氨；如试运转中吸气压力和排气压力都比正常运转时高，电机负荷大，启动困难，压缩机吸气管出现凝结水且发出湿压缩声音，则说明充氨过量。充氨过量必须将多余的氨量取出。当需要从系统内取出氨时，可直接将空氨瓶与高压贮液器供液管相连，靠高压贮液器与氨瓶之间的压力差将多余的氨取出。

安全注意事项：

1）充氨场地应有足够的通道，非工作人员禁止进入充氨场地，充氨场地及氨瓶附近严禁吸烟和从事电焊等作业。

2）在充氨过程中，不允许在氨瓶上浇热水或用喷灯加热的方法来提高瓶内的压力，增加充氨速度。只有在气温较低，氨瓶下侧结霜，低压表压力值较低不易充注时，可用浸过温水的棉纱之类的东西覆盖在氨瓶上，水温必须低于50℃。

3）当系统采用卧式壳管式蒸发器时，由于充注过程中蒸发器内的压力很低，相应的温度也很低，所以不可为了加快充氨速度而向蒸发器内送水，以免管内结冰使管道破裂。

（2）系统充氟利昂 在大型氟利昂制冷系统中，在贮液器与膨胀阀之间的液体管道上设有向系统充氟用的充液阀，其操作方法与氨系统的充注相同。对于中小型的氟利昂制冷系统，一般不设专用充液阀，制冷剂从压缩机排气截止阀和吸气截止阀上的旁通孔充入系统（见图9－14、图9－15）。从排气截止阀旁通孔充制冷剂称高压段充注；从吸气截止阀旁通孔充制冷剂称低压段充注。分述如下：

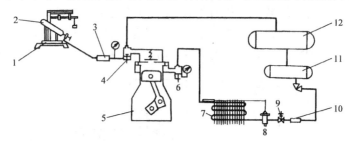

图9－14　高压段充氟
1—台秤　2—氟瓶　3—干燥过滤器　4—排气截止阀　5—压缩机　6—吸气截止阀
7—蒸发器　8—膨胀阀　9—电磁阀　10—干燥过滤器　11—贮液器　12—冷凝器

1）高压段充注。高压段充入系统的制冷剂为液体，故也称之为液体充注法。它的优点是充注速度快，适用于第一次充注。但这种充注法如果排气阀片关闭不严密，液体制冷剂在排气阀片上下之间较高压差作用下进入气缸后，将造成严重的冲缸事故。为减少充注过程中排气阀片上下之间的压力差，应将液体管上的电磁阀暂时通电，让其开启，以防止充注过程中低压部分始终处于真空状态，形成排气阀片上下之间的较高压力差。另外，在充注过程中，切不可开启压缩机，因

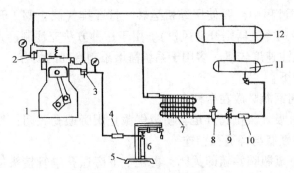

图 9-15　低压段充氟

1—压缩机　2—排气截止阀　3—吸气截止阀　4—干燥过滤器　5—台秤　6—氟瓶　7—蒸发器

8—膨胀阀　9—电磁阀　10—干燥过滤器　11—贮液器　12—冷凝器

为此时排气腔已被液体制冷剂所充满，一旦启动压缩机，液体进入气缸后会发生冲缸事故。

充注方法如下：

① 将固定制冷剂钢瓶的倾斜架与台秤一起放置在高于系统贮液器的地方（这样做的目的是为了钢瓶与贮液器之间形成高差，以便将钢瓶内的液体制冷剂排尽），然后将氟瓶头朝下固定在倾斜架上。

② 接通电磁阀手动电路，让其单独开启。

③ 将压缩机排气截止阀开启，使旁通孔关闭，然后卸下旁通孔堵头，用铜管将氟瓶与旁通孔连接。

④ 稍开一下氟瓶阀并随即关闭，此时充氟管内已充满氟利昂气体。再将旁通孔端的管接头松一下，利用氟利昂气体的压力将充氟管内的空气赶出去。当听到有气流声时，立即将接头旋紧。

⑤ 从台秤上读出重量，并作好记录。

⑥ 打开钢瓶阀，顺时针方向旋转排气截止阀阀杆，使旁通孔打开，制冷剂便在压差作用下进入系统，当系统压力达到 0.2～0.3MPa 时停止充注，用卤素喷灯或卤素检漏仪、肥皂水等对系统进行全面检漏。如卤素喷灯的火焰呈绿色或绿紫色；卤素检漏仪的指针发生摆动；涂肥皂水处出现气泡，则说明有泄漏，发现泄漏处先作好标记，待系统检漏完毕后将系统泄漏处制冷剂抽空后再行补焊堵漏，堵漏后便可继续充注，充足为止。

⑦ 关闭钢瓶阀，加热充氟管使管内液体气化进入系统，然后反时针旋转排气截止阀阀杆使旁通孔关闭。

⑧ 卸下充氟管，用堵头将旁通孔堵死，拆除电磁阀手动电路，充氟工作完毕。

2）低压段充注。低压段充注就是从压缩机吸气截止阀旁通孔灌注，如图9-

15 所示。在充注过程中，要使压缩机运转，打开排气截止阀，开启冷凝器的冷却水阀（对风冷式冷凝器则开动风机）。由于这种方法充注制冷剂是以气态充入系统的，所以充注速度较慢，多用于系统需增添制冷剂的场合。

充注方法如下：

① 将制冷剂钢瓶竖放在台秤上。

② 将压缩机吸气截止阀开足，使吸气截止阀旁通孔关闭，然后卸下旁通孔堵头，用钢管将氟瓶与旁通孔相连。

③ 稍开一下氟瓶阀并随即关闭，再松一下旁通孔端管接头使空气排出，听到气流声时立即旋紧。

④ 从台秤上读出重量，并作好记录。

⑤ 将吸气截止阀阀杆顺时针方向旋转 1～2 圈，使吸气截止阀旁通孔打开与系统相通，再检查排气截止阀是否打开，然后打开钢瓶阀，制冷剂便在压差作用下进入系统。当系统压力升到 0.2～0.3MPa 时，停止充注，用检漏仪或肥皂水检漏，无漏则继续充注。当钢瓶内压力与系统内压力达到平衡，而充注量还没有达到要求时，关闭贮液器出液阀（无贮液器时关闭冷凝器出液阀），打开冷却水或风冷式冷凝器风机，反时针方向旋转吸气截止阀阀杆使旁通孔关小，开启压缩机将钢瓶的制冷剂抽入系统。

关小旁通孔的目的是为了防止压缩机产生液击。压缩机启动后可根据情况缓慢地开大一点旁通孔，但须注意不要发生液击，如有液击，应立即停机。

⑥ 充注量达到要求后，关闭钢瓶阀，开足吸气截止阀，使旁通孔关闭，拆下充氟管，堵上旁通孔，打开贮液器或冷凝器出液阀，则充氟工作完毕。

二、制冷设备和管道的保温及涂色

1. 设备和管道的保温

制冷系统在吹污、试压、试漏合格后，即可进行保温工作。凡是从调节阀至压缩机吸入口前在蒸发压力下工作的设备和管道，以及冷冻水或盐水管路均需保温。保温材料、保温厚度按设计要求进行。

常用的保温材料有珍珠岩、玻璃棉、矿渣棉、膨胀蛭石、泡沫塑料等。保温层厚度若设计无规定时，建议对所有低压管道采用 50mm，低压设备采用100mm。管道、设备保温前，应除锈，外刷防锈漆两道。有关保温的施工，请参见相关书籍。

2. 管道涂色

为了便于操作管理，应在所有管道外表面涂上不同颜色油漆，并画上表明介质流向的箭头，以便辨别。

对于氨制冷系统的管道，涂色规定如下：

氨排气管——深红色；

氨吸气管——蓝色；

高压氨液管——黄色；

放油管——黑色或棕色；

冷却水给水管——天蓝色；

冷却水排水管——淡蓝色；

低温水供水管——绿色；

低温水回水管——棕色。

对于氟利昂制冷系统的管道涂色规定，基本上与氨制冷系统相似。

三、制冷系统的试运转

制冷系统的试运转是对设计、施工、机组及设备性能好坏的全面检查，也是施工单位交工前必须进行的一项工作。由于制冷机组类型较多，设备及自动化程度不同，因此操作程序也不相同。各种机组必须根据具体情况及产品说明书编制适合本机组的运行操作规程。下面就空调用一般制冷机组的试运行作一简介。

1. 启动前的检查及准备工作

1）准备好试车所用的各种工具、记录用品及安全保护用品等。

2）检查压缩机上所有螺母、油管接头等是否拧紧；各设备地脚螺栓是否牢固；传送带松紧度是否合适及防护装置是否牢固等。

3）检查压缩机曲轴箱内润滑油面高度是否在观察镜的油面线上，最低不得低于观察镜的1/3。

4）检查制冷系统各部位的阀门开关位置是否正确。高压部分：压缩机排气阀、各设备放油阀、放空气阀、空气分离器上各阀、集油器上各阀、紧急泄氨器上各阀应关闭。上述处于关闭的阀门在启动后根据需要再进行开启。而冷凝器进出口阀、油分离器进出口阀、高压贮液器进出口阀、安全阀的关断阀、各类仪表的关断阀应开启。低压部分：压缩机吸气阀及各设备放油阀应关闭，待启动运转后根据需要进行开启。而蒸发器供液阀、回气阀、各仪表关断阀应开启。

5）用手盘动压缩机飞轮或联轴器数转以检查运动部件是否正常，有无障碍。一切正常后即可进行试运转。

2. 制冷机组的启动和运行

1）启动冷却水系统的给水泵、回水泵、冷却塔通风机使冷却水系统畅通。

2）启动冷冻水系统的回水泵、给水泵、蒸发器上搅拌器等使冷冻水系统畅通。

3）对于新系列压缩机，先将排气阀打开，然后将手柄拨至"0"位，再启动电动机；对于老系列产品，则应先开压缩机启动阀，然后启动电动机，待运转正常后再开压缩机排气阀，并同时关闭起动阀。压缩机全速运转后，应注意曲轴箱内的压力不要低于0MPa，应缓慢开启吸气阀，对于有能量调节装置的新系列压缩机，需将调节手柄从"0"位拨至"1"位。吸气阀开启后应特别注意压缩机发生液击，如有液击声或气缸结霜现象应立即关闭吸气阀。待上述现象消除后再重新缓慢开启吸气阀，直到开足为止。

对于氟利昂压缩机，在排气阀和吸气阀开足后应往回倒1~2圈，以便使压力表或继电器与吸气腔或排气腔相通。

4）制冷装置启动正常后，根据蒸发器的负荷逐步缓慢地开启膨胀阀的开启度，直到设计工况为止。稳定后连续运转时间不得少于24h，在运转过程中，应认真检查油压、油温、吸排气压力、温度、冷冻水及冷却水进出口温度变化等，将运转情况详细地作好记录。如达不到要求，应会同有关单位共同研究分析原因，确定处理意见。

5）停止运转时，应先停压缩机，再停冷却塔风机、冷却水及冷冻水系统水泵，最后关闭冷却水及冷冻水系统。

第四节　制冷系统的验收

一、制冷设备的验收

1）制冷设备的开箱检查：

①根据设备装箱清单说明书、合格证、检验记录、必要的装配图和其他技术文件，核对型号、规格以及全部零件、部件、附属材料和专用工具。

②主体和零、部件等表面有无缺损和锈蚀等情况。

③设备充填的保护气体有无泄漏，油封是否完好。开箱检查后，设备应采取保护措施，不宜过早或任意拆除，以免设备受损。

2）对设备的基础，应达到养护强度，表面平整、位置、尺寸、标高、预留孔洞及预埋件等均符合设计要求后，方可安装。

3）制冷设备的搬运和吊装，应符合下列要求：

①安装前放置设备，应用衬垫将设备垫妥，防止设备变形及受潮。

②设备应捆扎稳固，主要承力点应高于设备重心，以防倾侧。

③对于具有公共底座机组的吊装，其受力点不得使机组底座产生扭曲和变形。

④吊索的转折处与设备接触部分，应以软质材料衬垫，以防设备、机体、管路、仪表、附件等受损和擦伤油漆。

4）安装制冷设备，划线就位以及地脚螺栓，垫铁和灌浆，均按照《机械设备安装工程施工及验收规范》中的有关规定执行。

5）机身纵横向水平度均不应大于0.02%，测量部位应在主轴外露部分或其他基准面上。对于有公共底座的机组，应按主机结构选择适当位置作基准面。

6）制冷设备的拆卸和清洗应符合下列规定：

①用油封的活塞式制冷机，如在技术文件规定期限内，外观完整、机体无损伤和锈蚀等现象，可仅拆卸缸盖、活塞、气缸内壁、吸排气阀、曲轴箱等并均应清洗干净，油系统应畅通，检查紧固件是否牢固，并更换曲轴箱的润滑油；如在技术文件规定期限外，或机体有损伤和锈蚀等现象，则必须全面检查，并按设备技术文件的规定拆洗装配，调整各部位间隙，并作好记录。

②充入保护气体的机组在设备技术文件规定期限内，外观完整和氮封压力无变化的情况下，不作内部清洗，仅作外表擦洗。如需清洗时，严禁混入水气。

③制冷系统中的浮球阀和过滤器均应检查和清洗。

7）制冷机的辅助设备，安装前必须吹污，并保持内壁清洁。

承受压力的辅助设备，在制造厂已做过强度试验，并具有合格证，在技术文件规定的期限内，无损伤和锈蚀等现象，可不做强度试验。

8）安装辅助设备应符合下列规定：

①辅助设备安装位置应正确，各管口必须畅通。

②立式设备的垂直度，卧式设备的水平度均不应大于1/1000。

③卧式冷凝器、管壳式蒸发器和贮液器应坡向于集油的一端，其倾斜度为1/1000～2/1000。

二、制冷系统管道安装

1. 制冷剂和润滑油系统的管子、管件、阀门安装前的清洗

1）管子及管件在安装前应将内外壁的铁锈及污物清除干净，并保持内外壁干燥。

2）阀门应进行清洗，凡具有产品合格证、进出口封闭良好，并在技术文件规定的期限内可不作解体清洗。

2. 制冷剂管道阀门的单体试压

1）制冷剂管道的阀门凡符合规定，无损伤锈蚀等现象可不作强度和严密性试验，否则应做强度和严密性试验。

2）强度试验的压力为公称压力的1.5倍；严密性试验的压力为阀门的公称压力，合格后应保持阀体内的干燥。

3. 制冷管道安装

1）液体管道不得向上安装成"凸"形，以免形成气囊；气体管道不得向下安装成"凹"形，以免形成液囊。

2）从液体干管引出支管，应从干管底部或侧面接出；从气体干管引出支管，应从干管顶部或侧面接出。有两根以上的支管与干管相接，连接间距应相互错开。

3）与压缩机或其他设备相接的管道不得强迫对口。

4）管道穿过墙或楼板应设钢制套管，焊缝不得置于套管内。钢制套管应与墙面楼板底面平齐，但应比地面高 20mm。管道与套管的空隙应用隔热或其他不燃材料填塞，并不得作为管道的支承。

5）各设备之间连接的管道，其倾斜度及坡向应符合设计要求。

6）安全阀放空管排放口应朝向安全地带。安全阀与设备间若设关断阀门，在运转中必须处于全开状态，并应铅封。

7）制冷管道的弯管及三通安装应符合下列规定：

① 弯管的弯曲半径宜为 $3.5D \sim 4D$，椭圆率不应大于 8%。不得使用焊接弯管及褶皱弯管。

② 制作三通、支管应按介质流向弯成 90° 弧形与主管相连，不得使用弯曲半径为 $1D$ 或 $1.5D$ 的压制弯管。

8）氟利昂系统中的铜管安装尚应符合下列规定：

① 铜管切口表面应平整，不得有毛刺，凹凸等缺陷，切口平面允许倾斜偏差为管子直径的 1%。

② 铜管及铜合金的弯管可用热弯或冷弯，椭圆率不应大于 8%。

③ 铜管管口翻边后应保持同心，不得出现裂纹、分层、豁口及褶皱等缺陷，并应有良好的密封面。

④ 铜管可采用对焊、承插式焊接及套管式焊接，其中承插口的扩口深度不应小于管径，扩口方向应迎介质流向。

⑤ 几组并列安装的配管，其弯曲半径应相同，间距、坡向、倾斜度应一致。

⑥ 压缩机缸套冷却水出水管如设漏斗，出水管口不应低于漏斗口。

4. 管道支、吊、托架的形式、位置、间距、标高

管道支、吊、托架的形式、位置、间距、标高应符合设计要求。接压缩机的吸排气管道必须设单独支架。管径小于或等于 20mm 的铜管道，在阀门等处应设置支架。管道上下平行敷设，冷管道应在下部。

5. 阀门及附件安装

1）阀门的安装位置、方向、高度应符合设计要求，不得反装。

2）安装带手柄的手动截止阀，手柄不得向下。电磁阀、膨胀阀、热力膨胀阀，升降或止回阀等的阀头均应向上竖直安装。

3）热力膨胀阀的安装位置应高于感温包。感温包应安装在蒸发器末端的回气管上，与管道接触良好，绑扎紧密，并用隔热材料密封包扎，其厚度与保温层相同。

第五节　制冷系统常见的故障及排除方法

制冷系统在运行过程中常见的故障大体有两种，就是制冷量不足和制冷压缩机运转不正常。

一、制冷量不足

制冷量不足是指在设计负荷条件下运行时，制冷系统的制冷量达不到要求的数值。例如，当冷冻水入口温度和水量以及冷却水入口温度和流量均为设计条件时，冷冻水出口温度降低不到设计要求的数值。

制冷量不足是制冷系统发生故障的一个总结果，其原因很多，必须进行具体分析。一般主要从运行工况（蒸发温度和冷凝温度）的变化，找出造成制冷量不足的原因。

1. 冷凝压力过高

如果蒸发压力变化不大，而冷凝压力过高时，制冷量不足的主要原因是冷凝器的工作不正常，是冷凝器传热效果降低所造成的。其所以如此，可能是：

1）冷却水量不足，或冷却水温过高。应加大冷却水量或设法降低冷却水的温度。

2）如排气压力表指针跳动不定，排气温度非常高，则表示系统中不凝性气体存在过多，应及时放气。

3）氨制冷系统应定期从冷凝器中放出被带入的润滑油，否则，积油过多，传热面受油污严重，传热效果将有较大降低。

4）系统中充液量过多，冷凝器中有较多的传热面浸没在液态制冷剂中，等于减少了冷凝器的传热面积，也会造成冷凝压力的增高。

5）由于长期运行，传热面污垢过多，导致传热系数降低。此时，则应清洗传热面。

2. 蒸发压力过低

如果冷凝压力变化不大或有所降低，而蒸发压力过低时，则是蒸发器传热不良造成制冷量不足。其原因可能有二，一是供液量不足；二是蒸发器的传热系数减少。

1）开大膨胀阀后，蒸发压力有所升高，但是，制冷压缩机出现湿压缩甚至冲缸现象，这表明蒸发器的传热系数降低了，不足以蒸发足够数量的液态制冷剂，以致使液态制冷剂进入压缩机气缸。此时，应清洗传热表面或及时排除蒸发器内积存的润滑油。

2）开大膨胀阀以后，蒸发压力变化不大，而膨胀阀处产生"咝咝"的声音，这是因为系统中充液量不足，不能向蒸发器供入足够数量的液态制冷剂。

3）开大膨胀阀以后，蒸发压力变化不大，可能是膨胀阀或过滤器不通畅，应进行清洗。

4）如果蒸发压力过低，而排气温度过高，这也是给液不足的表现，增加膨胀阀的开启度可以解决这个问题。

3. 冷凝压力降低，而蒸发压力升高

从制冷压缩机的性能曲线可以看到，制冷压缩机的制冷量应随冷凝压力的降低和蒸发压力的升高而增加，为什么制冷量反而不足呢？这是由于压缩机长期运转，进、排气阀片不严或气缸与活塞环产生磨损，使得压缩机的实际排气量减少所造成的。同时，停止压缩机转动后，高压和低压部分会很快达到平衡。出现这种情况时，应更换、研磨阀片，或更换活塞的密封环。

当然，对于氟利昂制冷系统来说，如果蒸发器回油不良，为了保证压缩机的润滑，只得经常往曲轴箱内补充润滑油，常此下去，系统中的制冷剂变成了氟利昂和润滑油的溶液，也会使制冷能力降低。

4. 蒸发压力升高，排气温度很低

这是液态制冷剂被吸入气缸，压缩机在湿压缩下运行，其容积效率大为下降，从而引起压缩机制冷能力降低。此时应关小膨胀阀。

二、制冷压缩机出现不正常现象

制冷系统中最容易发生故障的设备是制冷压缩机，压缩机产生故障的原因很多，其中主要有以下几点：

1. 油压不正常

1）油压过低。此时可开大油泵调节阀使油压上升，如仍不能解决问题，可能是曲轴箱的油量过少或油泵磨损严重，应充油或及时检查油泵。至于吸油管堵塞也会造成油压过低，但这种情况比较少见。

2）油压过高。其原因一般是油泵调节阀开启较大，适当关小即可，但是排油管堵塞也会产生此种现象。

2. 压缩机的响声不正常一般有三种情况

1）蒸发压力和冷凝压力正常，这可能是曲轴轴瓦损坏，螺栓松动或连杆衬套过松。

2）蒸发压力升高，排气温度明显下降，这是液态制冷剂进入气缸，产生了液压冲击。

3）冷凝压力降低，这是制冷压缩机进气阀片或排气阀片破坏所造成的。

3. 轴封渗漏

压缩机长时期运转后，轴封中动环和静环的磨损不均匀，摩擦面出现较大缝隙，就会出现渗漏现象，故应在停机过程中经常检查有无渗漏发生，有渗漏时需拆下检修。

制冷系统是一个有机的整体，必须掌握制冷系统各组成设备的性能，以及它们之间的内在联系，方能运用所学知识，分析和解决可能遇到的各种问题。

习题与思考题

9-1 简述制冷压缩机及其他设备的安装方法。

9-2 管道有哪几种连接方法？

9-3 对管道安装有哪些要求？

9-4 制冷剂吸、排气管道垂直布置时，为什么吸气管道在下，排气管道在上？

9-5 制冷系统为什么要进行吹污？吹污采用什么介质？

9-6 制冷装置为什么要进行密封性试验？密封性试验分为几个阶段？

9-7 压力试漏需要注意哪些问题？

9-8 真空试漏的目的是什么？试述真空试漏的方法。

9-9 系统充氨时需注意哪些问题？

9-10 对中小型氟利昂有哪几种充注方法？

9-11 制冷剂管道对保温有何要求？常用的保温材料有哪些？

9-12 制冷机组如何启动和运行？

9-13 对制冷系统的设备管道如何进行验收？

9-14 制冷系统的常见故障如何排除？

第十章　其他制冷技术

制冷的方法有多种，除前面介绍的以机械能作动力的方法外，还有以其他能量为动力的制冷方法。本章介绍二种用热能作为动力的制冷方法。

第一节　吸收式制冷

一、吸收式制冷机的工作原理

吸收式制冷是用热能作为动力的制冷方法，也是利用制冷剂气化吸热来实现制冷的。因此与蒸气压缩式制冷有类似之处，所不同的是两者实现把热量由低温处转移到高温处所用的补偿方法不同，蒸气压缩式制冷用机械功补偿，而吸收式制冷用热能来补偿。为了比较，图 10−1 同时给出了二种制冷机的工作原理图。

吸收式制冷机中所用的工质是由二种沸点不同的物质组成的二元混合物（溶液）。低沸点的物质是制冷剂，高沸点的物质是吸收剂。

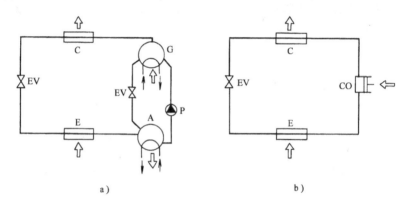

a)　　　　　　　　　　　　　　　b)

图 10−1　吸收式和蒸气压缩式制冷机工作原理

a) 吸收式制冷机　b) 蒸气压缩式制冷机

E—蒸发器　C—冷凝器　EV—膨胀阀　CO—压缩机　G—发生器　A—吸收器　P—溶液泵

吸收式制冷机中有二个循环——制冷剂循环和溶液循环。

制冷剂循环：由发生器 G 出来的制冷剂蒸气在冷凝器 C 中冷凝成高压液体，同时释放出冷凝热量。高压液体经节流阀 EV 节流到蒸发压力，进入蒸发器 E 中。低压制冷剂液体在蒸发器中蒸发成低压蒸气，并同时从外界吸取热量（实现制冷）。低压制冷剂蒸气进入吸收器 A 中，而后吸收器、发生器组合将低压制冷剂蒸气转变成高压蒸气。

溶液循环：在吸收器中，由发生器来的稀溶液（若溶液的浓度以制冷剂的含量计）吸收蒸发器来的制冷蒸气，而成为浓溶液，吸收过程放出的热量用冷却水带走。由吸收器出来的浓溶液经溶液泵 P 提高压力，并输送到发生器 G 中。在发生器中，利用外热源对溶液加热，其中低沸点的制冷剂蒸气被蒸发出来，而浓溶液变成稀溶液。从发生器出来的高压稀溶液经膨胀阀 EV 节流到蒸发压力，而又回到吸收器中。溶液由吸收器→发生器→吸收器的循环实现了将低压制冷剂蒸气转变为高压制冷剂蒸气。

不难看出，吸收式制冷机中制冷剂循环的冷凝、蒸发、节流三个过程与蒸气压缩式制冷机是相同的，所不同的是低压蒸气转变为高压蒸气的方法，蒸气压缩式制冷是利用压缩机来实现的，消耗机械能；吸收式制冷机是利用吸收器、发生器等组成的溶液循环来实现的，消耗热能。

吸收式制冷机中所用的二元混合物主要有二种——氨水溶液和溴化锂水溶液。氨水溶液中氨为制冷剂，水为吸收剂；溴化锂水溶液中水为制冷剂，溴化锂吸收剂。

二、溴化锂吸收式制冷机的工作原理

采用溴化锂水溶液的吸收式制冷机称为溴化锂吸收式制冷机。

图 10 - 2a 是一种最简单的利用溴化锂浓溶液的吸收作用实现制冷的装置。将二容器内的空气抽尽并维持一定真空度。由于吸收器 A 中溴化锂浓溶液有强烈的吸收水蒸气的作用，不断吸收蒸发器 E 中的水蒸气，从而促使水不断蒸发，即产生吸热的制冷效应。但是，这个装置随着溴化锂溶液吸收水蒸气逐渐变稀，吸收能

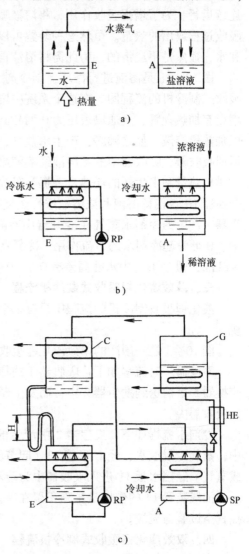

图 10 - 2　溴化锂吸收式制冷机的工作原理
A—吸收器　E—蒸发器　C—冷凝器　G—发生器
RP—冷剂水泵　SP—溶液泵　HE—溶液热交换器

力逐渐下降，制冷能力也逐渐减小，以致不能制冷。同时，蒸发器中水不断蒸发而逐渐减少，也无法维持连续不断地制冷。

图 10 - 2b 是改进后的装置。在蒸发器中不断补水，以补充蒸发掉的水。为了提高蒸发器的换热能力及减少液柱对蒸发温度的影响，在蒸发器中设置盘管和冷剂水泵，将水喷淋在盘管上。盘管内通以需要冷却的冷冻水。同时，在吸收器中不断补充溴化锂浓溶液，排走吸收水气后变稀了的溶液，从而维持这个装置连续运行。为了增强吸收作用，将溶液喷淋在管簇上。管簇内通以冷却水，带走吸收过程放出的热量。虽然这种装置可以连续运行了，但不断消耗溴化锂水溶液和水，显然是不经济的，为此需将溶液再生利用。

图 10 - 2c 是溶液进行循环、制冷剂水（简称冷剂水）也进行循环的溴化锂吸收式制冷机的流程图。在这个系统中增设了发生器 G 和冷凝器 C。在发生器中增设有加热盘管，且通以表压为 0.1MPa 左右的工作蒸气或 120℃ 左右的高温水，以加热稀溶液，使之沸腾，产生水蒸气，而溶液变为浓溶液。浓溶液经节流后再返回吸收器，吸收器中的稀溶液经溶液泵 SP 压送到发生器中。为了减少吸收器的排出热量和发生器的耗热量并提高吸收式制冷机的热效率，系统中设有溶液热交换器 HE，使稀溶液和浓溶液进行热交换，稀溶液被预热，浓溶液被冷却。发生器中产生的冷剂水蒸气在冷凝器中冷凝成冷剂水，再经过 U 形管进入蒸发器中。U 形管起冷剂水的节流作用。冷凝器与蒸发器间的压差很小，一般只有 6.5 ~ 8kPa，即 U 形管中水柱高差有 0.7 ~ 0.85m 即可。

三、单效溴化锂吸收式制冷机流程

溴化锂吸收制冷机的流程中只有一个发生器的，称为单效溴化锂吸收式制冷机。

图 10 - 3 是一国产的单效溴化锂吸收式制冷机的流程图。

溶液循环时流程如下：吸收器 4 的稀溶液由发生器泵 7 提高压力，经溶液热交换器 5 后输送到发生器 2 中；而发生器中浓溶液经溶液热交换器及引射器 9 流入吸收器中。

冷剂水流程如下：发生器 2 中产生的冷剂水蒸气经挡液板 10 进入冷凝器 1 中，蒸气冷凝成水，经 U 形管 13（起节流作用）进入蒸发器 3 中；冷剂水气化成蒸气，经挡水板 11 进入吸收器中为溶液所吸收。

抽气装置 14 的作用是排除积聚在筒内的不凝性气体，并可以用于制冷机的抽真空试验与充液。

四、双效溴化锂吸收式制冷机流程

为提高所使用的工作蒸气的工作压力或高温水的温度，在溴化锂吸收制冷系统中增设一高压发生器，即有二个发生器，这种溴化锂吸收制冷机称为双效溴化锂吸收式制冷机。

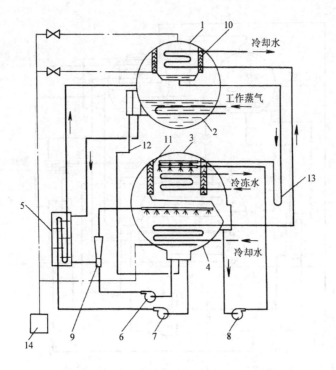

图 10 - 3　单效溴化锂吸收式制冷机的流程图

1—冷凝器　2—发生器　3—蒸发器　4—吸收器　5—溶液热交换器　6—吸收器泵　7—发生器泵
8—冷剂水泵　9—引射器　10—挡液板　11—挡水板　12—浓溶液溢流管　13—U 形管　14—抽气装置

图 10 - 4 是国产三筒结构的双效溴化锂吸收式制冷机的流程。从图中可以看出，其中两筒与单效制冷机相类似，另一筒是高压发生器。工作蒸气进入高压发生器 HG 中，加热溶液，产生冷剂水蒸气。此水蒸气进入低压发生器 LG 的盘管中，加热溶液，水蒸气释放出热量而凝结成水，凝水经节流进入冷凝器 C 中。低压发生器溶液所产生的冷剂水蒸气进入冷凝器 C 中被冷凝成水。这两股冷剂水汇合在一起经 U 形管进入蒸发器 E 的水盘中，由蒸发器泵 EP 将冷剂水喷淋在蒸发器盘管上。冷剂水气化吸热，实现制冷。冷剂水蒸气在吸收器 A 中被喷淋的溶液所吸收。吸收器泵 AP 的作用是将溴化锂均匀喷淋在管束上，增大蒸气与溶液的接触面积。

吸收器中的稀溶液由发生器泵 GP 吸出，分两路分别送到高压发生器和低压发生器，即一路经高温溶液热交换器 HH 被预热后进入高压发生器；另一路经低温溶液热交换器 LH 及凝水热交换器后进入低压发生器；低压发生器的浓溶液经低温溶液热交换器被冷却后进入吸收器。工作蒸气的凝结水在凝水热交换器中加热去低压发生器的稀溶液，以利用一部分凝水热量。

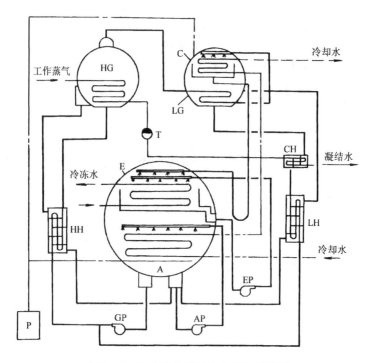

图 10 – 4　双效溴化锂吸收式制冷机流程

C—冷凝器　LG—低压发生器　HG—高压发生器　A—吸收器　AP—吸收器泵　GP—发生器泵　EP—泵
HH—高温溶液热交换器　LH—低温溶液热交换器　CH—凝水热交换器　T—疏水器　P—抽气装置

　　冷却水串联吸收器和冷凝器，以提取吸收和冷凝过程释放出的热量。

　　抽气装置的作用与单效制冷机相同。

第二节　蒸气喷射式制冷

　　蒸气喷射式制冷与吸收式制冷一样，是属于液体气化制冷的一种，并都是靠热能驱动的制冷机。

一、蒸气喷射式制冷机的工作原理

　　图 10 – 5 是蒸气喷射式制冷的工作原理图。从图中可知，在蒸气喷射式制冷机中，蒸气喷射器相当于压缩式制冷机中的压缩机。锅炉产生的具有较高压力的工作蒸气，通过渐缩渐扩喷嘴进行绝热膨胀，在喷嘴出口达到很高的速度和很大的动能，并在吸入室造成很低的压力，因而能将蒸发器的低压（p_0）气态制冷剂抽吸到喷射器的吸入室，以维持蒸发器内的低压，达到持续制冷。此后，高速工作蒸气与吸入的低压蒸气在混合室内进行能量交换，流速逐渐均一。在扩压室内，随着流速的逐渐降低，气流动能转化为压力能，使得压力逐渐升高，到出口达到冷凝压力 p_k。

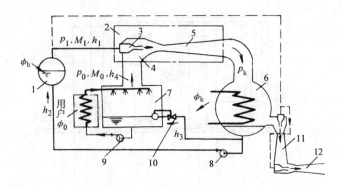

图 10-5　蒸气喷射式制冷的工作原理

1—锅炉　2—蒸气喷射器　3—喷管　4—混合室　5—扩压室　6—冷凝器　7—蒸发器

8—冷凝水泵　9—冷冻水泵　10—浮球式膨胀阀　11、12—第一、二辅助喷射器

由于工作蒸气与制冷剂是同一种物质（一般均为水），混合蒸气被冷凝为液体以后，其中一部分液体即作为制冷剂通过膨胀阀 10 进入蒸发器 7；另一部分冷凝液则通过冷凝水泵 8 送回锅炉 1。

在水蒸气喷射制冷机中，循环在蒸发器和冷用户之间的冷冰水被称为工作水。来自冷用户的工作水与来自膨胀阀 10 的冷凝水在蒸发器中部分气化，形成冷蒸气被喷射器引射排出；而其他部分在蒸发器中被冷却作为工作水，靠冷冻水泵 9 送到冷用户使用，升温后再返回蒸发器。

为了排除冷凝器中存在的不凝性气体，在冷凝器后设有第一、二级辅助喷射器，通过二次引射增压，将其中的不凝性气体排到大气。

二、蒸气喷射制冷的实际工作过程

在实际的蒸气喷射制冷装置中，除蒸发器、主喷射器和主冷凝器、辅助喷射器外，还需配一些其他设备。根据主喷射器后混合蒸气的冷凝方法，蒸气喷射式制冷装置可分为混合式和表面式两种，现将它们的工作过程分别介绍如下：

1. 混合式蒸气喷射制冷

图 10-6 为一三效大气蒸气喷射制冷装置的流程图。它由蒸发器、一、二、三效主喷射器、大气式（混合式）主冷凝器和一级、二级辅助喷射器，一级、二级辅助冷凝器、水泵等组成。

空调或工艺回水从立式三效蒸发器上部的回水管进入。立式三效蒸发器的构造如图 10-7 所示，它的上部装有空调或工艺回水的回水管，蒸发器中装有三层隔板，将它分为三个空间，隔板中间开有一个较大的洞，洞的上部装有钻有许多小孔的淋水板，在隔板的下面装有一圈挡板。空调或工艺回水经淋水板三次淋洒和蒸发后，使其温度逐次降低，形成冷冻水，然后从蒸发器的下部流出供空调或生产使用。蒸发器的真空由三只主喷射器产生，抽吸蒸发器第一效中蒸气的主喷射器和主冷凝器的第三效筒体连接；抽吸蒸发器第三效中蒸气的主喷射器和主冷

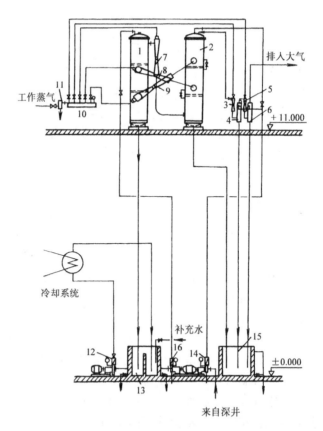

图 10 - 6　三效大气式蒸气喷射制冷装置流程图

1—蒸发器　2—主冷凝器　3——级辅助喷射器　4——级辅助冷凝器

5—二级辅助喷射器　6—二级辅助冷凝器　7——效主喷射器　8—二效主喷射器

9—三效主喷射器　10—分气缸　11—水分离器　12—冷冻水循环泵　13—冷冻水池

14—冷却水泵　15—冷却水排水池　16—冷冻水回水泵

凝器第一效筒体连接，这样连接的原因是：蒸发器中第一效容器中的压力大于第二、第三效容器中的压力（蒸发器中三效的水温 $t_{01} > t_{02} > t_{03}$），而主冷凝器中第三效容器中的压力大于第二效第一效容器中的压力（因为冷凝器中的水温是 t_{k3} $> t_{k2} > t_{k1}$）。很明显，主喷射器采用这样连接的方法，可以减小压缩比，有利于喷射器的工作。大气式（混合式）冷凝器的构造如图 10 - 8 所示。它是用钢板卷成一个大圆筒，筒内用多孔洒水板隔成三个空间（三效），每一个空间和一个主喷射器出口连接，两个空间之间用旁通管（供气体流通用）在筒外相连，冷却水从冷凝器顶部进入。当主喷射器的混合气体进入主冷凝器后，经洒水板的冷却水三次淋洒直接混合而被冷凝，并和冷却水一起流出筒外进入水池。为保持主冷凝器中具有一定的真空度和将系统中的空气排入大气，还设有两级辅助喷射器和辅助冷凝器，如整个装置运行正常时，便能从蒸发器出口得到所需的冷冻水。

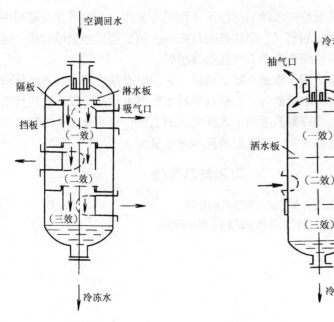

图 10 – 7　立式三效大气式蒸发器　　　　图 10 – 8　大气式冷凝器

2. 蒸发式蒸气喷射制冷

　　蒸发式蒸气喷射制冷装置和大气式基本相同，不同的只是蒸发式冷凝器采用了管外淋冷却水的方式。图 10 – 9 所示为二效蒸发式蒸气喷射制冷装置的流程图。这种装置的主冷凝器都只有一效，因此两只主喷射器喷出混合气体是并联后同时送入冷凝器的。在冷凝器管内混合气体中的蒸气冷凝时所放出的热量，是依靠在冷凝器管外喷淋冷却水的蒸发来吸收的，蒸发时所产生的水蒸气与其中的热空气，由顶部所设的轴流风机抽去排向大气，这样，循环冷却水的温度就不会升

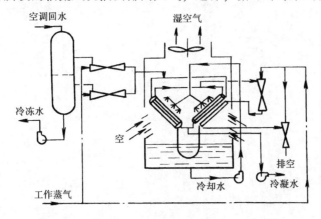

图 10 – 9　二效蒸发式蒸气喷射制冷装置流程图

高，而且喷淋后落至冷却水池的冷却水还能循环使用。在蒸发式冷凝器中的空气和很少部分没有凝结的蒸气，同样是通过第一、第二辅助喷射器和第一辅助冷凝器将其连续抽出并压缩至高于大气压而排出的。

蒸发式冷凝器适用于水量不足的地区，它的优点是冷却水的消耗量较小，一般只要补充所散失的水量就行了；缺点是对水质要求较高，设备比较复杂，消耗钢材较多。而大气式冷凝器适用于水量较多的地区，它的优点是结构简单，耗费钢材少，易于制造修理；其缺点是消耗冷却水量大。

习题与思考题

10-1　试比较吸收式和压缩式制冷机的异同。

10-2　试比较蒸气喷射式和压缩式制冷机的异同。

附　　录

附录 A　制冷用物理参数表

附表 A-1　饱和 R717 蒸气表

温度 /℃	绝对压力 /10⁵Pa	比体积/（dm³/kg）		比焓/（kJ/kg）		气化热 /（kJ/kg）	比熵/［kJ/（kg·K）］	
		v'	v''	h'	h''		s'	s''
-77	0.0641	1.3633	14884.57	157.03	1643.84	1486.81	0.5284	8.1083
-75	0.0750	1.3675	12811.83	169.26	1647.27	1478.01	0.5904	8.0495
-70	0.1094	1.3783	9009.04	188.77	1656.56	1467.79	0.6876	7.9127
-65	0.1563	1.3893	6452.52	210.11	1665.58	1455.48	0.7914	7.7838
-60	0.2190	1.4006	4699.99	233.20	1674.31	1441.11	0.9010	7.6620
-55	0.3015	1.4122	3486.42	254.31	1683.02	1428.71	0.9988	7.5480
-50	0.4085	1.4242	2625.26	276.05	1691.48	1415.44	1.0973	7.4402
-45	0.5450	1.4364	2004.36	298.38	1699.69	1401.31	1.1961	7.3382
-40	0.7171	1.4491	1551.24	320.24	1707.70	1387.46	1.2908	7.2417
-35	0.9312	1.4621	1215.08	342.37	1715.44	1373.07	1.3846	7.1502
-30	1.1946	1.4755	962.44	364.76	1722.89	1358.14	1.4775	7.0631
-25	1.5150	1.4893	770.48	386.99	1730.08	1343.09	1.5678	6.9802
-20	1.9011	1.5036	622.75	409.43	1736.95	1327.52	1.6571	6.9011
-15	2.3620	1.5184	507.90	431.94	1743.51	1311.57	1.7449	6.8255
-10	2.9075	1.5337	417.70	454.56	1749.72	1295.17	1.8313	6.7531
-9	3.0277	1.5368	402.06	459.07	1750.93	1291.85	1.8484	6.7390
-8	3.1517	1.5399	387.12	463.63	1752.11	1288.49	1.8655	6.7250
-7	3.2797	1.5431	372.86	468.16	1753.29	1285.13	1.8825	6.7111
-6	3.4117	1.5463	359.23	472.67	1754.45	1281.78	1.8993	6.6973
-5	3.5479	1.5495	346.19	477.22	1755.60	1278.38	1.9162	6.6837
-4	3.6883	1.5527	333.72	481.80	1756.72	1274.92	1.9332	6.6701
-3	3.8331	1.5560	321.79	486.36	1757.84	1271.48	1.9500	6.6566
-2	3.9822	1.5593	310.38	490.90	1758.94	1268.04	1.9667	6.6433
-1	4.1359	1.5626	299.45	495.47	1760.03	1264.55	1.9835	6.6300

（续）

温度 /℃	绝对压力 /10⁵Pa	比体积/（dm³/kg）		比焓/（kJ/kg）		气化热	比熵/［kJ/（kg·K）］	
		v′	v″	h′	h″	/（kJ/kg）	s′	s″
0	4.2941	1.5659	288.99	500.02	1761.10	1261.08	2.0001	6.6169
1	4.4571	1.5693	278.96	504.61	1762.15	1257.54	2.0168	6.6038
2	4.6428	1.5727	269.35	509.18	1763.19	1254.02	2.0333	6.5909
3	4.7974	1.5761	260.15	513.72	1764.22	1250.50	2.0497	6.5780
4	4.9750	1.5795	251.32	518.33	1765.23	1246.90	2.0662	6.5652
5	5.1576	1.5830	242.85	522.91	1766.22	1243.31	2.0826	6.5526
6	5.3454	1.5865	234.72	522.91	1767.20	1239.70	2.0990	6.5400
7	5.5385	1.5900	226.93	527.50	1768.17	1236.09	2.1152	6.5275
8	5.7370	1.5936	219.44	532.07	1769.11	1232.43	2.1315	6.5151
9	5.9409	1.5972	212.25	536.68	1770.64	1228.75	2.1478	6.5027
10	6.1503	1.6008	205.35	545.88	1770.96	1225.08	2.1639	6.4905
12	6.5864	1.6081	192.33	555.10	1772.74	1217.63	2.1962	6.4663
14	7.0459	1.6155	180.30	564.35	1774.45	1210.09	2.2282	6.4423
16	7.5298	1.6231	169.17	573.60	1776.09	1202.49	2.2600	6.4187
18	8.0388	1.6308	158.86	582.90	1777.66	1194.77	2.2918	6.3954
20	8.5737	1.6386	149.30	592.19	1779.17	1186.97	2.3233	6.3723
22	9.1356	1.6466	140.42	601.51	1780.60	1179.09	2.3547	6.3495
24	9.7252	1.6547	132.17	610.85	1781.96	1171.12	2.3858	6.3270
26	10.3434	1.6630	124.50	620.20	1783.25	1163.05	2.4169	6.3047
28	10.9911	1.6417	117.36	629.60	1784.46	1154.86	2.4478	6.2826
30	11.6693	1.6800	110.70	639.01	1785.59	1146.57	2.4786	6.2608
32	12.3788	1.6888	104.49	648.46	1786.64	1138.18	2.5093	6.2392
34	13.1205	1.6978	98.69	657.93	1787.61	1129.69	2.5398	6.2177
36	13.8955	1.7069	93.27	667.42	1788.50	1121.08	2.5702	6.1965
38	14.7074	1.7162	88.20	676.95	1789.31	1112.36	2.6004	6.1754
40	15.5489	1.7257	83.45	686.51	1790.03	1103.52	2.6306	6.1545
42	16.4923	1.7355	79.00	696.12	1790.66	1094.53	2.6607	6.1338
44	17.3467	1.7454	74.83	705.76	1791.20	1085.44	2.6907	6.1332
46	18.3022	1.7556	70.92	715.44	1791.64	1076.21	2.7206	6.0927
48	19.2968	1.7660	67.24	725.15	1791.99	1066.84	2.7504	6.0723
50	20.3314	1.7767	63.78	734.92	1792.25	1057.33	2.7801	6.0521

附表 A – 2　饱和 R12 蒸气表

温度 /℃	绝对压力 /10⁵Pa	比体积/（dm³/kg）		比焓/（kJ/kg）		气化热 /（kJ/kg）	比熵/［kJ/（kg·K）］	
		v'	v''	h'	h''		s'	s''
– 80	0.062	0.615	2140.00	129.14	315.10	185.96	0.6946	1.6574
– 75	0.088	0.620	1539.19	133.43	317.44	184.01	0.7165	1.6451
– 70	0.123	0.625	1128.72	137.73	319.79	182.06	0.7379	1.6341
– 65	0.168	0.630	842.50	142.03	322.15	180.12	0.7589	1.6242
– 60	0.226	0.636	639.13	146.36	324.53	178.17	0.7794	1.6153
– 55	0.300	0.641	492.11	150.70	326.91	176.21	0.7995	1.6072
– 50	0.392	0.647	384.11	155.06	329.30	174.24	0.8192	1.6000
– 45	0.505	0.653	303.59	159.45	331.69	172.24	0.8386	1.5936
– 40	0.642	0.659	242.72	163.85	334.07	170.22	0.8576	1.5877
– 35	0.807	0.665	196.12	168.27	336.44	168.17	0.8764	1.5825
– 30	1.005	0.672	160.01	172.72	338.80	166.08	0.8948	1.5779
– 25	1.237	0.678	131.73	177.20	341.15	163.95	0.9130	1.5737
– 20	1.510	0.685	109.34	181.70	343.48	161.78	0.9309	1.5699
– 15	1.827	0.693	91.45	186.23	345.78	159.55	0.9485	1.5666
– 10	2.193	0.700	77.03	190.78	348.06	157.28	0.9659	1.5636
– 9	2.272	0.702	74.49	191.71	348.52	156.81	0.9693	1.5630
– 8	2.354	0.703	72.05	192.62	348.97	156.35	0.9728	1.5625
– 7	2.437	0.705	69.70	193.54	349.42	155.88	0.9762	1.5619
– 6	2.523	0.706	67.46	194.46	349.87	155.41	0.9796	1.5614
– 5	2.612	0.708	65.29	195.38	350.32	154.94	0.9830	1.5609
– 4	2.702	0.710	63.22	196.30	350.76	154.46	0.9865	1.5604
– 3	2.795	0.711	61.22	197.22	351.21	153.99	0.9899	1.5599
– 2	2.891	0.713	59.30	198.15	351.65	153.50	0.9932	1.5594
– 1	2.989	0.715	57.45	199.07	352.09	153.02	0.9966	1.5589
0	3.089	0.716	55.68	200.00	352.54	152.54	1.0000	1.5584
1	3.192	0.718	53.97	200.92	352.97	152.05	1.0034	1.5580
2	3.297	0.720	52.32	201.86	353.41	151.55	1.0067	1.5575
3	3.405	0.721	50.74	202.79	353.85	151.06	1.0101	1.5571

（续）

温度 /℃	绝对压力 /10⁵Pa	比体积/（dm³/kg）		比焓/（kJ/kg）		气化热 /（kJ/kg）	比熵/[kJ/（kg·K）]	
		v'	v''	h'	h''		s'	s''
4	3.516	0.723	49.21	203.72	354.28	150.56	1.0134	1.5567
5	3.629	0.725	47.74	204.66	354.72	150.06	1.0168	1.5563
6	3.746	0.727	46.32	205.59	355.15	149.56	1.0201	1.5559
7	3.865	0.728	44.95	206.53	355.58	149.05	1.0234	1.5555
8	3.986	0.730	43.63	207.47	356.01	148.54	1.0267	1.5551
9	4.111	0.732	42.36	208.42	356.44	148.02	1.0300	1.5547
10	4.238	0.734	41.13	209.35	356.86	147.51	1.0333	1.5543
12	4.502	0.738	38.80	211.25	357.71	146.46	1.0399	1.5536
14	4.778	0.741	36.63	213.14	358.54	145.40	1.0465	1.5529
16	5.067	0.745	34.61	215.05	359.37	144.32	1.0530	1.5522
18	5.368	0.749	32.71	216.97	360.20	143.23	1.0595	1.5515
20	5.682	0.753	30.94	218.88	361.01	142.13	1.0660	1.5509
22	6.011	0.757	29.29	220.81	361.81	141.00	1.0725	1.5502
24	6.352	0.762	27.73	222.75	362.61	139.86	1.0790	1.5496
26	6.709	0.766	26.28	224.69	363.39	138.70	1.0854	1.5491
28	7.080	0.770	24.91	226.65	364.17	137.52	1.0918	1.5485
30	7.465	0.775	23.63	228.62	364.94	136.32	1.0982	1.5479
32	7.867	0.779	22.42	230.59	365.69	135.10	1.1046	1.5474
34	8.284	0.784	21.29	232.59	366.44	133.85	1.1110	1.5468
36	8.717	0.789	20.22	234.59	367.17	132.58	1.1174	1.5463
38	9.167	0.794	19.21	236.60	367.89	131.29	1.1238	1.5457
40	9.634	0.799	18.26	238.62	368.60	129.98	1.1301	1.5452
42	10.118	0.804	17.36	240.66	369.29	128.63	1.1365	1.5447
44	10.620	0.810	16.52	242.71	369.97	127.26	1.1429	1.5441
46	11.140	0.815	15.72	244.78	370.64	125.86	1.1492	1.5436
48	11.679	0.821	14.96	246.86	371.29	124.43	1.1556	1.5431
50	12.236	0.827	14.24	248.96	371.92	122.96	1.1620	1.5425

附表 A-3　饱和 R22 蒸气表

温度 /℃	绝对压力 /10⁵Pa	比体积/（dm³/kg）		比焓/（kJ/kg）		气化热 /（kJ/kg）	比熵/〔kJ/（kg·K）〕	
		v'	v''	h'	h''		s'	s''
-90	0.049	0.649	3556.81	104.61	362.77	258.16	0.5825	1.9921
-80	0.105	0.659	1757.88	113.62	367.85	254.23	0.6304	1.9466
-75	0.149	0.665	1273.99	118.27	370.41	252.14	0.6541	1.9266
-70	0.206	0.671	940.11	123.02	372.97	249.95	0.6778	1.9081
-65	0.281	0.667	705.32	127.88	375.53	247.65	0.7013	1.8911
-60	0.376	0.683	537.29	132.84	378.07	245.23	0.7249	1.8754
-55	0.497	0.689	415.07	137.92	380.60	242.68	0.7483	1.8608
-50	0.646	0.695	324.82	143.10	383.09	239.99	0.7718	1.8473
-45	0.830	0.702	257.23	148.40	385.55	237.15	0.7952	1.8347
-40	1.053	0.709	205.95	153.80	387.97	234.17	0.8186	1.8229
-35	1.321	0.717	166.57	159.30	390.34	231.04	0.8418	1.8119
-30	1.640	0.724	135.98	164.89	392.65	227.76	0.8649	1.8016
-25	2.016	0.732	111.97	170.58	394.90	224.32	0.8880	1.7919
-20	2.455	0.740	92.93	176.33	397.07	220.74	0.9108	1.7827
-15	2.964	0.749	77.70	182.17	399.17	217.00	0.9335	1.7740
-10	3.550	0.758	65.40	188.06	401.18	213.12	0.9559	1.7658
-9	3.677	0.760	62.23	189.24	401.57	212.33	0.9603	1.7642
-8	3.807	0.762	61.15	190.43	401.96	211.53	0.9648	1.7626
-7	3.941	0.764	59.16	191.61	402.34	210.73	0.9692	1.7610
-6	4.078	0.766	57.24	192.81	402.73	209.92	0.9736	1.7594
-5	4.219	0.768	55.39	194.00	403.10	209.10	0.9781	1.7579
-4	4.364	0.770	53.62	195.20	403.48	208.28	0.9825	1.7563
-3	4.512	0.772	51.92	196.40	403.85	207.45	0.9869	1.7548
-2	4.664	0.774	50.28	197.59	404.21	206.62	0.9912	1.7533
-1	4.820	0.776	48.70	198.79	404.57	205.78	0.9956	1.7517
0	4.980	0.778	47.18	200.00	404.93	204.93	1.0000	1.7502
1	5.143	0.780	45.72	201.20	405.28	204.08	1.0043	1.7488
2	5.311	0.782	44.32	202.41	405.63	203.22	1.0087	1.7473
3	5.483	0.784	42.96	203.62	405.98	202.36	1.0130	1.7458
4	5.659	0.786	41.66	204.83	406.32	201.49	1.0174	1.7444
5	5.839	0.788	40.40	206.03	406.65	200.62	1.0216	1.7429

（续）

温度 /℃	绝对压力 /10⁵Pa	比体积/（dm³/kg）		比焓/（kJ/kg）		气化热 /（kJ/kg）	比熵/［kJ/（kg·K）］	
		v'	v''	h'	h''		s'	s''
6	6.023	0.790	39.19	207.25	406.99	199.74	1.0259	1.7415
7	6.211	0.793	38.02	208.45	407.31	198.86	1.0302	1.7400
8	6.404	0.795	36.89	209.67	407.64	197.97	1.0345	1.7386
9	6.601	0.797	35.80	210.89	407.96	197.07	1.0387	1.7372
10	6.803	0.799	34.75	212.10	408.27	196.17	1.0430	1.7358
12	7.220	0.804	32.76	214.54	408.88	194.34	1.0515	1.7330
14	7.656	0.809	30.91	216.98	409.48	192.50	1.0599	1.7302
16	8.112	0.814	29.17	219.44	410.06	190.62	1.0682	1.7275
18	8.586	0.819	27.56	221.88	410.61	188.73	1.0765	1.7248
20	9.081	0.824	26.04	224.34	411.15	186.81	1.0848	1.7220
22	9.597	0.829	24.62	226.80	411.66	184.86	1.0930	1.7194
24	10.135	0.835	23.29	229.26	412.15	182.89	1.1012	1.7167
26	10.694	0.840	22.05	231.74	412.62	180.88	1.1093	1.7140
28	11.275	0.846	20.88	234.21	413.06	178.85	1.1174	1.7113
30	11.880	0.852	19.78	236.70	413.49	176.79	1.1255	1.7086
32	12.508	0.858	18.74	239.18	413.88	174.70	1.1335	1.7660
34	13.160	0.864	17.77	241.68	414.25	172.57	1.1414	1.7033
36	13.837	0.871	16.85	244.18	414.59	170.41	1.1494	1.7006
38	14.540	0.877	15.99	246.69	414.91	168.22	1.1572	1.6979
40	15.269	0.884	15.17	249.21	415.19	165.98	1.1651	1.6952
42	16.024	0.891	14.40	251.74	415.44	163.76	1.1730	1.6924
44	16.807	0.899	13.67	254.29	415.66	161.37	1.1808	1.6896
46	17.618	0.906	12.98	256.85	415.85	159.00	1.1886	1.6868
48	18.458	0.914	12.33	259.43	416.00	156.57	1.1964	1.6840
50	19.327	0.923	11.70	262.03	416.11	154.08	1.2043	1.6811
55	21.635	0.945	10.29	268.62	416.20	147.58	1.2238	1.6736
60	24.146	0.970	9.03	275.40	415.99	140.59	1.2436	1.6656

附表 A－4 低压饱和水蒸气表

温度 /℃	绝对压力/		比体积/（m³/kg）		比焓/（kJ/kg）		气化热 /（kJ/kg）	比熵/［kJ/（kg·K）］	
	10^5 Pa	（mmHg）	v'	v''	h'	h''		s'	s''
0	0.006108	4.56	0.001000	206.3	0.00	2499.94	2499.94	0.0000	9.152
2	0.007055	5.29	0.001000	179.9	8.42	2503.71	2495.29	0.0327	9.098
4	0.008129	6.10	0.001000	157.2	16.83	2507.47	2490.64	0.0607	9.048
6	0.009346	7.01	0.001000	137.7	25.25	2511.24	2485.99	0.0913	8.997
8	0.010721	8.04	0.001000	120.9	33.66	2515.01	2481.35	0.1210	8.947
10	0.012271	9.20	0.001000	106.4	42.04	2518.36	2476.32	0.1511	8.897
12	0.014016	10.5	0.001001	93.79	50.41	2522.13	2471.72	0.1805	8.847
14	0.015975	12.0	0.001001	82.86	58.78	2525.90	2467.12	0.2098	8.801
16	0.018171	13.6	0.001001	73.34	67.16	2529.25	2462.09	0.2386	8.755
18	0.020627	15.5	0.001002	65.05	75.49	2533.01	2457.52	0.2675	8.709
20	0.023369	17.5	0.001002	57.80	83.86	2536.78	2452.92	0.2964	8.662
22	0.026427	19.8	0.001002	51.46	92.19	2540.55	2448.36	0.3249	8.621
24	0.029827	22.4	0.001003	45.90	100.57	2543.90	2443.33	0.3529	8.575
26	0.033603	25.2	0.001003	41.01	108.90	2547.67	2438.77	0.3810	8.533
28	0.037791	28.3	0.001004	36.70	117.27	2551.44	2434.17	0.4086	8.491
30	0.042425	31.8	0.001004	32.91	125.60	2554.79	2429.19	0.4363	8.449
32	0.047545	35.7	0.001005	29.55	133.98	2558.55	2424.57	0.4639	8.407
34	0.053191	39.9	0.001006	26.58	142.31	2561.90	2419.59	0.4915	8.365
36	0.059414	44.6	0.001006	23.95	150.68	2565.67	2414.99	0.5167	8.328
38	0.066255	49.7	0.001007	21.61	159.01	2569.44	2410.43	0.5439	8.290
40	0.073766	55.3	0.001008	19.53	167.39	2572.79	2405.40	0.5723	8.252
42	0.082003	61.5	0.001009	17.68	175.72	2576.56	2400.84	0.5987	8.215
44	0.091018	68.3	0.001010	16.27	184.09	2579.91	2395.82	0.6251	8.181
46	0.100881	75.7	0.001010	14.55	192.43	2583.67	2391.24	0.6510	8.143
48	0.111639	83.7	0.001011	13.22	200.76	2587.02	2386.26	0.6770	8.101
50	0.123377	92.5	0.001012	12.04	209.13	2590.79	2381.66	0.7034	8.072
55	0.157436	118.1	0.001015	9.572	230.02	2599.17	2369.15	0.7679	7.988
60	0.199232	149.4	0.001017	7.673	250.96	2607.96	2357.00	0.8307	7.905

（续）

温度/℃	绝对压力/		比体积/（m³/kg）		比焓/（kJ/kg）		气化热	比熵/[kJ/(kg·K)]	
	10⁵Pa	（mmHg）	v′	v″	h′	h″	/（kJ/kg）	s′	s″
65	0.250128	187.6	0.001020	6.198	271.85	2616.75	2344.90	0.8930	7.829
70	0.311655	233.8	0.001023	5.043	292.78	2625.12	2332.34	0.9546	7.750
75	0.385529	289.2	0.001026	4.132	313.76	2633.92	2320.16	1.015	7.679
80	0.473632	355.3	0.001029	3.407	334.73	2642.29	2307.56	1.075	7.607
85	0.578073	433.6	0.001032	2.828	355.71	2650.24	2294.53	1.134	7.540
90	0.701107	525.9	0.001036	2.360	376.73	2658.62	2281.89	1.192	7.478
95	0.845265	634.0	0.001040	1.982	397.75	2666.57	2268.82	1.250	7.415
100	1.01325	760.0	0.001044	1.673	418.85	2674.53	2255.68	1.306	7.352

附表 A-5　R717 饱和液的物性值

温度/℃	气化热/(kJ/kg)	密度/(kg/m³)	比热容/[kJ/(kg·K)]	热导率/[W/(m·K)]	导温系数/10⁶(m²/h)	动力粘度/10³(Pa·s)	运动粘度/10⁶(m²/s)	表面张力/(N/m)	普兰特数
-70	1467.79	725.53	4.338	0.550	0.175	0.474	0.654	0.0549	3.737
-60	1441.11	713.98	4.371	0.552	0.177	0.380	0.532	0.0514	3.006
-50	1415.44	702.15	4.409	0.552	0.178	0.324	0.462	0.0481	2.596
-40	1387.46	690.08	4.438	0.551	0.180	0.285	0.413	0.0447	2.294
-30	1358.14	677.74	4.467	0.549	0.181	0.255	0.376	0.0417	2.077
-20	1327.52	665.07	4.509	0.544	0.181	0.228	0.348	0.0384	1.922
-10	1295.17	652.02	4.551	0.537	0.181	0.206	0.316	0.0353	1.746
0	1261.08	638.61	4.597	0.525	0.178	0.187	0.293	0.0324	1.646
10	1225.08	624.69	4.647	0.509	0.176	0.169	0.271	0.0293	1.540
20	1186.97	610.28	4.710	0.494	0.172	0.152	0.249	0.0263	1.448
30	1146.57	595.24	4.798	0.475	0.166	0.137	0.230	0.0234	1.386
40	1103.52	579.47	4.899	0.455	0.160	0.126	0.217	0.0206	1.356
50	1057.33	562.84	5.020	0.433	0.153	0.114	0.203	0.0178	1.327

附表 A –6　R12 饱和液的物性值

温度 /℃	气化热 /(kJ/kg)	密度 /(kg/m³)	比热容 /[kJ/(kg·K)]	热导率 /[W/(m·K)]	导温系数 /10⁴(m²/h)	动力粘度 /10³(Pa·s)	运动粘度 /10⁶(m²/s)	表面张力 /(N/m)	普兰 特数
-40	170.22	1517.45	0.883	0.100	2.69	0.423	0.280	0.0180	3.79
-30	166.08	1488.10	0.896	0.095	2.58	0.376	0.254	0.0166	3.55
-20	161.78	1459.85	0.909	0.091	2.47	0.342	0.236	0.0153	3.44
-10	157.28	1428.57	0.921	0.086	2.36	0.314	0.220	0.0137	3.36
0	152.54	1396.65	0.934	0.081	2.25	0.294	0.211	0.0124	3.38
10	147.51	1362.40	0.950	0.077	2.14	0.278	0.204	0.0111	3.44
20	142.13	1328.02	0.967	0.072	2.02	0.265	0.199	0.0098	3.55
30	136.32	1290.32	0.984	0.067	1.91	0.251	0.194	0.0085	3.66
40	129.98	1251.56	1.001	0.063	1.80	0.240	0.191	0.0072	3.82
50	122.96	1209.19	1.084	0.058	1.59	0.233	0.186	0.0061	4.21
60	115.07	1164.14	1.118	0.053	1.48	0.228	0.184	0.0043	4.49
70	106.03	1114.83	1.160	0.048	1.33	0.219	0.183	0.0032	4.97

附表 A –7　R22 饱和液的物性值

温度 /℃	气化热 /(kJ/kg)	密度 /(kg/m³)	比热容 /[kJ/(kg·K)]	热导率 /[W/(m·K)]	导温系数 /10⁴(m²/h)	动力粘度 /10⁴(Pa·s)	运动粘度 /10⁶(m²/s)	表面张力 /(N/m)	普兰 特数
-70	249.95	1490.31	0.950	0.124	3.16	6.48	0.434	0.0231	3.94
-60	245.23	1464.13	0.984	0.120	3.00	4.75	0.323	0.0215	3.88
-50	239.99	1438.85	1.017	0.116	2.86	3.96	0.275	0.0201	3.46
-40	234.17	1410.44	1.047	0.112	2.71	3.51	0.249	0.0184	3.31
-30	227.76	1381.22	1.080	0.108	2.60	3.20	0.232	0.0169	3.20
-20	220.74	1351.35	1.114	0.104	2.48	2.95	0.218	0.0152	3.17
-10	213.12	1319.26	1.147	0.100	2.38	2.77	0.210	0.0136	3.18
0	204.93	1285.35	1.181	0.095	2.26	2.63	0.204	0.0120	3.25
10	196.17	1251.56	1.214	0.091	2.16	2.49	0.199	0.0104	3.32
20	186.81	1213.59	1.248	0.087	2.08	2.38	0.197	0.090	3.41
30	176.79	1173.71	1.277	0.083	1.98	2.29	0.196	0.076	3.55
40	165.98	1131.22	1.310	0.079	1.91	2.22	0.196	0.060	3.67
50	154.08	1083.42	1.344	0.074	1.84	2.13	0.196	0.047	3.78
60	140.59	1030.93	1.373	0.071	1.80	2.08	0.202	0.034	3.92

附表 A-8 某些气体的物性值

气体名称	温度 /℃	密度 /(kg/m³)	比定压热容 /[kJ/(kg·K)]	运动粘度 /(m²/s)	热导率 /[W/(m·K)]	导温系数 /(m²/h)	普兰特数
干空气 $p=0.98$ bar ($p=0.098$ MPa)	-20	1.348	1.00	0.120×10^{-4}	0.0224	0.0597	0.73
	0	1.251	1.00	0.138×10^{-4}	0.0241	0.0689	0.72
	20	1.166	1.00	0.156×10^{-4}	0.0257	0.0789	0.71
	40	1.091	1.01	0.175×10^{-4}	0.0272	0.0892	0.71
	60	1.026	1.01	0.196×10^{-4}	0.0287	0.100	0.71
	80	0.968	1.01	0.217×10^{-4}	0.030	0.111	0.70
饱和 R717 蒸气	-60	0.2128	2.14	34.46×10^{-6}	0.0159	35.10×10^{-6}	0.982
	-40	0.6446	2.26	12.41×10^{-6}	0.0176	11.97	1.037
	-20	1.606	2.47	5.42×10^{-6}	0.0197	4.947	1.096
	0	3.460	2.72	2.77×10^{-6}	0.0221	2.354	1.177
	20	6.698	3.06	1.56×10^{-6}	0.0255	1.245	1.253
	40	11.983	3.56	0.98×10^{-6}	0.0299	0.700	1.400
饱和 R12 蒸气	-60	1.5646	0.486	6.634×10^{-6}	0.0063	8.303×10^{-6}	0.80
	-40	4.1200	0.519	2.637×10^{-6}	0.0070	3.269	0.81
	-20	9.1458	0.557	1.249×10^{-6}	0.0078	1.522	0.82
	0	17.960	0.603	0.673×10^{-6}	0.0090	0.825	0.82
	20	32.321	0.670	0.406×10^{-6}	0.0107	0.491	0.83
	40	54.765	0.741	0.263×10^{-6}	0.0127	0.310	0.85
	60	89.593	0.850	0.179×10^{-6}	0.0154	0.201	0.89
饱和 R22 蒸气	-80	0.56887	0.519	15.27×10^{-6}	0.0079	26.37×10^{-6}	0.568
	-60	1.8612	0.540	5.142×10^{-6}	0.0085	8.424	0.610
	-40	4.8555	0.569	2.150×10^{-6}	0.0093	3.350	0.642
	-20	10.761	0.603	1.039×10^{-6}	0.0100	1.541	0.674
	0	21.195	0.641	0.563×10^{-6}	0.0107	0.786	0.716
	20	38.402	0.708	0.329×10^{-6}	0.0114	0.415	0.793
	40	65.920	0.804	0.199×10^{-6}	0.0121	0.223	0.892

附表 A-9 氯化钠水溶液的物性值

15℃ 密度 /(g/cm³)	质量浓度 (%)	凝固温度 /℃	溶液温度 /℃	比热容 /[kJ/(kg·K)]	热导率 /[W/(m·K)]	动力粘度 /10⁴(Pa·s)	运动粘度 /10⁶(m²/s)	导温系数 /10⁴(m²/h)	普兰特数
1.050	7 (7.5)①	-4.4	20	3.843	0.593	10.79	1.03	5.31	6.95
			10	3.835	0.576	14.12	1.34	5.16	9.4
			0	3.827	0.559	18.73	1.78	5.02	12.7
			-4	3.818	0.556	21.57	2.06	5.00	14.8
1.080	11 (12.3)	-7.5	20	3.697	0.593	11.47	1.06	5.33	7.2
			10	3.684	0.570	15.20	1.41	5.15	9.9
			0	3.676	0.556	20.20	1.87	5.08	13.4
			-5	3.672	0.549	24.42	2.26	4.98	16.4
			-7.5	3.672	0.545	26.48	2.45	4.96	17.8
1.100	13.6 (15.7)	-9.8	20	3.609	0.593	12.26	1.12	5.40	7.4
			10	3.601	0.568	16.18	1.47	5.15	10.3
			0	3.588	0.554	21.48	1.95	5.07	13.0
			-5	3.584	0.547	26.09	2.37	5.00	17.1
			-9.8	3.580	0.540	34.32	3.13	4.94	22.9
1.120	16.2 (19.3)	-12.2	20	3.534	0.573	13.14	1.20	5.21	8.3
			10	3.525	0.569	17.26	1.57	5.18	10.9
			0	3.513	0.552	22.26	2.02	5.07	15.1
			-5	3.509	0.544	28.34	2.58	5.00	18.6
			-10	3.504	0.535	34.91	3.18	4.93	23.2
			-12.2	3.500	0.533	42.17	3.84	4.90	28.3
1.140	18.8 (23.1)	-15.1	20	3.462	0.582	14.32	1.26	5.32	8.5
			10	3.454	0.566	18.53	1.63	5.17	11.4
			0	3.442	0.555	25.60	2.25	5.05	16.1
			-5	3.433	0.542	31.19	2.74	5.00	19.8
			-10	3.429	0.533	38.74	3.40	4.92	24.8
			-15	3.425	0.525	47.76	4.19	4.86	31.0
1.160	21.2 (26.9)	-18.2	20	3.395	0.579	15.49	1.33	5.27	9.1
			10	3.383	0.563	20.10	1.73	5.17	12.1
			0	3.375	0.547	28.24	2.44	5.03	17.5
			-5	3.366	0.538	34.42	2.96	4.96	21.5

（续）

15℃密度 /(g/cm³)	质量浓度 (%)	凝固温度 /℃	溶液温度 /℃	比热容 /[kJ/(kg·K)]	热导率 /[W/(m·K)]	动力粘度 /10⁴(Pa·s)	运动粘度 /10⁶(m²/s)	导温系数 /10⁴(m²/h)	普兰特数
1.160	21.2 (26.9)	−18.2	−10	3.362	0.530	43.05	3.70	4.90	27.1
			−15	3.358	0.522	52.76	4.55	4.85	33.9
			−18	3.354	0.518	60.80	5.24	4.80	39.4
1.175	23.1 (30.1)	−21.2	20	3.345	0.565	16.67	1.42	5.30	9.6
			10	3.337	0.549	21.77	1.84	5.05	13.1
			0	3.324	0.544	30.40	2.59	5.02	18.6
			−5	3.320	0.536	37.46	3.20	4.95	23.3
			−10	3.312	0.528	47.07	4.02	4.89	29.5
			−15	3.308	0.520	57.47	4.90	4.83	36.5
			−21	3.303	0.514	77.47	6.60	4.77	50.0

①括号中的数值为100kg水中氯化钠质量的kg数。

附表 A－10　氯化钙水溶液的物性值

15℃密度 /(g/cm³)	质量浓度 (%)	凝固温度 /℃	溶液温度 /℃	比热容 /[kJ/(kg·K)]	热导率 /[W/(m·K)]	动力粘度 /10⁴(Pa·s)	运动粘度 /10⁶(m²/s)	导温系数 /10⁴(m²/h)	普兰特数
1.080	9.4 (10.4)①	−5.2	20	3.643	0.584	12.36	1.15	5.35	7.75 9.88
			10	3.634	0.570	15.49	1.44	5.23	
			0	3.626	0.556	21.57	2.00	5.11	14.1
			−5	3.601	0.549	25.50	2.36	5.08	16.7
1.130	14.7 (17.3)	−10.2	20	3.362	0.576	14.91	1.32	5.46	8.7
			10	3.349	0.563	18.63	1.64	5.35	11.05
			0	3.329	0.549	25.60	2.27	5.26	15.6
			−5	3.316	0.542	30.40	2.70	5.20	18.7
			−10	3.308	0.534	40.60	3.60	5.15	25.3
1.170	18.9 (23.3)	−15.7	20	3.148	0.572	17.95	1.54	5.60	9.9
			10	3.140	0.558	22.36	1.91	5.47	12.6
			0	3.128	0.544	29.91	2.56	5.37	17.2
			−5	3.098	0.537	34.32	2.94	5.34	19.8
			−10	3.086	0.529	46.68	4.00	5.29	27.3
			−15	3.065	0.523	61.49	5.27	5.28	35.9

（续）

15℃密度/(g/cm³)	质量浓度(%)	凝固温度/℃	溶液温度/℃	比热容/[kJ/(kg·K)]	热导率/[W/(m·K)]	动力粘度/10⁴(Pa·s)	运动粘度/10⁶(m²/s)	导温系数/10⁴(m²/h)	普兰特数
1.190	20.9 (26.5)	−19.2	20	3.077	0.569	20.01	1.68	5.59	10.9
			10	3.056	0.555	24.52	2.06	5.50	13.6
			0	3.044	0.542	32.75	2.76	5.38	18.5
			−5	3.014	0.535	38.25	3.22	5.35	21.5
			−10	3.014	0.527	50.70	4.25	5.30	28.9
			−15	3.014	0.521	65.90	5.53	5.23	38.2
1.220	23.8 (31.2)	−25.7	20	2.998	0.565	23.54	1.94	5.62	12.5
			10	2.952	0.551	28.73	2.35	5.50	15.4
			0	2.931	0.538	38.15	3.13	5.43	20.8
			−10	2.910	0.523	59.23	4.87	5.32	33.0
			−15	2.910	0.518	75.51	6.20	5.27	42.5
			−20	2.889	0.511	94.73	7.77	5.20	53.8
			−25	2.889	0.504	115.7	9.48	5.15	66.5
1.240	25.7 (34.6)	−31.2	20	2.889	0.562	26.28	2.12	5.66	13.5
			10	2.889	0.548	32.17	2.51	5.50	16.5
			0	2.868	0.535	42.56	3.43	5.43	22.7
			−10	2.847	0.521	66.78	5.40	5.32	36.6
			−15	2.847	0.514	83.65	6.75	5.25	46.3
			−20	2.805	0.508	105.6	8.52	5.26	58.5
			−25	2.805	0.501	129.2	10.40	5.20	72.0
			−30	2.763	0.494	148.1	12.00	5.21	83.0
1.260	27.5 (37.9)	−38.6	20	2.847	0.558	29.32	2.33	5.63	14.9
			10	2.826	0.545	36.09	2.87	5.50	18.8
			0	2.809	0.531	48.05	3.81	5.41	25.3
			−10	2.784	0.519	75.22	5.97	5.33	40.3
			−20	2.763	0.506	118.7	9.45	5.24	65.0
			−25	2.742	0.499	147.1	11.70	5.20	80.7
			−30	2.742	0.492	171.6	13.60	5.12	95.5
			−35	2.721	0.486	215.8	17.10	5.12	120.0

（续）

15℃密度/(g/cm³)	质量浓度(%)	凝固温度/℃	溶液温度/℃	比热容/[kJ/(kg·K)]	热导率/[W/(m·K)]	动力粘度/10⁴(Pa·s)	运动粘度/10⁶(m²/s)	导温系数/10⁴(m²/h)	普兰特数
1.270	28.4 (39.7)	−43.6	20	2.805	0.557	31.38	2.47	5.62	15.8
			0	2.780	0.529	51.19	4.02	5.40	26.7
			−10	2.763	0.518	80.22	6.32	5.31	42.7
			−20	2.721	0.505	126.5	10.00	5.25	68.8
			−25	2.721	0.498	159.9	12.60	5.18	87.5
			−30	2.700	0.491	188.3	14.90	5.16	103.5
			−35	2.700	0.484	245.2	19.30	5.10	136.5
			−40	2.680	0.478	304.0	24.0	5.07	171.0
1.280	29.4 (41.6)	−50.1	20	2.805	0.555	34.03	2.65	5.57	17.2
			0	2.755	0.528	54.92	4.30	5.40	28.7
			−10	2.721	0.516	86.30	6.75	5.35	45.4
			−20	2.680	0.504	138.3	10.8	5.28	73.4
			−30	2.659	0.490	212.8	16.6	5.19	115.0
			−40	2.638	0.477	323.6	25.3	5.10	179.0
			−45	2.617	0.470	402.1	31.4	5.06	223.0
			−50	2.617	0.464	490.33	38.3	4.98	235.0
1.286	29.9 (42.7)	−55	20	2.784	0.554	35.11	2.75	5.58	17.8
			0	2.738	0.528	56.88	4.43	5.40	29.5
			−10	2.700	0.515	90.42	7.04	5.34	47.5
			−20	2.680	0.502	144.2	11.23	5.25	77.0
			−30	2.659	0.488	225.6	17.6	5.16	123.0
			−35	2.638	0.483	284.4	22.1	5.10	156.5
			−40	2.638	0.476	353.0	27.5	5.06	196.0
			−45	2.617	0.470	431.5	33.5	5.02	240.0
			−50	2.617	0.463	509.9	39.7	4.96	290.0
			−55	2.596	0.456	647.2	50.2	4.91	368.0

①括号中的数值为100kg水中氯化钙质量的kg数。

附录B 制冷剂压焓图（详见全文后）

参 考 文 献

[1] 制冷工程设计手册编写组.制冷工程设计手册[M].北京:中国建筑工业出版社,1978.

[2] 郭庆堂.实用制冷工程设计手册[M].北京:中国建筑工业出版社,1994.

[3] 尉迟斌.实用制冷与空调工程手册[M].北京:机械工业出版社,2002.

[4] 彦启森.空调用制冷技术[M].北京:中国建筑工业出版社,1984.

[5] 陆亚俊,马最良,庞志庆.制冷技术与应用[M].北京:中国建筑工业出版社,1992.

[6] 岳孝方,陈汝东.制冷技术与应用[M].上海:同济大学出版社,1992.

[7] 杨磊.制冷技术[M].北京:科学出版社,1980.

[8] 吴业正,韩宝琦等.制冷原理及设备[M].西安:西安交通大学出版社,1987.

[9] 冷藏库设计编写组.冷藏库设计[M].北京:中国建筑工业出版社,1980.

[10] 张杰.工业管道工程:下册[M].北京:中国建筑工业出版社,1980.

[11] 中国有色金属工业总公司.采暖通风与空气调节设计规范[M].北京:中国计划出版社,2001.

[12] 国家国内贸易局.冷库设计规范[M].北京:中国计划出版社,2001.

[13] 中华人民共和国建设部.通风与空调工程施工质量验收规范[M].北京:中国计划出版社,2002.

[14] 国内贸易工程设计研究院.氨制冷系统安装工程施工及验收规范[M].北京:中国计划出版社,2000.

[15] 厦门水产学院制冷教研室主编.制冷技术问答[M].北京:农业出版社,1981.

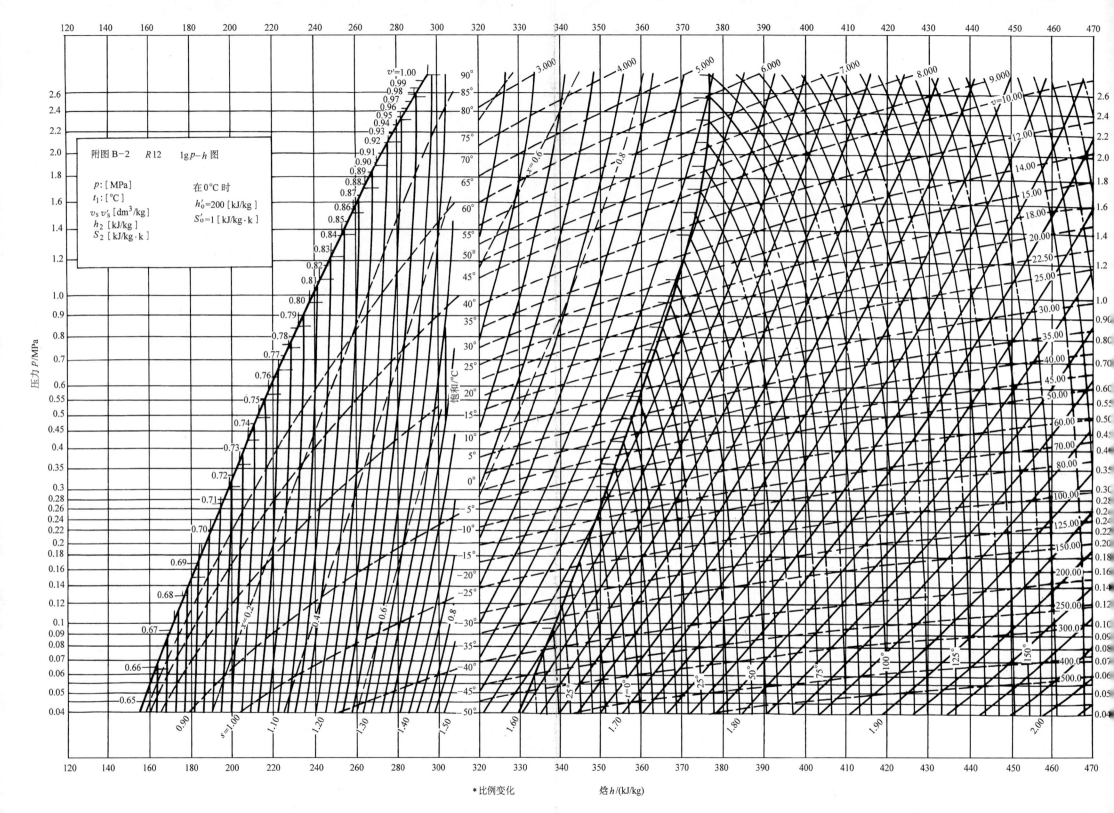

附图 B-2　R12 压焓图

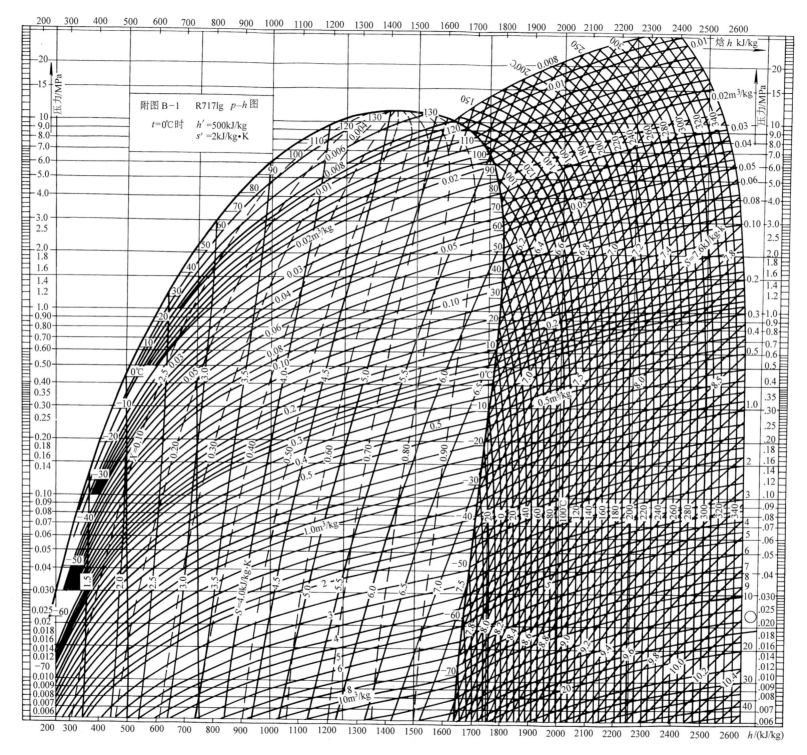

附图 B-1　R717 压焓图

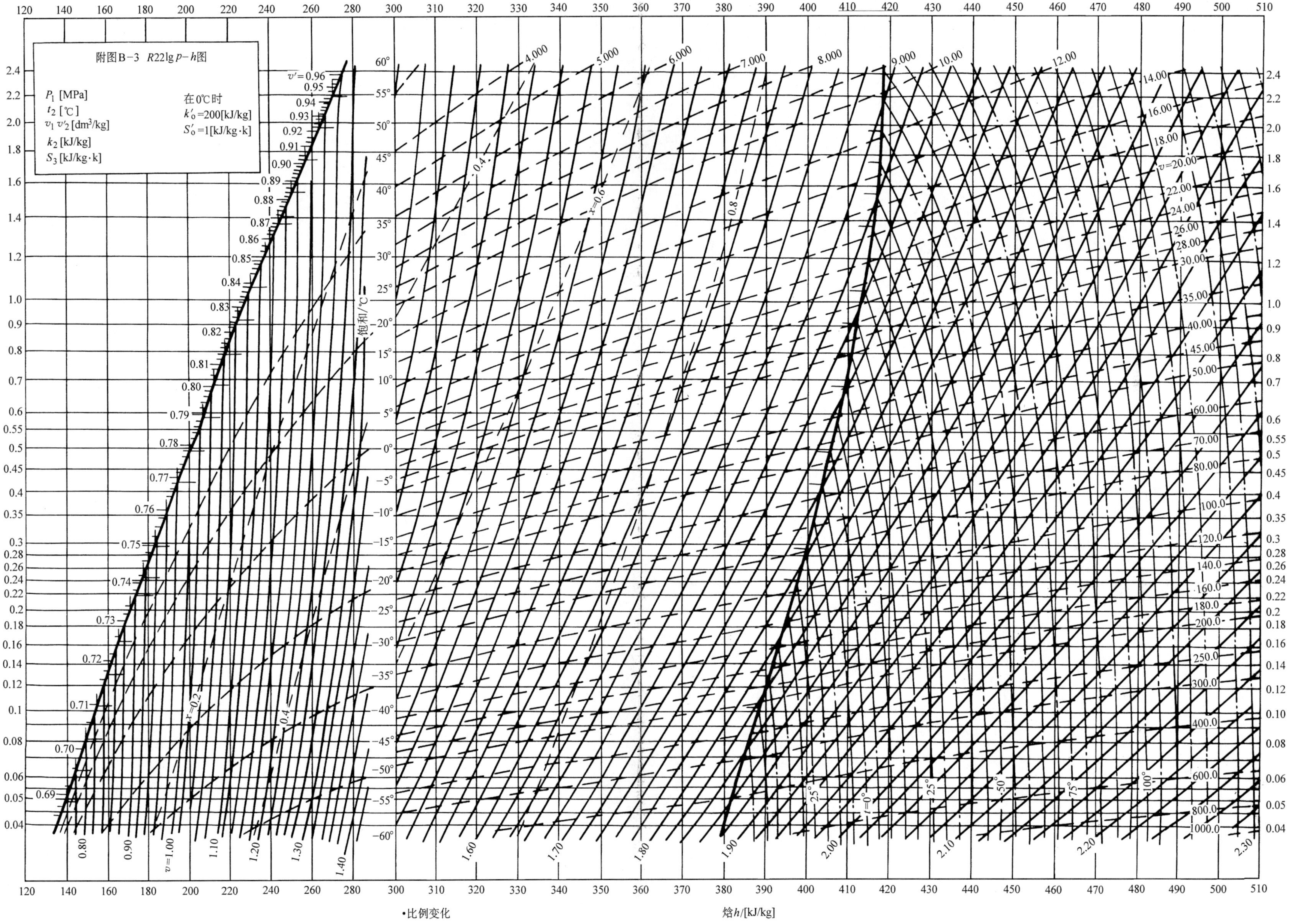

附图 B-3　R22 压焓图